D1659985

Hans-Joachim Franke, Gunther Grein und Eiko Türck (Hrsg.)

Anforderungsmanagement für kundenindividuelle Produkte

Methodische Lösungsansätze | Praxisorientierte Tools | Industrielle Anwendungen

Ergebnisse der BMBF-Projekte DIALOG und KOMSOLV

Die Forschungs- und Entwicklungsprojekte DIALOG und KOMSOLV wurden mit Mitteln des Bundesministeriums für Bildung und Forschung (BMBF) im Rahmenkonzept „Forschung für die Produktion von morgen“ gefördert und vom Projektträger Karlsruhe (PTKA) betreut. Die Verantwortung für den Inhalt dieser Veröffentlichung liegt bei den Autoren.

The research and development projects DIALOG and KOMSOLV were founded by the German Federal Ministry of Education and Research (BMBF) within the Framework Concept "Research of Tomorrow's Production" and managed by the Project Management Agency Karlsruhe (PTKA). The authors are responsible for the contents of this publication.

GEFÖRDERT VOM

BETREUT VOM

Berichte aus dem Maschinenbau

Hans-Joachim Franke,
Gunther Grein, Eiko Türk (Hrsg.)

Anforderungsmanagement für kundenindividuelle Produkte

Methodische Lösungsansätze | Praxisorientierte Tools | Industrielle Anwendungen

Ergebnisse der BMBF-Projekte DIALOG und KOMSOLV

Shaker Verlag
Aachen 2011

Bibliografische Information der Deutschen Nationalbibliothek
Die Deutsche Nationalbibliothek verzeichnet diese Publikation in der Deutschen Nationalbibliografie; detaillierte bibliografische Daten sind im Internet über http://dnb.d-nb.de abrufbar.

Printed in Germany.

ISBN 978-3-8440-0517-2
ISSN 0945-0874

Shaker Verlag GmbH • Postfach 101818 • 52018 Aachen
Telefon: 02407 / 95 96 - 0 • Telefax: 02407 / 95 96 - 9
Internet: www.shaker.de • E-Mail: info@shaker.de

Für

Hans Grabowski

und

Wolfgang Beitz

Geleitwort des Projektträgers

Produzierende Unternehmen tragen in Deutschland einen erheblichen Anteil zur volkswirtschaftlichen Wertschöpfung bei. Ständige Innovationen in Produkten und Produktionsprozessen sind ein maßgeblicher Faktor zum Erhalt einer leistungsfähigen industriellen Produktion. Im Rahmenkonzept „Forschung für die Produktion von morgen“ unterstützt das Bundesministerium für Bildung und Forschung (BMBF) gemeinsame Anstrengungen von Industrie und Wissenschaft zur Erreichung technologischer und organisatorischer Spitzenleistungen auf diesem Gebiet.

Vor dem Hintergrund sich immer weiter verkürzender Produktentwicklungs- und Produktlebenszyklen bekommen das Management und die Virtualisierung der Produktentwicklung eine wachsende Bedeutung. Neue Vorgehensweisen und Werkzeuge für den Innovationsprozess und die fachübergreifende Zusammenarbeit können die Entwicklung von Produkten und Produktionssystemen beschleunigen. Mit durchgängig ausgelegten Modellierungswerkzeugen können gezielt die komplexen Eigenschaften von Produkten und Produktionssystemen innerhalb der Produktentstehung an richtiger Stelle verarbeitet werden. Aus dem Wettbewerb des BMBF zu diesen Themen gingen zehn Verbundprojekte mit insgesamt 76 Partnern aus Industrie und Wissenschaft hervor, die im Zeitraum 2008 bis 2011 mit insgesamt rund 18 Mio. Euro gefördert wurden.

Die Partner der im vorliegenden Buch vorgestellten Projekte DIALOG und KOMSOLV haben in der Projektlaufzeit intensiv daran gearbeitet, die Erfassung, Strukturierung, Verwaltung und Anwendung von Anforderungen entlang der unterschiedlichen Produktlebensphasen effizient zu unterstützen. Sowohl die Angebotsbearbeitung und Produktnutzung durch die Entwicklung eines KMU-gerechten Kundenkontakt- und Servicemanagements, als auch die Produktentwicklung durch die Abbildung konfliktärer Anforderungen wurden gestärkt. Hier wurden ganz erhebliche Fortschritte erzielt. Die beteiligten Partner haben sich mit diesem Projekt eine Spitzenposition auf den jeweiligen Gebieten erarbeitet.

Allen Mitarbeitern und Unterstützern des Projekts in den beteiligten Unternehmen und Forschungseinrichtungen möchten wir für ihren Einsatz und ihr Engagement danken. Wir wünschen Ihnen viel Erfolg bei der Umsetzung der Projektergebnisse in der täglichen Praxis. Dem BMBF danken wir für die Förderung, ohne die die Projekte in dieser Form nicht hätten durchgeführt werden können.

Karlsruhe, im November 2011

Dr.-Ing. Matthias Gebauer
Projektträger Karlsruhe,
Produktion und Fertigungstechnologien (PTKA-PFT)
www.produktionsforschung.de

Zum Geleit

Die Aufgaben der Konstruktionsabteilungen in den Unternehmen des Maschinenbaus haben sich in den letzten Jahrzehnten aufgrund vielfältiger Einflüsse ständig verändert. Maßgeblich daran beteiligt waren die zunehmenden Forderungen der Kunden nach komplexeren Produkten, die letztlich zur Mechatronik führten. Mit der Bereitstellung vielfältiger Varianten kommen die Anbieter den steigenden Marktanforderungen an Produktindividualisierung entgegen. Die Globalisierung hat für alle Produktionsunternehmen zu neuen Arbeitsteilungen und neuen Prozessketten geführt, teilweise auch zu neuen Geschäftsmodellen. Damit hat sich auch der Konkurrenz-, Kosten- und Zeitdruck verschärft. Begrifflich veränderte sich die Konstruktion sehr häufig in Produktentwicklung, um das Anwachsen der Aufgaben auszudrücken. Durch die Verschmelzung auszuführender Tätigkeiten mit zunehmender Rechnerunterstützung wurden neue Möglichkeiten und Anforderungen geschaffen.

Neu verfügbare Werkstoffe wurden Treiber im Leichtbau und lassen neue sowie verbesserte Funktionen zu. Neuartige und optimierte Fertigungsverfahren führen zu qualitativen Höchstleistungen und kurzen Durchlaufzeiten. Die Forderungen der Nachhaltigkeit setzen eine Einbeziehung aller Phasen des Produktlebenslaufs voraus und erzeugen eine Ausweitung des Verantwortungsbereichs. Die Rechneranwendung hat sich vom Stand der Zeichnungserstellung und einfachen Berechnung zu einer konstruktionsmethodisch wirksamen Informationstechnologie gewandelt. Neben dreidimensionalen Beschreibungen sind Aggregationen, Assoziationen und Parametrisierungen realisierbar. Virtuelle Produkte sind die Basis für eine Vielzahl von Anwendungen. Die Techniken der Visualisierung sind weit entwickelt, als Beispiele seien Augmented und Virtual Reality genannt.

Berechnungen mit Finite Elemente Methoden gehören zum Standardrepertoire der Systemanbieter. Für viele Fragestellungen der Entwickler sind Simulations- und Optimierungsprogramme bereitgestellt worden. Auf der Basis rechnerunterstützter Wissensverarbeitung kann auf Vorerfahrungen zurückgegriffen werden. Constraints bieten Raum zur Beschreibung komplexer Abhängigkeiten im Rahmen der Lösung von Auslegungsaufgaben. Die direkte Übernahme von Daten in die numerisch gesteuerte Fertigung stellt eine Beschleunigung der Fertigungsprozesse dar. Produktionssystementwicklung kann mit den Mitteln der Digitalen Fabrik durchgeführt werden, wobei die bidirektionale Verbindung zur Produktentwicklung ohne Medienbruch möglich ist. Dennoch sind noch nicht alle Wünsche an Schnittstellen in der gesamten Prozesskette erfüllt. Mit MRO (maintenance, repair and overhaul) sind Software-Lösungen für die Wartung, Reparatur und Überholung von Produkten im Entstehen. CRM ist das Management der Kundenbeziehungen, das nun auch für die Produktentwicklung an Bedeutung gewinnt. Wenn auch die angeführten rechnerunterstützten Lösungen im Prinzip alle bereits existieren, so ist es dennoch eine große Aufgabe, sie für reale Fälle anwendbar zu machen und zu einem durchgängigen Informationsfluss zu gelangen. Obwohl die bekannten Product Lifecycle Management (PLM)-Konzepte auf der Basis von Product Data Management

(PDM)-Systemen bereits eine Reihe von Lösungen bieten, muss vor allem die Ausweitung über die Grenzen der Produktentwicklung im Sinne des Produktlebens noch weiter fortschreiten.

Kleine und mittlere Unternehmen der Produktionstechnik sind hinsichtlich der Beschäftigtenzahlen, des Umsatzes, aber auch bezogen auf ihre Innovationskraft ein Rückgrat der deutschen Wirtschaft. Sie sind Endprodukthersteller, Zulieferer und Dienstleister. KMU haben einen großen Anteil an der hohen Exportleistung der deutschen Industrie. Die Aufgaben für KMU haben sich ausgeweitet. Stand zunächst die Funktionserfüllung im Vordergrund, wurde durch neue Marktanforderungen der Bedarf an sehr schnell lieferbaren, kundenindividuellen komplexen Produkten höher. Außerdem kamen Fragen der Kundenpflege in den Vordergrund, für die eine Nutzung von Betriebs- und Felderfahrungen wünschenswert ist. Dies gilt auch für global agierende KMU mit erweiterten Geschäftsmodellen in Form von Produkt-Service-Systemen (PSS).

Bei den beiden miteinander korrespondierenden Projekten DIALOG und KOMSOLV ging es um die Erhöhung der Erfolgsfaktoren für Anbieter kundenindividueller komplexer Produkte und Dienstleistungen. Für die Gestaltung komplexer Produkte werden hier System- und Situationsanalysen, die Beschreibung hinreichender Zielsetzungen sowie die Lösung von Zielkonflikten angeboten. Die Kunden der adressierten KMU haben ähnliche Anforderungen zu bestehen wie sie selbst. D. h. der Kunde strebt nach Lösungen, mit denen seine Aufgaben technisch und wirtschaftlich optimal gelöst werden können. Auf einem globalen Markt hat nur noch das KMU eine Chance zum Ausbau seiner Marktposition, welches in der Lage ist, diese Herausforderung in kürzester Entwicklungs- und Fertigungszeit zu bestehen. Dabei sind die Verfügbarkeit von Informationen aus dem Anwendungsfeld bereits existierender Produkte ein besonderer Wert für die Aufrechterhaltung und den Ausbau der Kundenkontakte. Die Nutzung modernster methodischer und informationstechnischer Ansätze für die erarbeiteten Projektlösungen ist ein Zeichen für den hohen Innovationsgrad der Projekte, den die beteiligten Firmen sowie neue Nutzer der Projektergebnisse schätzen werden. Die in den Projekten erarbeiteten Visualisierungen sind für neue Anwender besonders hilfreich, um die Einarbeitung zu erleichtern.

Das BMBF hat mit seinem Rahmenkonzept „Forschung für die Produktion von morgen“ die Realisierung der für viele KMU wichtigen Lösungen ermöglicht. Außerdem haben sich die beteiligten Anwender und Systementwickler weiterqualifizieren können. Hervorzuheben sind die hohe Kompetenz der im Projekt beteiligten Methoden- und Systementwickler sowie die Diskussion der Lösungen im begleitenden Arbeitskreis. Man kann den Förderern und Entwicklern nur wünschen, dass recht viele KMU, die mit vergleichbaren Problemstellungen konfrontiert sind, sich der nunmehr vorliegenden Lösungen bedienen. Das Know-how der Entwicklungspartner dürfte dafür sorgen, dass ein erfolgreicher Transfer auf ähnliche Aufgabenstellungen ermöglicht wird.

Frank-Lothar Krause Berlin, im November 2011

Vorwort der Herausgeber

Damit Unternehmen in einer globalen Wirtschaft langfristig erfolgreich sind, müssen sie nicht nur die Anforderungen ihrer Kunden und Märkte genau kennen, sondern diese durch innovative Produkte mit Alleinstellungsmerkmalen auch effizient erfüllen. Je schneller und treffsicherer Kundenanforderungen erfasst werden, je hochwertiger Angebote sind und je zuverlässiger die Wünsche des Kunden im Auftragsfall erfüllt werden, desto eher werden neue Kunden gewonnen und Bestandskunden gebunden.

Vom Bundesministerium für Bildung und Forschung (BMBF) wurden im Themenfeld „Management und Virtualisierung der Produktentstehung“ des Rahmenkonzepts „Forschung für die Produktion von morgen“ u. a. die beiden Verbundprojekte DIALOG und KOMSOLV gefördert. Beide Projekte sehen ihren Schwerpunkt bei industriellen Produkten, die vorzugsweise in Einzelfertigung kundenindividuell angeboten und hergestellt werden. Während DIALOG seinen Schwerpunkt auf Methoden und Tools für das Anforderungsmanagement entlang der Prozessketten Angebotsbearbeitung und Produktnutzung einschließlich der Verarbeitung von Feedback-Informationen sieht, konzentriert sich KOMSOLV auf die Erforschung von Werkzeugen zur Constraint- und Konfliktanalyse und zur schnellen Konfiguration mit parametrischen CAD-Systemen. Beide Projekte wurden vom Projektträger Karlsruhe, Produktion und Fertigungstechnologien (PTKA-PFT) betreut.

DIALOG und KOMSOLV befassen sich mit ähnlichen Themenfeldern. So zieht sich das integrierte Anforderungsmanagement wie ein roter Faden durch die formulierten Lösungsansätze. Durch die gemeinsame Festlegung konkreter Teilschwerpunkte in den jeweiligen Projekten entstand eine unabhängige, aber dennoch synergetische Problembearbeitung. Wegen der hohen Bedeutung der IT-technischen Systemunterstützung sind neben Forschungseinrichtungen mit methodisch wissenschaftlichem Know-how und produzierenden Anwendungsunternehmen der Industrie – sog. Herstellern – auch Software-Unternehmen mit Kernkompetenzen in der Anwendungssystementwicklung beteiligt.

Das vorliegende Buch *Anforderungsmanagement für kundenindividuelle Produkte* fasst die Forschungsergebnisse in drei Hauptkapiteln als *Methodische Lösungsansätze*, *Praxisorientierte Tools* und *Industrielle Anwendungen* zusammen. Kurzprofile der beteiligten Unternehmen und Forschungseinrichtungen sind in *Informationen zu den Projektpartnern* enthalten.

Das Buch soll zeigen, dass auch kleine und mittlere Unternehmen (KMU) durch systematische Anwendung praktikabler Methoden und Tools noch erhebliche Potenziale zur Erhöhung ihrer Wettbewerbsfähigkeit haben. Um auf dem Weltmarkt bestehen zu können, sollen sie ermutigt werden, Kundenanforderungen von Beginn an zu virtualisieren und auf Eigenschaften ihrer Lösungen – egal ob Maschinen und Anlagen, komplexe Dienstleistungen oder erklärungsbedürftige Software-Anwendungen – abzubilden.

Neben der Erarbeitung und Erprobung von forschungsrelevanten Methoden und Tools war der Austausch von Erfahrungen sehr wichtig. Dieser wurde geprägt durch die Synergien, aber auch durch die unterschiedlichen Blickrichtungen der produzierenden Unternehmen, Software- und Beratungshäuser sowie der Forschungsinstitute.

Gerade für kleinere Unternehmen ohne eigene Forschungsabteilung sind solche Vorhaben von hohem Wert. Auch diejenigen Unternehmen, die erstmalig an einem BMBF-Projekt beteiligt waren, haben den Nutzen von Forschungsverbundprojekten eindeutig bestätigt.

Für die Mitarbeiter der Forschungsinstitute war es andererseits eine außerordentlich wichtige, enge Berührung mit realen Problemen der Praxis. Damit haben die Projekte zweifellos sowohl in den Unternehmen als auch in den Forschungsinstituten selbst für eine Weiterqualifikation gesorgt.

Die Herausgeber möchten sich an dieser Stelle bei allen Projektpartnern und ihren Mitarbeitern für die vertrauensvolle, stets offene Zusammenarbeit bedanken. Diese hat nicht nur eine überaus konstruktive Atmosphäre geschaffen, sondern beide Projekte zu einem erfolgreichen gemeinsamen Projektabschluss geführt.

Unser ganz besonderer Dank gilt Frau Aline Felleisen, Frau Urszula Rutkowska, Frau Dorothee Weisser und Herrn Dr. Matthias Gebauer vom Projektträger Karlsruhe für die sehr gute Betreuung in allen Phasen des Projektes. Sie haben die Projekte nicht nur organisatorisch begleitet, sondern in zahlreichen Projekttreffen über das normale Maß hinaus auch fachlich mitgewirkt.

Den Herren Rainer Glatz und Meinolf Gröpper vom Verband Deutscher Maschinen- und Anlagenbau e. V. (VDMA) sind wir für ihre engagierte Unterstützung bei der Organisation der gemeinsamen Abschlussveranstaltung in den Räumen des VDMA in Frankfurt zu besonderem Dank verpflichtet.

Herrn Professor Frank-Lothar Krause danken wir für die wohlwollende Projektbegleitung und sein Geleitwort zu diesem Buch.

Nicht zuletzt gilt unser Dank selbstverständlich dem Bundesministerium für Bildung und Forschung (BMBF), das als Geldgeber die organisatorische Plattform für die Weiterentwicklung unserer Ideen und Lösungsansätze bereitgestellt hat.

Hans-Joachim Franke
Gunther Grein
Eiko Türck

Karlsruhe und Braunschweig, im November 2011

Inhaltsübersicht

Abbildungsübersicht

Abkürzungen

API	Application Programming Interface
B2B	Business-to-Business
BPI	Business Process Integration
BPR	Business Process Reengineering
CAD	Computer Aided Design
CAM	Computer Aided Manufacturing
CBR	Cased-based reasoning
CRM	Customer Relationship Management
DBS	Datenbanksystem
DIALOG	Effizientere Produktentstehung im Rahmen der Angebotsbearbeitung durch KMU-gerechtes Kundenkontakt- und Servicemanagement
DIN	Deutsches Institut für Normung
DSL	domain-specific language, Domänenspezifische Sprache
DV	Datenverarbeitung
DXF	Drawing Interchange Format
EAI	Enterprise Application Integration
EBNF	Erweiterte Backus-Naur-Form
EDV	Elektronische Datenverarbeitung
EMF	Eclipse Modeling Framework
ERP	Enterprise Resource Planning
FBS	Fallbasiertes Schließen
FODA	Feature-Oriented Domain Analysis
GEF	Graphical Editing Framework (Eclipse)
GUI	Graphical User Interface
HTML	Hypertext Markup Language
HTTP	Hypertext Transfer Protocol
IBA	Internet Business Application
ISO	International Organization for Standardization
IT	Informationstechnologie
JDBC	Java Database Connectivity
KMU	Kleine und mittlere Unternehmen
KOMSOLV	Komplexe Produkte mit konfliktären Anforderungen optimiert anbieten und abwickeln
MIS	Management Informationssystem
MS	Microsoft
MVVM	Model View ViewModel

ODBC	Open Database Connectivity
OEM	Original Equipment Manufacturer
OLE DB	Object Linking and Embedding Database
OMG	Object Management Group
OWL	Web Ontology Language
PDF	Portable Document Format
PDM	Product Data Management
PLM	Product Lifecycle Management
PPS	Produktionsplanungs- und Steuerungssystem
RDBMS	Relationales Datenbankmanagement-System
SADT	Structured Analysis Design Technique
SAP	Systeme, Anwendungen, Produkte in der Datenverarbeitung
SCM	Supply Chain Management
SDK	Software Development Kit
SGML	Standard Generalized Markup Language
SMC	Specification Modelling Component
SQL	Structured Query Language
STEP	Standard for the Exchange of Product Model Data
SysML	Systems Modeling Language
TQM	Total Quality Management
UDF	User Defined Feature (bezogen auf CAD)
UML	Unified Modeling Language
URL	Uniform Resource Locator
VB	Visual Basic
VDI	Verein Deutscher Ingenieure
VDMA	Verband Deutscher Maschinen- und Anlagenbau e. V.
VIS	Vertriebsinformationssystem
W3C	World Wide Web Consortium
WFMS	Workflow Management System
WMC	Workflow Management Coalition
WPF	Windows Presentation Foundation
XML	Extensible Markup Language
XSLT	XSL Transformation, Extensible Stylesheet Language Transformation

1 Probleme und Erfolgsfaktoren mittelständischer Anbieter komplexer Produkte

Hans-Joachim Franke und Gunther Grein

In einer Zeit zunehmender globaler Risiken aber auch Chancen müssen deutsche Unternehmen angepasste Strategien umsetzen, um ihre gute Position auf den Weltmärkten zu halten bzw. möglichst auszubauen.

Risiken, denen zu begegnen ist, sind vorzugsweise Kostenvorteile bei wichtigen Konkurrenten, aber auch zunehmend das Problem schneller Nachahmer und die Gefahr des Know-how-Verlustes durch die demographisch bedingten Nachwuchsprobleme in Deutschland.

Erhebliche Risiken ergeben sich auch aus wechselnden Währungsrelationen sowie aus Finanzierungs- und Gewährleistungsfragen. Die letztgenannten Probleme werden noch verschärft, weil im Anlagengeschäft zunehmend ein „nationaler Content" gefordert wird und damit i. Allg. zusätzliche Qualitätsprobleme entstehen können.

Erhebliche Schwierigkeiten bereiten die Vielzahl unterschiedlicher Normen, Standards und gesetzlicher Regelungen, aber auch viele ausbildungsbezogene, klimatische und technische Differenzen in den unterschiedlichen Märkten, in denen deutsche mittelständische Anbieter tätig sind.

Chancen liegen vor allem in der Fähigkeit deutscher Unternehmen, flexibel und damit auch kundenindividuell komplexe Produkte zu entwickeln, anzupassen und qualitativ hochwertig zu fertigen. Dabei ist insbesondere auch die leistungsfähige Zulieferstruktur in der Bundesrepublik hilfreich.

Die Nachahmungsgefahr ist bei komplexen Produkten deutlich geringer, wenn sie in einem systemischen ganzheitlichen Prozess entstehen, der möglichst optimal die Kundenwünsche umsetzt und z. B. durch ein überlegenes Anforderungsmanagement Termine verkürzt, durch möglichst wenige Iterationsschleifen Kosten senkt oder durch rechnerunterstütze Optimierung und Verminderung der Schnittstellenzahl bei der Produktdatenübergabe Fehler vermeidet.

Ein solcher systemischer Prozess, in dem Produkt, organisatorische und fertigungstechnische Maßnahmen und eine geeignete rechnerunterstütze Datenstruktur und Datenverarbeitung sowie eine systematische Know-how-Pflege integral verzahnt sind, ist sehr viel schwerer nachzuahmen oder aufzuholen als übliche schrittweise Folgeprozesse. Dies gilt umso mehr, je komplexer die Produkte sind, auf die sich der Prozess bezieht.

Gerade bei der heutigen hohen Dynamik der Märkte ist die Fähigkeit, schnell und präzise auf sich ändernde Anforderungen zu reagieren, ein erheblicher strategischer Vorteil.

Die aus diesen Forderungen resultierenden Prozesseigenschaften werden zu einem schwer einholbaren Wettbewerbsvorteil, wenn sie für kundenindividuelle komplexe Produkte beherrscht werden.

Ein Schlüssel für eine leistungsfähige, d. h. schnelle, qualitativ hochwertige und kostengünstige, zielgerichtete Bereitstellung kundenindividueller Produkte ist die richtige hinreichend vollständige und schnelle Erfassung der Anforderungen an das vom Kunden gewünschte Produkt und das frühe Erkennen von Problemen, insbesondere von Zielkonflikten (vgl. Abschnitt 3.1) sowie die zuverlässige Dokumentation und Fortschreibung der Anforderungen, möglichst mit DV-Unterstützung, die den Anschluss von rechnerunterstützten Folgesystemen wie z. B. ERP/PPS, CAD oder Konfiguratoren etc. möglich macht (vgl. Abschnitt 3.2).

Ein weiterer wesentlicher Grundstein für den Geschäftserfolg ist zum einen das Wissen über Kunden und deren Anlagen und zum anderen die Pflege der Kundenbeziehungen ebenso wie leistungsfähige interne Prozesse in Vertrieb, Konstruktion und Fertigung. Ein zunehmend wichtiger Baustein für die erfolgreiche, d. h. gewinnbringende Vermarktung komplexer Produkte und Anlagen sind leistungsfähige After-Sales-Systeme. Hieraus resultieren wichtige Erkenntnisse für die Weiterentwicklung bestehender Produkte, aber auch für neue Produkte und Dienstleistungen.

Zusammenfassend lassen sich die folgenden Erfolgsfaktoren bzw. Ziele für den Erhalt und die Verbesserung der Wettbewerbsfähigkeit deutscher Unternehmen formulieren:

- Komplexe kundenspezifische Funktionalität anbieten, dabei Leistungs- und Qualitätsniveau halten und möglichst verbessern
- Flexibel, schnell und kompetent auf neue Kundenwünsche reagieren
- Durchlauftermine für Angebote und Aufträge trotz kundenspezifischer Anpassung verkürzen
- Fehler durch kurzfristige Einplanung neuer Produktmerkmale und -komponenten vermeiden
- Integrierte schnittstellenarme rechnerunterstützte Prozesse realisieren
- Know-how für Produkte und Prozesse personell und methodisch sichern.

2 Zielgerichtete und fehlerarme Klärung kundenindividueller Projekte

Hans-Joachim Franke und Gunther Grein

Nach übereinstimmender Meinung von Experten sind weit über die Hälfte – einzelne sprechen von 80 % – aller Beanstandungen und Reklamationen vermeidbar, wenn im Vertrieb vom Angebot bis zur Auftragsabwicklung mit derselben Sorgfalt, Genauigkeit und Vollständigkeit gearbeitet würde, wie dies bei der finanziellen Abwicklung durch die Buchhaltung selbstverständlich ist [VDI-1999]. Die Erstellung qualitativ hochwertiger Angebote, die den Wünschen potenzieller Kunden gerecht werden, ist von größter Bedeutung für den Erfolg produzierender Unternehmen. Die Anforderungen des Kunden müssen schnell und treffsicher in geeignete Produktmerkmale umgesetzt werden. Dabei müssen Anforderungen aus sämtlichen Produktlebensphasen effektiv erkannt und an den richtigen Stellen der Produktentstehung beachtet werden. Nicht zuletzt erwartet der Kunde eine individuelle Lösung für seine oft nur grob spezifizierte Problemstellung [vgl. hierzu Quellen in FrGr-2010].

Missverständnisse, Fehlentwicklungen und Reklamationen – verbunden mit nicht kalkulierten Kosten und Terminüberschreitungen – resultieren primär aus unterschiedlichen Blickwinkeln von *Kunden* und *Herstellern* auf ein Projekt. In Abbildung 2-1 ist die Intensität des *Kundenkontaktdialogs* über der Zeitachse mit den Phasen *Projektierung*, *Produktentwicklung*, *Produktherstellung* und *Produktnutzung* dargestellt. Während der Kontaktanbahnung und *Projektierung* ist der Kunde-Hersteller-Dialog besonders intensiv. Er flacht während der *Produktentwicklung* und *Produktherstellung* ab und intensiviert sich wieder während der *Produktnutzung* – der Phase nämlich, in der der Kunde mit der realisierten Lösung konfrontiert wird und die Erfüllung seiner Anforderungen erwartet.

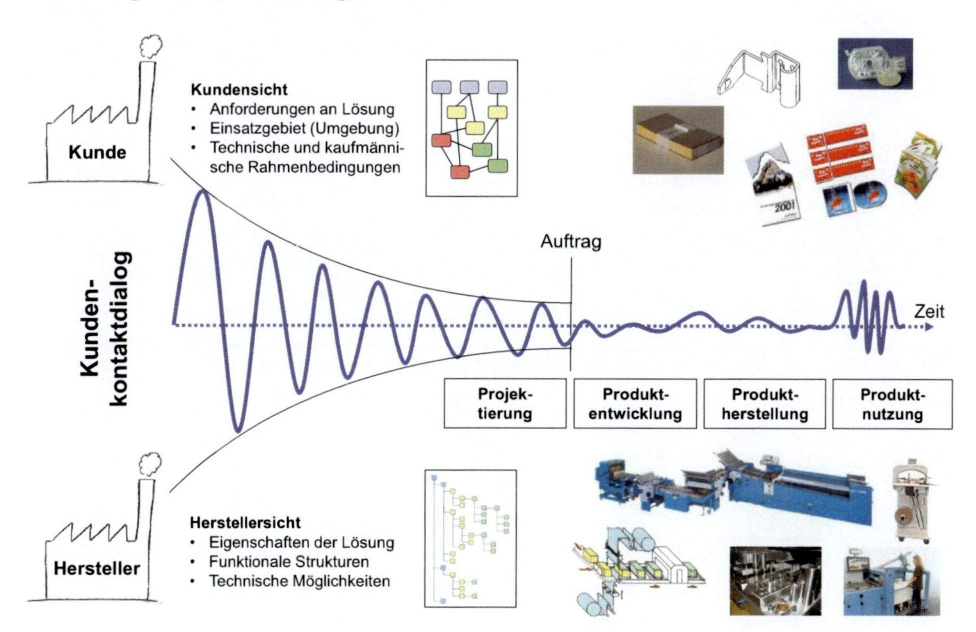

Abbildung 2-1: Intensität des Kundenkontaktdialogs entlang der Prozesskette

Die in der oberen Bildhälfte dargestellten *Kunden* äußern zunächst unklare, meistens verbal formulierte *Anforderungen an die Lösung*. Sie beschreiben das spätere *Einsatzgebiet (Umgebung)* und äußern *technische und kaufmännische Rahmenbedingungen*. Diese zu Beginn des *Kundenkontaktdialogs* formulierten Anforderungen und Wünsche entsprechen dabei allzu oft nicht dem tatsächlichen Bedarf des Kunden oder den Einsatzbedingungen vor Ort.

Die *Herstellersicht* ist dagegen von bereits realisierten Projekten und produktionstechnischen Gegebenheiten geprägt. *Hersteller* denken überwiegend in *Eigenschaften der Lösung*, *Funktionalen Strukturen* und *Technischen Möglichkeiten*. Sie neigen dazu, ihren Kunden – in einer Art „Lösungs- bzw. Technikverliebtheit" – mehr Funktionalität anzubieten, als diese für die Erfüllung ihrer Anforderungen tatsächlich benötigen.

Die Beziehung zwischen Kunde und Hersteller eines Produktes ist langfristig aber nur dann erfolgreich, wenn eine professionelle und zügige Bearbeitung der Kundenanfrage zu einem individuellen Angebot führt und die Abwicklung des zugehörigen Auftrages, einschließlich aller geforderten Wartungs- und Serviceleistungen, zur vollsten Zufriedenheit des Kunden erfolgt. Aus dieser Kundenzufriedenheit heraus können neue Anfragen zu bereits eingesetzten oder neuen Produkten entstehen. Für einen nachhaltigen Geschäftserfolg von Herstellern ist es deshalb besonders wichtig, zum einen neue Kunden für diesen Kreislauf bestehend aus Anfrage, Angebot, Auftrag und Service zu gewinnen, zum anderen bestehende Kunden in diesem Kreislauf zu halten. Erreicht werden kann dies nur durch ein transparentes Kundenkontaktmanagement, indem Vertrieb und Kundenservice einerseits sowie Entwicklung und Produktion andererseits eng zusammenarbeiten. Der Erstkontakt zu einem Interessenten ist dabei genauso wichtig wie die Bearbeitung von Reklamationen. Zur Verbesserung dieser Situation und um kompetent gegenüber Kunden auftreten zu können muss der Vertrieb mit allen notwendigen Informationen aus den Bereichen Produktentwicklung und Kundenservice versorgt werden. Dadurch lassen sich schon in dieser frühen Phase mögliche Problembereiche lokalisieren und vermeiden.

Insbesondere kleine und mittlere Unternehmen (KMU) sind mit einer Reihe von Problemfeldern konfrontiert, die es zu lösen gilt [FrGr-2010]:

1. Zielkonflikte zwischen Kundenanforderungen und Produkteigenschaften werden zu spät erkannt, weil Anforderungen innerhalb der technischen Klärung nicht von Beginn an systematisch beschrieben werden und Prüfmethoden fehlen.

2. Die Entwicklung kundenindividueller Produkte greift zu wenig auf bewährte Standardbausteine zurück.

3. Die Prozessdurchgängigkeit in einer verteilten Produktentwicklung, an der mehrere KMU, Kunden und Hersteller unmittelbar beteiligt sind, ist nicht gewährleistet.

Die beiden Projekte DIALOG und KOMSOLV wurden, wie in Abbildung 2-2 dargestellt, in zwei Hauptrichtungen ausgerichtet und verzahnt. Dabei hat sich die Ausrichtung insbesondere an den Kernkompetenzen der Projektteilnehmer orientiert. Während in DIALOG stärker der integrierte Gesamtprozess – von der Kundenanfrage bis zum Service – im Fokus stand, hat sich KOMSOLV stärker mit der Beherrschung des technisch konstruktiven Prozesses beschäftigt. Genau in der Schnittmenge *Lösungen finden, konfigurieren und technisch beschreiben* liegt das verbesserte systemunterstütze Anforderungsmanagement als gemeinsame zentrale Zielsetzung der beiden Teilprojekte.

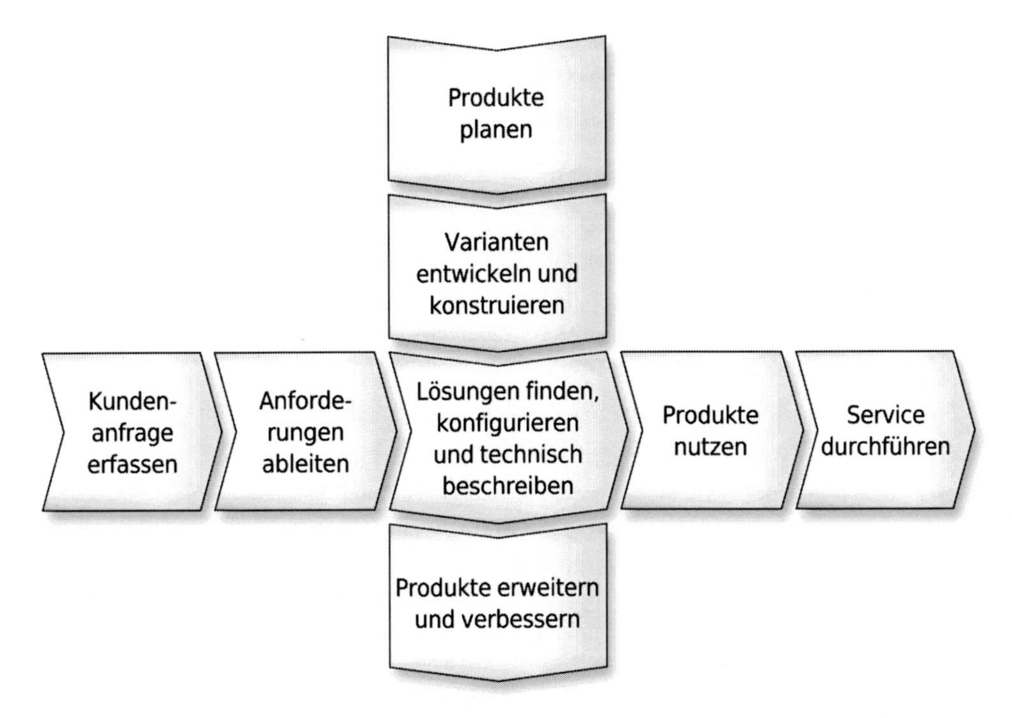

Abbildung 2-2: Zusammenarbeit der Projekte DIALOG und KOMSOLV

Als wesentliche Lösungsansätze für ein systemisches Management der Angebotserstellung und Auftragsabwicklung kundenindividueller Einzelprodukte wurden von den Projekten benannt:

- Methodisch und systemtechnisch unterstützte Anforderungserfassung und -klärung,
- Virtuelle Modellierung und Management von Produkt- und Prozesswissen,
- Rechnerunterstützte Produktkonfiguration und Angebotserstellung,
- Visualisierung komplexer Zusammenhänge,
- Auswahl und Bereitstellung von Schnittstellenstandards.

Vorzugsweise DIALOG:

- Erfassung und Rückführung von Betriebs- und Felderfahrungen in die Anforderungsklärung,
- Kundenpflege und -management.

Vorzugsweise KOMSOLV:

- Frühzeitiges Erkennen von Zielkonflikten,
- Erfassung und teilautomatische Verarbeitung von Konstruktions-Know-how mit Constraint-gesteuerten parametrischen 3D-CAD-Modellen,
- Modellgestützte rechnerunterstützte Optimierung.

Diese Lösungsansätze lassen sich weiter konkretisieren:

- Bereitstellung von allgemeinen und produktspezifischen Methoden zur hinreichend vollständigen Erfassung, Dokumentation und Klärung von Anforderungen sowie hierzu geeigneter Werkzeuge beispielsweise in Form von Checklisten, synoptischen Gegenüberstellungen von geforderten und bereitstellbaren Produktmerkmalen, Templates für die rechnerunterstützte Erfassung von Anforderungen mit Defaults und Help-Funktionen.
- Systematische Erfassung und möglichst Modellierung des Produkt-Know-hows, um einerseits personelle Weiterbildung und andererseits teilautomatische Konfiguration und rechnerunterstützte Optimierung zu ermöglichen.
- Geeignete transparente Darstellung, vorzugsweise geeignete Visualisierung, der Produktparameter und ihrer Produktlogik, um Zielkonflikte und Lösungsstrategien zu erkennen. Um eine teilautomatische Konfiguration zu ermöglichen, müssen die gegenseitigen Abhängigkeiten von Anforderungen und Produktparametern, aber auch Bedingungen und Begrenzungen (Restriktionen) möglichst formal z. B. in Gleichungen oder Tabellen erfasst werden.
- Für die wichtigsten Standardsysteme – ERP/PPS, PLM und CAD – müssen Schnittstellen untereinander und zu den neu zu entwickelnden Systemen für die Anforderungsverwaltung oder das Produkt-Know-how-Modell bereitgestellt werden.
- Bereitstellung von CRM-Systemen, die einerseits eine regelmäßige Kundenpflege sicherstellen und andererseits kundenspezifische Informationen aus Vertrieb und Service effizient erfassen, verdichten und für Verkauf und Konstruktion geeignet – z. B. nach Themen-Clustern – zur Verfügung stellen.
- Produktspezifische Typisierung von Zielkonflikten und Modellierung der verursachenden Beziehungen und Restriktionen. Bereitstellung von Methoden, um die Empfindlichkeit wichtiger Anforderungen und Ziele von konstruktiven Parametern, z. B. Bauweisen, Anordnungen, Werkstoffen und Dimensionierungen erkennen und analysieren zu können.
- Bereitstellung von parametrischen CAD-Modellen für Anlagen-Layouts, Aggregatanordnungen und Aufstellungspläne, um schnell qualitativ hochwertige anschauliche Angebote zu erstellen.
- Bereitstellung von CAD-3D-Parametrikmodellen für wesentliche, anpassungsbedürftige Baugruppen und Bauteile, um bei Bedarf rasch kundenindividuell optimierbare Detail-Angebote zu erstellen, die bei Auftragserhalt schnell in Produktionsunterlagen überführt werden können.

- Bereitstellung von Optimierungsmethoden: Definition simultan zu optimierender Ziele und der Beziehungen zwischen Zielen, Restriktionen und den zu realisierenden konstruktiven Parametern. Bereitstellung und Auswahl geeigneter mathematischer Methoden und deren Anwendung auf das reale Beziehungssystem der betrachteten Produkte.

Auf Basis der genannten Ziele und Lösungsansätze wurden für die beiden Projekte DIALOG und KOMSOLV detaillierte und aufeinander abgestimmte Arbeitspläne definiert, die über die gesamte Projektlaufzeit koordinierte Teilprojekte, Meilensteine und gemeinsame Arbeitskreistreffen enthielten.

Ein erster Lösungsschritt bestand – nach der Analyse der organisatorischen und systemtechnischen IST-Zustände in den produzierenden Unternehmen – in der Auswahl geeigneter Demonstrationsprodukte. Für diese wurden anschließend Anwendungsszenarien beschrieben, mit deren Hilfe die konzipierten Methoden und prototypisch implementierten Software-Werkzeuge später zu validieren waren.

3 Erfolgreiche Entwicklung kundenindividueller Produkte – Methodische Lösungsansätze

3.1 Logik der Anforderungen

Hans-Joachim Franke und Eiko Türck

Die entscheidende Bedeutung der vollständigen und richtigen Formulierung von Konstruktions- und Entwicklungsaufgaben ist erfahrenen erfolgreichen Praktikern schon immer bewusst. Dennoch war und ist eine systematische und hinreichend vollständige Erfassung und Klärung von Anforderungen bis heute nicht immer selbstverständlich.

Gerade komplexe kundenindividuelle Produkte werden i. Allg. durch eine sehr umfangreiche und oft sehr detaillierte Spezifikation vom Kunden definiert. Dazu kommen eine Vielzahl interner Anforderungen des Herstellers und „selbstverständliche" Bedingungen und Restriktionen aus Gesetzen und Regelwerken. Allein diese letzte Kategorie kann im internationalen Geschäft einen erheblichen Umfang ausmachen und viel Detailarbeit für die Klärung bedeuten. Ein Beispiel soll das verdeutlichen: Wenn der Kunde etwa die Einhaltung von API 610 (Norm des American Petroleum Institute) fordert, muss beim Lieferanten Know-how vorhanden sein, welche Produktmerkmale hiervon in welcher Weise beeinflusst werden.

In der Projektierungsphase solcher Projekte sind viele Merkmale und Randbedingungen noch nicht absolut sicher. Ein typisches Beispiel hierfür sind in frühen Projektphasen noch Unsicherheiten in den geometrischen Randbedingungen oder den physikalischen und informationstechnischen Schnittstellen und/oder Standards. Eine iterative Abklärung zwischen Kunden und Lieferanten ist daher üblich und manchmal sogar notwendig.

Dies führt speziell in der Angebotsphase unter dem Druck wettbewerbsbedingt zugesagter Preise und Termine zu erheblichen ökonomischen und technischen Risiken:

Zugesagte Leistungen und technische Merkmale lassen sich u. U. nur mit erhöhten Kosten realisieren. Termine, die bei Überschreitung zur Zahlung von Pönalen führen, sind gefährdet oder die zugesagte Qualität wird nicht erreicht.

Die diskutierten Probleme wurden auch wissenschaftlich bereits in den 70er Jahren des vorigen Jahrhunderts in der Konstruktionsmethodik erkannt. Man versuchte methodische Hilfen für die systematische Anforderungserfassung, z. B. in Form von allgemeinen Checklisten [Pahl-1972] oder morphologischen Suchschemata [Fran-1975] bereitzustellen. Um eine zielgerichtete produktbezogene Klärung zu erleichtern, wurden diese Methoden später branchenspezifisch detailliert. Später wurden diese Ansätze rechnerunterstützt weitergeführt [Kläg-1993, Kick-1995].

Eine breite praktische Anwendung fanden diese Vorschläge bisher nicht. Insbesondere geeignete Software-Werkzeuge könnten dies deutlich ändern. Sie müssten jedoch gegenüber bisherigen Tools benutzungsfreundlicher sein, einfach von den Produktfachleuten gepflegt werden können, in erheblichem Umfang produktspezifisches Know-how tragen und gut und widerspruchsfrei mit anderen wesentlichen Informationssystemen, insbesondere PPS bzw. PLM und CAD-Systemen vernetzt sein.

Bis heute sind oft nicht einmal – z. B. in der Automobilindustrie – die logischen Zusammenhänge zwischen Anforderungen und ihrer Auswirkung auf Produktentscheidungen und -bewertungen wirklich klar.

Das folgende Bild soll die Zusammenhänge von Fest-, Mindestforderungen und Wünschen und Entscheidungs- und Auswahlprozessen zeigen. Dabei ist festzuhalten:

- Die Klassifikation von Anforderungen in Fest-, Mindestforderungen und Wünsche ist nicht Frage einer Erkenntnis, sondern eine willentliche Festlegung des Aufgabenstellers, sofern sie Merkmale des Produktes betreffen.

Von grundsätzlich anderem Charakter sind Randbedingungen – auch abstrakte, z. B. aus Gesetzen – die aus der abstrakt gesehenen Produktumgebung stammen und daher nicht beeinflusst – zumindest direkt – werden können.

- Für die willentlich gewichtbaren Anforderungen gilt, dass sie nach Festlegung möglichst konstant bleiben sollten, um einen konsistenten Konstruktions- und Entwicklungsprozess zu gewährleisten.

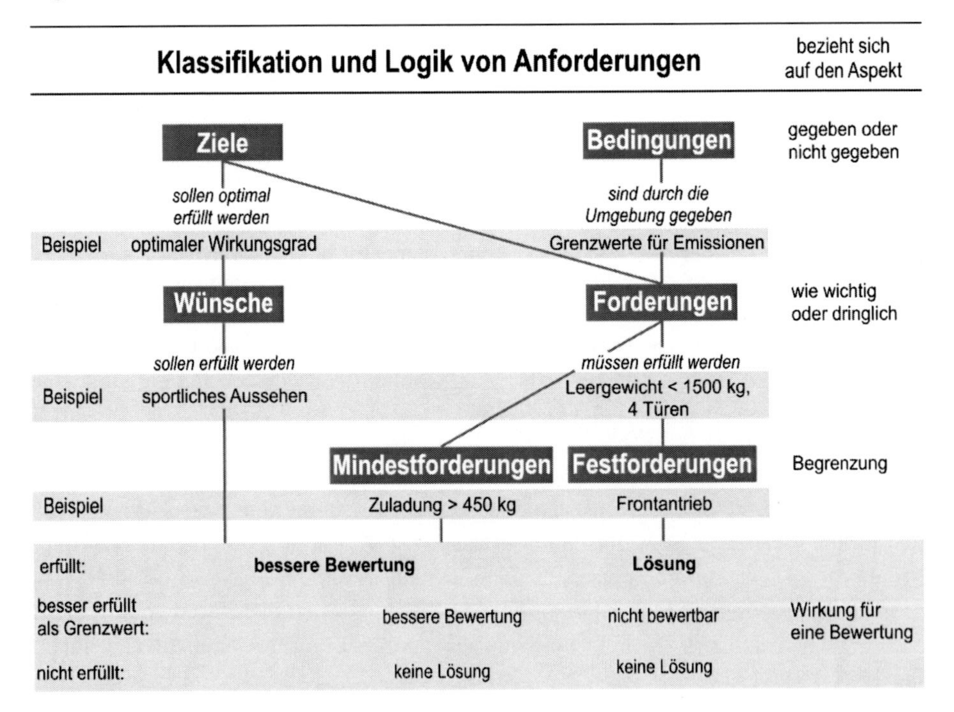

Abbildung 3-1: Logik von Anforderungen in ihrer Wirkung auf Auswahl und Bewertung von Lösungen, erläutert an Beispielen

Für die zuverlässige Dokumentation und Pflege der Anforderungen wurden bereits vor 30 Jahren standardisierte Anforderungslisten vorgeschlagen.

Auftraggeber:		Produkt:			Datum: Blatt-Nr.:
ik		Anforderungsliste			Bearbeiter: Revisionsnr.:
Gliederung	Nr.	Bezeichnung	Werte, Daten	Art	Quelle, Bemerkung

Abbildung 3-2: Formular zur Anforderungserfassung (Ausschnitt)

Die wichtigsten Probleme bei der Anforderungserfassung sind folgende:

- Hinreichende Vollständigkeit,
- exakte möglichst quantitative Formulierung,
- festhalten von Verantwortlichkeiten, insbesondere für Änderungen und
- frühes Erkennen von Einschränkungen und Zielkonflikten.

Dabei ist das erste Problem nur erfahrungs- bzw. Know-how-gesteuert lösbar.

Nützlich sind dabei allerdings methodische Modelle des Produktes und seiner (abstrakt gesehenen) Produktumgebung, die helfen, das Anforderungsproblem systematisch in Teilaufgaben zu zerlegen.

Das folgende Bild zeigt ein solches Modell einer allgemeinen Produktumgebung:

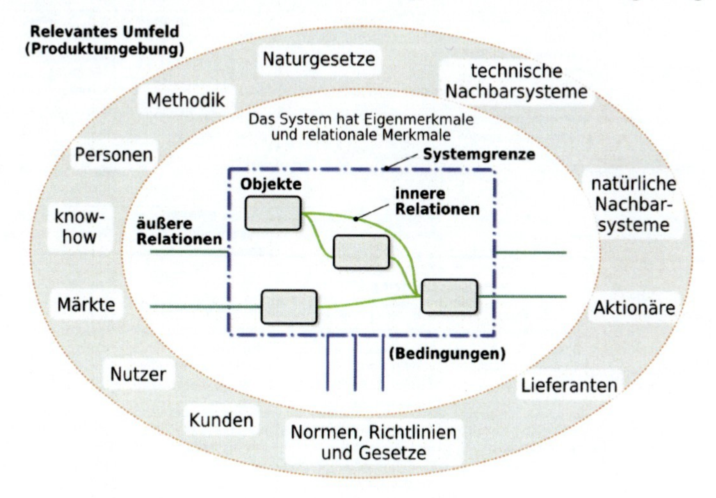

Abbildung 3-3: Schema zum Begriff der Produktumgebung

Bei einer Neuentwicklung muss das Produkt in seiner jeweils relevanten Umgebung in allen seinen Lebensphasen von der Planung bis zur Außerbetriebsetzung und zum Recycling untersucht werden, welche Anforderungen jeweils resultieren.

Hilfreich ist dabei, wenn man dabei drei verschiedene Typen von Beziehungen (Relationen) unterscheidet:

- *Geometrisch topologische Beziehungen*, z. B. verfügbarer Bauraum, Ausbaulängen, Anordnung von Nachbarsystemen
- *Wirkbeziehungen*, z. B. Energie-, Stoff- und Signalflüsse, Kraftwirkungen, physikalische Umgebungsbedingungen, Mensch-Maschine-Beziehungen, Sicherheit, Design
- *Normative Bedingungen*, z. B. einzuhaltende Gesetze, geltende Normen und Standards, Schutzrechte

Abbildung 3-4 zeigt ein generelles morphologisches Schema, das auch bei Neuentwicklungen geeignet ist, wichtige Anforderungen und Bedingungen aufzufinden.

Lebenslaufphasen	Art der Relationen			
	Geometrisch topologische Relationen	Wirkrelationen (Energie-, Stoff- und Signalflüsse, Kräfte und Temperaturen)	Normative Relationen	Ökonomische und terminliche Relationen
Planung	z. B. Hauptabmessungen, Designkonzept	z. B. Steuerungskonzepte, Funktionsziele	z. B. generelle Schutzrechtsituation, geltende Gesetze und Standards	z. B. Marktanteile, Konkurrenzsituation, marktübliche Lieferzeiten
Entwicklung, Konstruktion	z. B. Geometrisches Schnittstellenkonzept, Anordnungs-bedingungen	z. B. verfügbare Anschlussleistungen, Tragfähigkeiten	z. B. Naturgesetze, Technische Normen	z. B. Baukasten-konzepte, Stückzahlen von Teilen und Komponenten
Beschaffung, Fertigung	z. B. Abmessungen und Schnittstellen von Zulieferkomponenten, verfügbare Maschinengrößen	z. B. Wirkung von fertigungsbedingten Kräften, Temperaturen oder Korrosionseinflüssen	z. B. Liefernormen, Fertigungsnormen, Arbeitsschutzgesetz	z. B. Zuliefertermine, Zulieferkosten, Fremd-fertigung, zulässige Fertigungskosten, Be-schaffungsstrategien
Montage, Prüfung	z. B. Kranhöhen, Beobachtbarkeit von und Zugänglichkeit zu Prüfstellen	z. B. Verfügbare Montagehilfsmittel, Tragfähigkeiten, Prüfequipment	z. B. Prüfvorschriften, Prüfnormen	z. B. Zulässige Montage- und Prüfkosten, Abnahmetermine mit Externen (z. B. TÜV)
Lagerung, Transport	z. B. geometrische Lagerungs- und Transportbedingungen (z. B. Container)	z. B. Tragfähigkeit von Regalen und Transportmitteln, Korrosion bei Seetransport	z. B. Vorschriften für Straßen- oder Seetransport	z. B. Lager- und Transportstrategien
Inbetrieb-setzung, Abnahme, Betriebsphase	z. B. Verfügbare Zugangsöffnungen (z. B. auch Tore) Verfügbarer Bauraum, ergonomische	z. B. in der Anlage verfügbare Montage-hilfsmittel, Anschlüsse von Energie, Kühl-wasser, Schmieröl usw.	z. B. Sicherheits-vorschriften, Arbeits-schutzgesetz, Abnahmevorschriften, Emmissionsgesetze	z. B. Inbetriebnahmedauer, -termine, geplante Lebensdauer
Wartung, Reparatur, Außer-betriebsetzung	z. B. Ausbaulängen, gute Zugänglichkeit zu Verschleißteilen	z. B. in der Anlage verfügbare Werkzeuge und Prüfmittel, stoffliche Bedingungen für Recycling	z. B. Arbeitsschutz-gesetz, Abfallentsor-gungsgesetz	z. B. Wartungs-strategie, Wartungs-termine, Ersatzteil-planung, Service-leistungen

Abbildung 3-4: Morphologisches Schema, um einen hinreichend vollständigen Satz von Anforderungen zu finden, erläutert durch beispielhafte Anforderungen

Der heutige Stand der Technik sind rechnerunterstützte „Anforderungslisten“, die strukturiert zugreifbar und pflegbar sind.

Ein neuerer Vorschlag von STECHERT [Stec-2010] erlaubt eine domänenorientierte strukturierte Bereitstellung von Anforderungen auf der Basis von SysML. Über grundsätzliche Lösungsansätze und weitere Details zur rechnerunterstützten Pflege von Anforderungen wird ausführlich im Abschnitt 4.2 berichtet.

Ein wesentliches Problem, das gerade bei komplexen Produkten auftritt und selbst einen Teil ihrer Komplexität bedingt, sind Zielkonflikte, die zu Beginn einer Entwicklung oder auch eines kundenindividuellen Auftrags vorliegen.

Ein trivialer Zielkonflikt besteht nahezu immer zwischen Leistungs- und Kostenmerkmalen: Der Kunde möchte eine möglichst hohe Leistung und Qualität für einen möglichst niedrigen Preis haben.

Weniger trivial sind jedoch physikalisch und/oder technologisch bestehende Zielkonflikte. Einige allgemein bekannte Beispiele aus der Automobiltechnik sollen das erläutern:

Fahrdynamische Merkmale, z. B. maximale Querbeschleunigung, stehen i. Allg. in Konkurrenz zu Komfortmerkmalen, z. B. einer komfortablen Federung. Längsdynamische Merkmale, z. B. Beschleunigung oder Bremsvermögen, stehen im Zielkonflikt zur Crashsicherheit: Einerseits muss ein niedriges Gewicht angestrebt werden, andererseits wird selbst bei intelligenter Gestaltung ein bestimmtes Gewicht benötigt.

Offensichtlich ist es von höchster Bedeutung, Zielkonflikte früh, d. h. möglichst bereits bei der Anforderungsdefinition zu erkennen. Nur so gelingt es, Strategien für die Problemlösung und Optimierung, vgl. Abschnitt 3.5 zu finden, in der durch die Freigabe- oder Liefertermine festgelegten Zeit die benötigten Ergebnisse zu erarbeiten.

Das Erkennen von Zielkonflikten benötigt Erfahrung, bzw. explizites Produkt- und Produktions-Know-how, vgl. Abschnitt 3.3. Methodisch hilfreich sind hierbei geeignete Werkzeuge, die die komplexen Zusammenhänge transparent machen. Hierbei hilft fast immer, eine geeignete Visualisierung der Zusammenhänge. Vorschläge hierzu zeigt ebenfalls Abschnitt 3.3.

Ein allgemein geeigneter Ansatz zur Auflösung oder Minderung von Zielkonflikten ist es, zusätzliche konstruktive Freiheitsgrade zur Verfügung zu stellen. Dieser abstrakte Ansatz soll durch einige konkrete Lösungsansätze zum obigen Fahrzeugbeispiel erläutert werden:

Der Zielkonflikt zwischen Komfort und Querdynamik kann weitgehend harmonisiert werden, indem adaptive Federung und Dämpfung, hier also ein zusätzliches Hilfssystem, vorgesehen werden. Der Zielkonflikt zwischen Crash-Sicherheit (Steifigkeit) und Längsdynamik kann gemildert werden, indem ein Materialmix, d. h. mit zusätzlichen Werkstoffen – etwa Aluminium und Karbon – verwendet wird.

Beide Beispiele zeigen jedoch, dass diese zusätzlichen konstruktiven Freiheitsgrade i. Allg. zu zusätzlichen Kosten führen und damit ein anderes Ziel, günstige Preise, verschlechtern. Eine generell geeignete Strategie, besteht daher darin, zusätzliche konstruktive Freiheitsgrade zu möglichst geringen Mehrkosten zu finden.

Ein weiterer allgemeiner Ansatz zur Harmonisierung von Zielkonflikten ist eine Pareto-Optimierung. Hierzu wird im Abschnitt 3.5 im Einzelnen berichtet. Die Pareto-Optimierung hat den Sinn, verschiedene mögliche Lösungen hinsichtlich ihrer unterschiedlichen Zielerfüllung zu vergleichen. Besonders anschaulich kann das – zumindest bis zu drei unabhängigen konkurrierenden Zielen – durch eine Paretofläche geschehen, die die Menge der absolut optimalen Lösungen im Zielraum darstellt.

In der Phase der Anforderungsdefinition und frühen Konzeption ist eine solche optimierende Betrachtung allerdings nur bei gut bekannten Produkten auf der Basis von Ähnlichkeitsbetrachtungen möglich [Deim-2007, Wend-2009].

3.2 Methodik zur systematischen Verarbeitung von Anforderungen

Gunther Grein, Markus Grein und Patricia Krakowski

„Die konstruktive Arbeit beginnt mit einer Konfrontation mit dem gestellten Problem“ formulieren PAHL und BEITZ in ihrer Konstruktionslehre. Sie stellen weiter fest, dass nach dem Zusammentragen aller Informationen in einer Anforderungsliste deren „Verarbeitung und Festlegung in einer den konstruktiven Arbeits- und Entscheidungsschritten angepassten Ordnung“ zweckmäßig ist. Die Informationssammlung solle nach der sog. Hauptmerkmalliste erfolgen, „die vom Zusammenhang Funktion – Wirkprinzip – Gestaltung (Erfüllung und Zielsetzung) und den bestehenden Bedingungen (allgemein und auftragsspezifisch) abgeleitet ist“ [PaBe-1993, Seite 166 ff.].

Darauf aufbauend etablierte insbesondere GRABOWSKI eine von der Rechneranwendung in Planung und Konstruktion geprägte Sichtweise auf Lösungsfindungsprozesse. Er verfolgt den Ansatz eines aus Partialmodellen gebildeten integrierten Produktmodells, das alle relevanten Informationsmengen und Relationen entlang der methodischen Arbeitsschritte beim Konstruieren auf unterschiedlichen Abstraktionsgraden und mit fortschreitender Detaillierung rechnerintern verwaltet. Beginn jeder Produktentwicklung müsse die Überführung der im Lasten- und Pflichtenheft enthaltenen Informationen in die formale Repräsentationsform der Anforderungsliste und weiterhin das sog. Anforderungsmodell sein [Grab-1986 und Grab-1995].

Motivation und Bedeutung der Modellierung – sprich formalen Beschreibung – von Anforderungen für den Produktentwicklungsprozess zeigt Abbildung 3-5. In der linken Bildhälfte sind die aufeinander aufbauenden methodischen Schritte *Modellieren von Anforderungen*, *Modellieren von Funktionen*, *Modellieren von Wirkprinzipien* sowie *Modellieren der Gestalt* dargestellt, rechts daneben die entsprechenden bei der Modellierung erzeugten und sich gegenseitig beeinflussenden Informationsmengen [GrRu-1988].

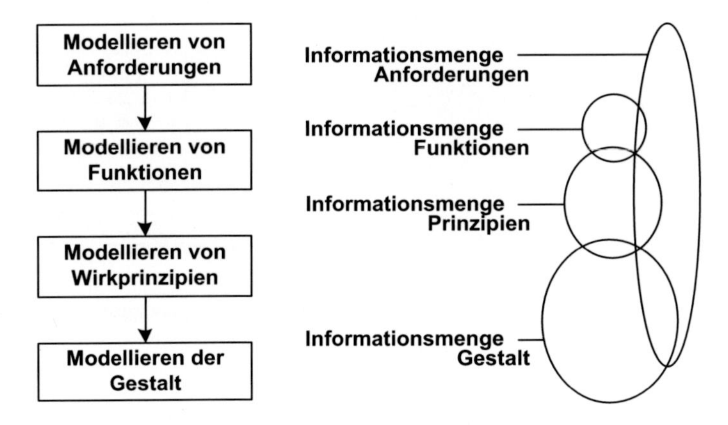

Abbildung 3-5: Diagramm der relevanten Informationsmengen bei der Lösungsfindung in Anlehnung an [GrRu-1988]

Diese aus der Mengenlehre stammende Darstellung sich teilweise überlappender Ellipsen hebt klar hervor, dass nur die *Anforderungen* Schnittmengen zu allen anderen Modellen aufweisen und dadurch per se eine herausragende Rolle bei der systematischen Planung und Steuerung jedes Entwicklungsprozesses spielen.

GRABOWSKI et al. sehen in der vollständigen und korrekten Spezifikation einer Aufgabe die Grundlage für eine erfolgreiche Produktentwicklung. Sämtliche *Anforderungen* müssen wie in Abbildung 3-6 dargestellt in letzter Konsequenz auf *Eigenschaften der Lösung* zeigen [Grab-1998, S. 210].

Abbildung 3-6: Entwicklungs- und Konstruktionsprozess als Abbildung von Anforderungen auf Eigenschaften einer Lösung [Grab-1998, S. 210]

Neben der Abbildung von Anforderungen auf Lösungseigenschaften, hat *KLÄGER* eine Konsolidierung der Anforderungen selbst angestrebt und die in Abbildung 3-7 dargestellten Relationstypen unterschieden. Es soll eine durch explizite und implizite Anforderungen spezifizierte Lösungsumgebung entstehen, die gleichzeitig eine inhaltliche Überprüfung nach den Gesichtspunkten der *Widerspruchsfreiheit* (Unabhängigkeit der Anforderungen untereinander), *Überdeckungsfreiheit* (Redundanzfreiheit der Anforderungen), *Genauigkeit* (möglichst exakte Anforderungsspezifikation) und *Vollständigkeit* (umfassende Anforderungsspezifikation) durchführt [Kläg-1993].

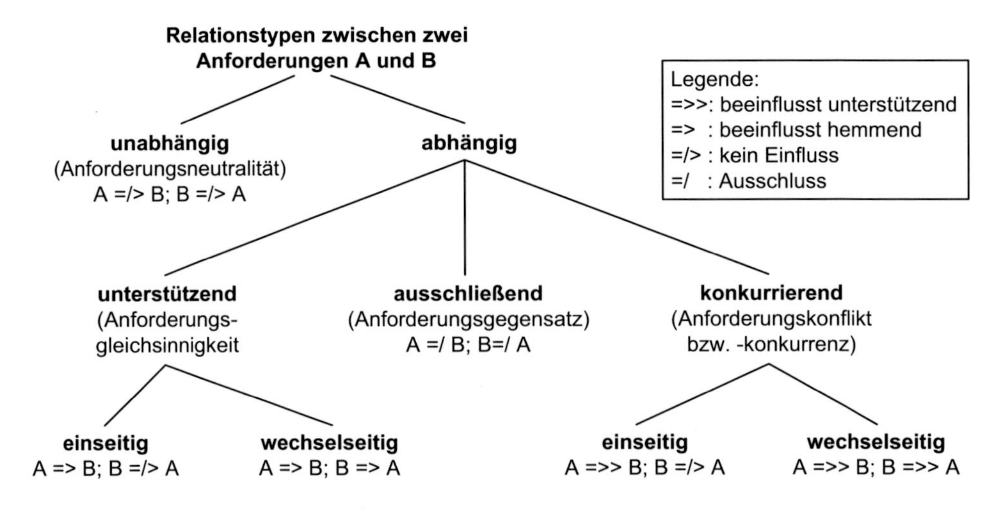

Abbildung 3-7: Relationstypen zwischen Anforderungen nach KLÄGER[Kläg-1993, S. 124]

GEBAUER entwickelte darüber hinaus ein Konzept für die „Kooperative Produktentwicklung auf der Basis verteilter Anforderungen“. Seine „graphenbasierte Anforderungsentwicklung erlaubt entlang des Produktentstehungsprozesses die Beschreibung einer netzwerkartigen Anforderungsmenge“, die in einem konkreten Bezug zu einem Anwendungskontext steht. Er definiert Anforderungsmuster als Mengen lösungsneutraler d. h. noch keinem konkreten Produkt zugeordneten Anforderungen, die durch Beziehungen miteinander verknüpft sind. Die Beziehungen verbinden die Anforderungen zu sog. semantischen Anforderungsnetzen, in denen Anforderungen die Knoten und Anforderungsabhängigkeiten die Kanten darstellen. Anforderungsmuster lassen sich zu größeren semantischen Netzstrukturen zusammenfügen. Sie werden in Bibliotheken abgelegt und repräsentieren dabei lösungsneutral das gesammelte Wissen über die Zusammenhänge und Abhängigkeiten in Anforderungsmengen [Geba-2001].

Neben diesen von Konstruktionsmethodikern „getriebenen“ Ansätzen einer möglichst umfassenden, kohärenten Produktdarstellung etablierten sich – etwa zur gleichen Zeit – sog. Prozessmodelle, um die zunehmende Komplexität der Informationsbeziehungen zwischen den am Produktentstehungsprozess beteiligten Partnern abzubilden [vgl. hierzu z. B. Sche-1992 oder Quellen bei Grein-1997, S. 10 ff.]. Konzepte des sog. *Business Process Integration* (BPI) zielen darauf ab, firmenübergreifende Workflows und unterschiedliche Systemvoraussetzungen der jeweiligen Geschäftspartner zu berücksichtigen [Prod-2000]. Erste Prozessmodelle haben zunächst die Abbildung unternehmensinterner Abläufe im Blick, bevor sie hauptsächlich im Zuge der Einführung prozessorientierter Qualitätsmanagementsysteme – auch die „vertikalen“ Zulieferketten des sog. Supply Chain Managements (SCM) über mehrere Ebenen hinweg einbeziehen [VDMA-2000].

Da komplexe und innovative Neuproduktentwicklungen heute oftmals nicht mehr von einem Unternehmen alleine durchgeführt werden können, ist es mittlerweile selbstverständlich, dass Prozessmodelle außerdem die für eine partnerschaftliche Zusammenarbeit, z. B. im Rahmen kooperativer Produktentwicklungen, erforderlichen „horizontalen“ Prozessketten gleichberechtigter Partner beschreiben. „Kunden-Hersteller“-bezogene Ansätze, die über die Basisinformationsmengen eines Customer Relationship Managements (CRM) – nämlich im wesentlichen Adressdaten und Informationen zu Vertriebsaktivitäten – hinausgehen, finden sich bisher eher selten.

Konzeptbausteine der Methodik

Im Rahmen des DIALOG-Projekts wurde auf diesen Grundüberlegungen und Vorarbeiten aufbauend eine Methodik zur systematischen Verarbeitung von Anforderungen entwickelt. Die Konzeptbausteine dieser Methodik – die in ihrer Kombination bisher einzigartig sind – können den folgenden vier Themenkomplexen zugeordnet werden:

- Feedback-orientierte Produktmodellierung
  Die klassischen Partialmodelle der Produktmodellierung werden um die formale Beschreibung von Feedback in einer entsprechenden *Informationsmenge Feedback* erweitert. Die Modellierung von Feedback, insbesondere in Form der systematischen Rückführung von

Erfahrungswissen aus Produktnutzung und Service, verweist dabei immer auf die ursprünglich erfassten und weiterentwickelten Anforderungen. Da das Anforderungsmodell – wie in Abbildung 3-5 beschrieben – mit allen übrigen Partialmodellen der Produktentwicklung in Beziehung steht, werden zum einen Schnittstellen minimiert, zum anderen wird der systematische Zugriff auf Erfahrungswissen bereits in einer sehr frühen Phase des Kunde-Hersteller-Dialogs, nämlich der Kontaktanbahnung, sichergestellt.

- Kunde-Hersteller-orientierte Prozessmodellierung
  Prozessmodelle werden um Informations- und Kommunikationsbeziehungen zwischen Kunden und Herstellern erweitert. Das zentrale Informationsobjekt dieser Integration ist die Anforderung. Anforderungen werden vom Kunden formuliert und vom Hersteller – teils im Dialog mit dem Kunden, teils durch „Hersteller-interne" Prozesse – soweit verfeinert bzw. konkretisiert, bis sämtliche sog. Erfüllungsbeziehungen zu Lösungseigenschaften ausgeprägt sind. Der DIALOG-Referenzprozess ist in Abbildung 4-3 dargestellt. Er besteht aus den vier TOP-level Geschäftsprozessen *Anfrage spezifizieren*, *Anfrage bearbeiten*, *Lösung erarbeiten und beschreiben* und *Produkt nutzen*.

- Generische Modellierung von Anforderungsnetzen in gerichteten Graphen
  Sämtliche Informationsobjekte der Produkt- und Prozessmodellierung werden auf Knoten und Kanten gerichteter Graphen abgebildet. Informationsobjekte aus der integrierten Produktmodellierung sind Anforderungen, Funktionen, Wirkprinzipien, Gestaltungselemente oder technische Parameter. Objekte der Prozessmodellierung sind Prozesse, Teilprozesse, Prozessschritte (sog. Aktivitäten) oder Transitionen (Übergänge zwischen Aktivitäten). Alle Informationsobjekte repräsentieren unterschiedliche Klassen von Knoten gerichteter Graphen. Die Beziehungen zwischen den Informationsobjekten repräsentieren Kanten.

- Regelbasierte Manipulation der Graphen
  Anforderungen werden in iterativen Schritten so lange verfeinert bzw. zerlegt, bis sie auf technische Parameter(strukturen) abgebildet werden können. Die Weiterentwicklung der Anforderungsmenge wird mit Hilfe von Regeln durchgeführt, die an Produktgruppen oder Bautypen bzw. direkt an abstrakten Produkten und ihren Baugruppen hinterlegt sind. Die Regeln repräsentieren hierbei das Erfahrungswissen in einer Art, wie es auch bei der Wissensvermittlung zwischen Menschen zum Einsatz kommt: WENN die Anwendungsvoraussetzung erfüllt ist, DANN ist die Anwendung des Änderungsvorschlags erlaubt. Dabei sind die Anwendungsvoraussetzungen Graphmuster und die Änderungsvorschläge Graphmanipulationsoperationen.

Feedback-Akquise im TOP-level Geschäftsprozess „Produkt nutzen"

Die Wissensbasis des Anforderungsmodellierers speist sich aus den klassischen Informationsmengen des Produkt- und Kundenumfelds sowie den Informationen aus dem Kontext einer konkreten Anfrage wie z. B. den Einsatz- und Rahmenbedingungen. Darüber hinaus wird sämtliches an der Schnittstelle zwischen Kunde und Hersteller systematisch akquiriertes Feedback ebenfalls mit den Anforderungen in Relation gesetzt. Die Anreicherung der *Informationsmenge Feedback* erfolgt über ein kontinuierliches, aktives und passives Sammeln von nutzungs-, zustands- und wirkungsbezogenen Feedback-Informationen.

Abbildung 3-8 zeigt anhand eines konkreten Szenarios, wie unstrukturiertes und strukturiertes Feedback manuell, halbautomatisiert oder automatisiert klassifiziert wird. *Unstrukturiertes Feedback* in Form eingehender E-Mails, Telefonate oder Faxe etc. wird anhand sog. Positivlisten mit strukturiert vorliegenden Informationen zu Produkten und Geschäftspartnern abgeglichen und mit Objekten des Produkt-/Prozessmodells verknüpft. So kann beispielsweise eine *E-Mail* über den Absender oder ihren Inhalt (Text) einem Geschäftspartner zugeordnet werden. *Telefonate* und *Faxe* lassen sich über die Rufnummer zuordnen. Für *Dateien* bzw. mit Hilfe eines *Scanners* digitalisierte Dokumente lässt sich – eine entsprechende Volltexterkennung (engl. OCR, Optical Character Recognition) vorausgesetzt – der extrahierte Text ebenfalls gegen Positivlisten abgleichen, um Geschäftspartner-, Produkt- oder konkrete Projektinformationen zu extrahieren und zuzuordnen. Wenn keine dieser *Interpretationsmechanismen* zu einer Zuordnung führt, gelangt unstrukturiertes Feedback in eine Art Warteschlange und muss mit Hilfe des *Know-hows* eines Sachbearbeiters manuell klassifiziert werden.

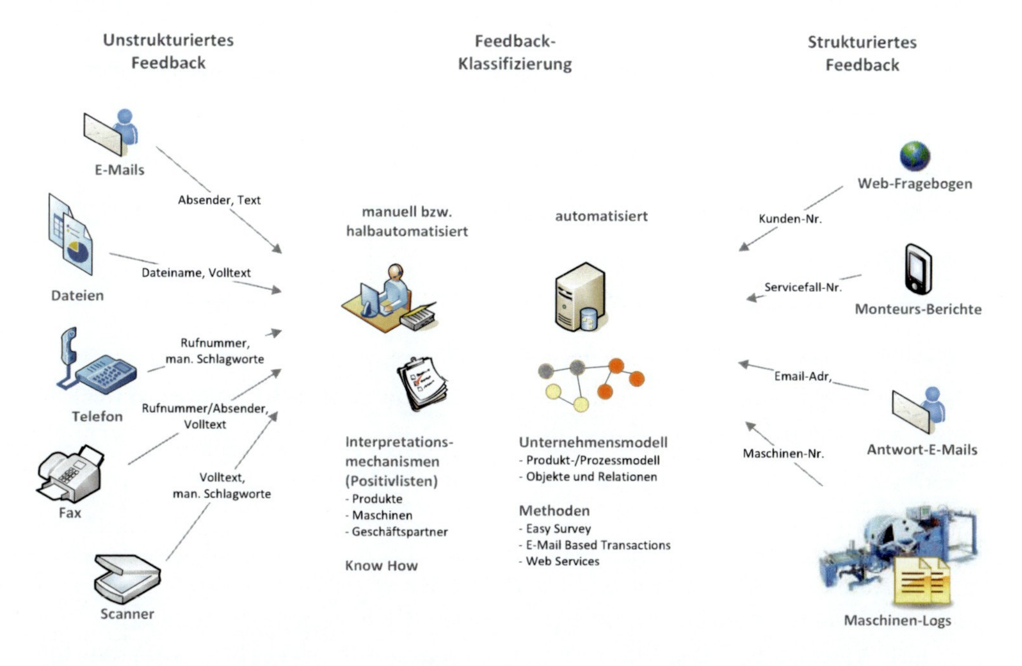

Abbildung 3-8: Manuelle bzw. halbautomatisierte und automatisierte Klassifizierung von Feedback

Strukturiertes Feedback dagegen lässt sich automatisiert zuordnen, weil es quasi als Antwort auf eine unternehmensintern gestartete Aktion interpretiert werden kann. Ein ausgefüllter *Web-Fragebogen*, *Monteurs-Berichte*, *Antwort-E-Mails* oder Einträge aus *Log-Dateien* von Maschinen sind Beispiele für diese Kategorie von Feedback. Sie lassen sich mit Hilfe der Informationsmengen des sog. Unternehmensmodells zuordnen. Methoden für die Akquise strukturierten Feedbacks sind beispielsweise *E-Mail Based Transactions* oder spezielle *Web Services*.

Das so akquirierte und klassifizierte Feedback geht als eigenständige Informationsmenge in die nachfolgend beschriebene Methodik ein.

Der Regelbasierte Graphen-Manipulator (RGM)

Zentrales Element der Methodik zur systematischen Verarbeitung von Anforderungen ist der in Abbildung 3-9 dargestellte *Regelbasierte Graphen-Manipulator (RGM)*. Dieser nimmt als Eingangsgröße einen gerichteten Graphen entgegen, den er, wie in der Bildmitte dargestellt, nach zuvor festgelegten Regeln beispielsweise in folgender Art und Weise manipuliert:

- „Füge Knoten hinzu" oder „Lösche Knoten",
- „Füge Kante hinzu" oder „Lösche Kante",
- „Füge Bemerkungen hinzu" etc.

Die Knoten und Kanten des gerichteten Graphen bilden die Informationsmenge einer sog. *Erweiterten Projektinstanz ab*. Diese Informationsmenge umfasst:

- Allgemeine, lösungsneutrale Anforderungen („grüne Kreise")
- Kundenspezifische produkt- und umgebungsbezogene Anforderungen („rote Kreise")
- Unternehmensinterne Anforderungen
- Technische Parameter – sog. IST-Eigenschaften – der Produkte („blaue Kreise")
- Stücklisten und Stücklistenpositionen („grüne Rechtecke")
- Prozesse, Teilprozesse, Prozessschritte und Transitionen („violette Rechtecke und Rauten sowie schwarze „Anfang/Ende-Kreise")
- Feedback-Informationen, die lediglich eingehen, aber nicht manipuliert werden („graue Ellipsen")

Der *Regelbasierte Graphen-Manipulator (RGM)* verändert nicht nur Anforderungsmengen, indem er sie iterativ verfeinert bzw. zerlegt, er steuert durch Veränderung technischer Parameter auch Prozessabläufe. Eine weitere Funktion besteht darin, dass er Stücklisten mit Hilfe der formal beschriebenen Anforderungen in Stücklistenpositionen auflöst und im späteren Prozessablauf in Angebotspositionen und -unterpositionen persistiert. Zuletzt führt er einen Konsistenzcheck durch. Dieser überprüft zum einen die Anforderungsbeziehungen auf Widerspruchsfreiheit, stellt aber auch fest, ob alle Kundenanforderungen, u. U. auch nach entsprechender Zerlegung, auf technische Parameter (IST-Eigenschaften) der projektierten Lösung zeigen.

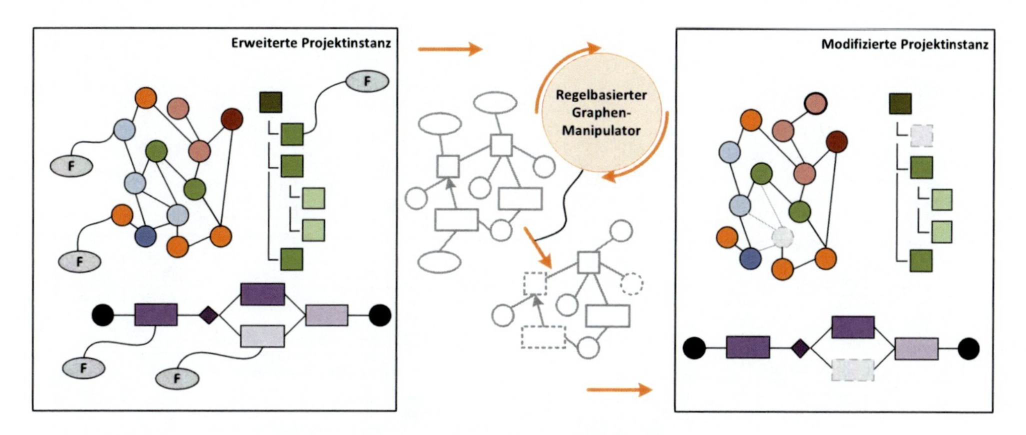

Abbildung 3-9: Regelbasierter Graphen-Manipulator (RGM)

Erläuterung der Methodik

Die Methodik geht von der Annahme aus, dass sich für jedes individuelle Unternehmen *Allgemeine Anforderungsmengen* festlegen lassen, die – in Bibliotheken anfrage- und lösungsneutral abgelegt – die Grundlage für die Anforderungsentwicklung während der Geschäftsprozesse *Kundenanfrage spezifizieren* und *Anfrage bearbeiten* bilden. Die sich mit jeder Iteration immer weiter verfeinernde Anforderungsmenge ist in Abbildung 3-10 mit Hilfe farbiger Kreise und Verbindungskanten dargestellt. Diese *Allgemeinen Anforderungen* (grüne Kreise) orientieren sich zumeist an Merkmalen der jeweiligen Produktpalette oder unternehmensspezifischen Gegebenheiten, wie z. B. speziellen Herstellungsverfahren oder einem bestimmten Fertigungs-Know-how.

Der zuvor erläuterte *Regelbasierte Graphen-Manipulator* (RGM) nimmt im ersten Verarbeitungsschritt die anfragespezifisch formulierten *Kundenanforderungen* (rote Kreise) entgegen und modifiziert das *Allg. Anforderungsmodell* entsprechend der hinterlegten Informationsmengen und Regeln. In unserem Beispiel wird hierbei eine Relation zwischen einer allgemeinen „grünen" und einer kundenspezifischen „roten" Anforderung erzeugt. Diese Ausprägung des Anforderungsmodells kann bereits unmittelbare Auswirkungen auf den Geschäftsprozess haben. So führen *Kundenanforderungen*, die nicht durch die Produktpalette des Herstellers abgedeckt sind, direkt zur Ablehnung der Anfrage und Beendigung des Prozesses.

In allen anderen Fällen wird der Kunde-Hersteller-Dialog mit der weiteren Verfeinerung der Anforderungen fortgeführt. Ziel des weiterhin iterativ ablaufenden Abstimmungsprozesses ist die Erstellung eines Angebots. Hierfür wird i. d. R. zunächst die Anforderungsmenge *Projekt/Angebot* hinsichtlich organisatorischer und kaufmännisch/juristischer Aspekte weiterentwickelt, bevor die Verfeinerung in Richtung *Angebotsposition* mit unmittelbarem Produkt- bzw. Lösungsbezug erfolgt.

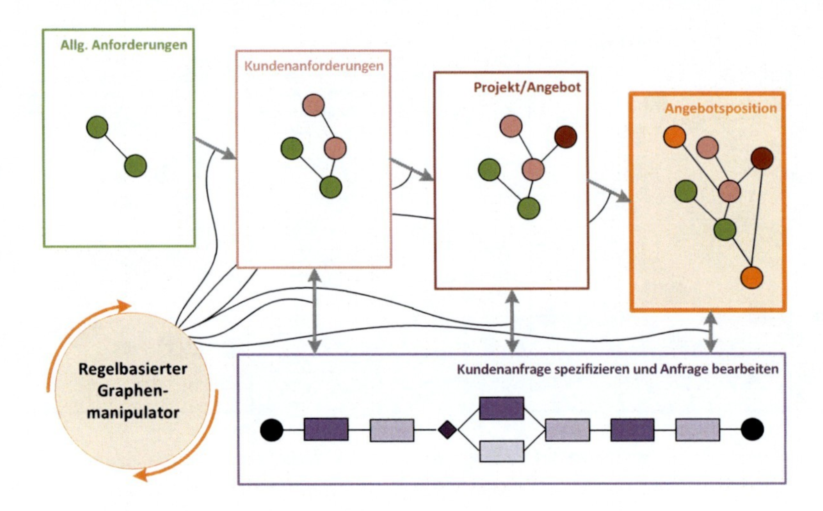

Abbildung 3-10: Anforderungsentwicklung während der Geschäftsprozesse „Kundenanfrage spezifizieren" und „Anfrage bearbeiten"

Nach vollständiger Spezifikation der Produktanforderungen in der Anforderungsmenge *Angebotsposition* – inkl. etwaiger Verfeinerungen bzw. Ableitungen oder Zerlegungen nach hinterlegten Regeln – startet die eigentliche Projektierung innerhalb des Geschäftsprozesses *Lösung erarbeiten und beschreiben*. Die Iterationsstufen der Anforderungsentwicklung dieses Prozessabschnitts verdeutlicht Abbildung 3-11.

Ausgehend von den Anforderungen an die Produkte – formal beschrieben in der Anforderungsmenge *Angebotsposition* – werden zunächst, wieder unter Zuhilfenahme des RGM und einer hierarchischen Produktklassifizierung folgend, *Produktgruppen* mit ihrerseits spezifischen Anforderungsprofilen und technischen Eigenschaften gegen die Anforderungsmenge geprüft. Durch Festlegung auf eine spezielle Produktgruppe inkl. damit einhergehenden „Weichenstellungen" in der Ablauflogik des Projektierungsprozesses wird die Anforderungsmenge *Angebotsposition* weiter verfeinert, bis sie schließlich auf ein sog. abstraktes *Produkt* zeigt. Zusammen mit den technischen Parametern (IST-Eigenschaften) des Produkts und u. U. erneut anzuwendenden Manipulationsregeln lässt sich die Anforderungsmenge *Angebotsposition* weiter verfeinern.

An dieser Stelle sei erwähnt, dass die Anforderungsmenge *Produktgruppe* lediglich als Repräsentant einer im Maschinen- und Anlagenbau durchaus üblichen Hierarchie von „Warengruppe – Produktgruppe – Maschinengruppe – Type" dient. Die Hinführung zu einem abstrakten Produkt könnte somit in bestimmten Anwendungsszenarien auch über mehrere Hierarchieebenen hinweg erfolgen.

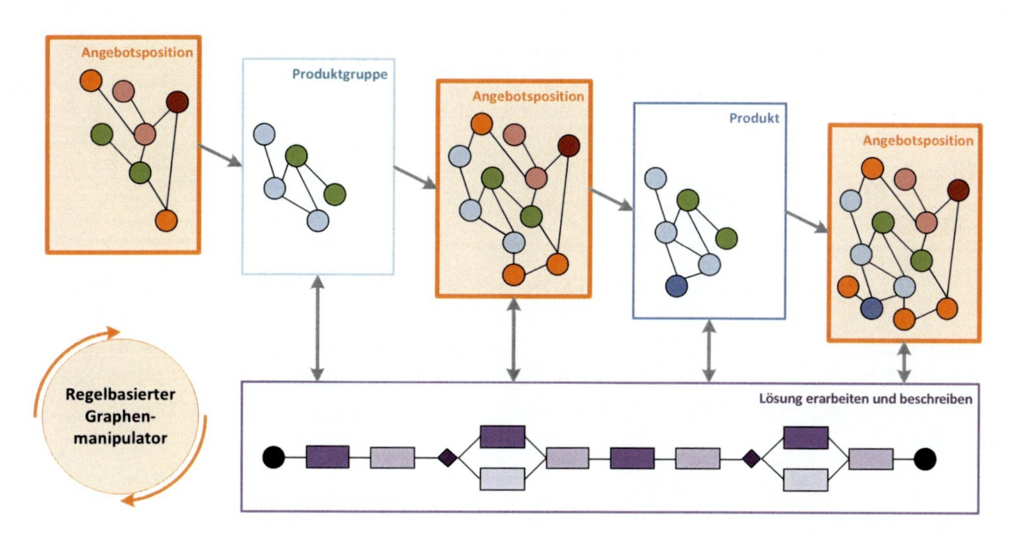

Abbildung 3-11: Iterationsstufen der Anforderungsentwicklung im Geschäftsprozess „Lösung erarbeiten und beschreiben"

Die Schritte der Methodik zur systematischen Verarbeitung von Anforderungen – inkl. der Auflösung einer dem abstrakten Produkt zugeordneten Vertriebsstückliste – wird in Abbildung 3-12 an einem eingängigen Beispiel erörtert.

Ein Kunde trägt sich mit dem Gedanken, ein Fahrrad zu kaufen. Er stellt sich ein leichtes und dennoch bequemes Fahrrad vor, das er hauptsächlich zum Einkaufen einsetzen will. Seine *Kundenanforderungen KA1, KA2* und *KA3* schränken die Produktgruppen des Fahrradhändlers bereits auf die sog. City-Bikes ein. Im Verkaufsgespräch nimmt der Verkäufer gedanklich eine Zerlegung der geäußerten Vorstellungen seines Kunden in interne Anforderungen *A1* bis *A5* vor und betreibt Anforderungsmodellierung durch Zerlegung.

Hierbei sind die ausgestellten Fahrräder und spezielle Produktkataloge selbstverständlich immer präsent, um Funktionen, Wirkprinzipien und Gestaltelemente (Design Features) zu erläutern. In Abbildung 3-12 sind Ausstattungsvarianten für *Bremsen* (*PA1* und *PA2*), *Gepäckträger* (*PB1* und *PB2*) und *Sattel* (*PC1* und *PC2*) mit ihren jeweiligen technischen Eigenschaften *E01* bis *E12* dargestellt. Konstruktionsmethodisch formuliert sind dies die umgesetzten Ergebnisse der *Gestaltmodellierung*. Funktions- und Prinzipmodellierung sind hier aus Platzgründen nicht dargestellt. Die *Bremsen* verweisen aber auf die Funktion *Bremsen* und die Frage nach „Scheiben-, Hydraulik- oder Backenbremse" entscheidet implizit über das physikalische Wirkprinzip.

Die Anforderungen und möglichen Produktausstattungen mit ihren technischen Eigenschaften werden wie oben beschrieben mit dem Ziel einer *Regelbasierten Stücklistenauflösung* in einen gerichteten Graphen überführt (Abbildung 3-9). Ergebnis dieses u. U. mehrfach iterativen Prozesses ist das vorkonfigurierte Produkt – d. h. die instanziierte Verkaufsstückliste – sowie weitere errechnete Lösungseigenschaften, hier das *Gewicht 15,4 kg (EA)* des kompletten

Fahrrads und die Information, dass ein Gepäckträger konfiguriert wurde (*EB Gepäckträger Ja*).

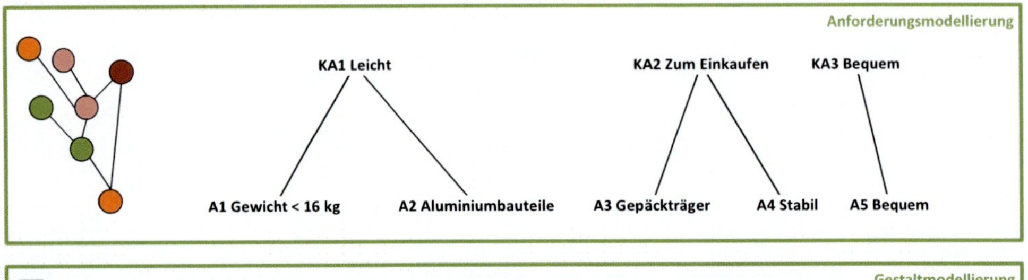

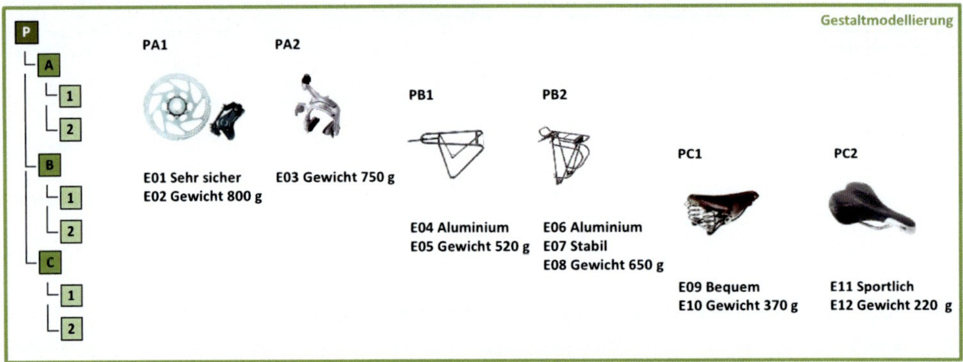

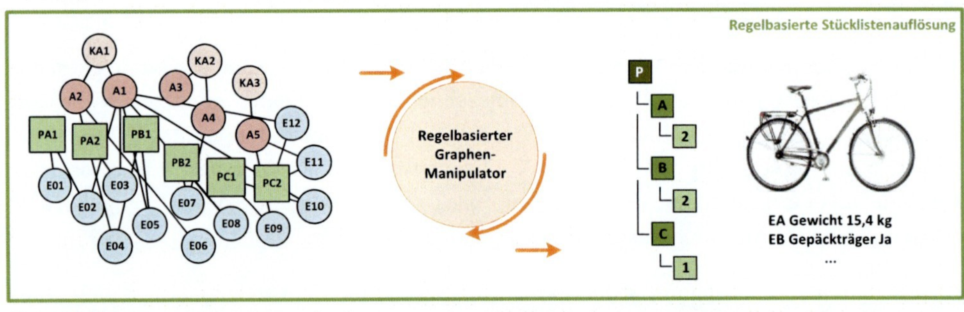

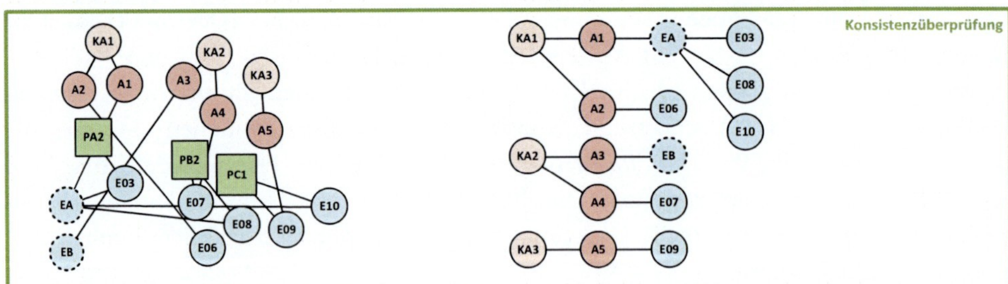

Abbildung 3-12: Methodik zur systematischen Verarbeitung von Anforderungen (Beispiel)

Im unteren Bildteil wird durch Ausblenden der Produktausstattungen *PA2*, *PB2* und *PC1* sowie geeignetes Arrangieren der Knoten (Anforderungen und Eigenschaften) die Konsistenz der ermittelten Lösung nachgewiesen (*Konsistenzprüfung*), da jede Anforderung unmittelbar oder mittelbar auf eine Lösungseigenschaft zeigt – wie bereits in Abbildung 3-6 postuliert.

Die rechnerunterstützte strukturierte Verarbeitung der Anforderungen erfolgt mit Hilfe eines sog. Anforderungsmodellierers, dessen Architektur und Methoden in Abschnitt 4.2 beschrieben sind.

3.3 Modellierung von komplexem Know-how

Irène Alexandrescu, Hans-Joachim Franke und Eiko Türck

Konstruktives Sachwissen – im Unterschied zu Methodenwissen – besteht zu wesentlichen Teilen aus:

- Geometriewissen
- Physikalischem und technologischem Wissen
- Wissen zu Werkstoffen und Medien
- Wissen zu Gesetzen und Regelwerken
- Ökonomischem Wissen

sowie deren Zusammenhänge bzw. Verknüpfungen. Dieses Wissen kann heute flexibel und in Teilen relativ vollständig mit parametrischen 3D-CAD-Modellen (im folgenden kurz Parametrik genannt), die teilweise durch Constraints gesteuert werden, rechnerunterstützt abgebildet, bzw. modelliert, werden (vgl. Abschnitt 4.6).

Einige einfache Beispiele sollen das erläutern:

Konstruktives Gestaltungswissen wird insbesondere durch „Wirkflächen", z. B. Passflächen, Lagerflächen, Kontakte, durchströmte Rohrquerschnitte usw., in deren Form, Größe, Anzahl und Anordnung sowie die hierangekoppelten „Wirkflüsse", z. B. Wärmeströme, Kraftflüsse, Stromflüsse usw., die das physikalische Geschehen darstellen, repräsentiert. Die Zusammenhänge der geometrischen und physikalischen Parameter können in Constraints abgebildet werden, dazu einige Beispiele:

Geometrische Constraints (Beispiele)

- Konzentrizität, Parallelität, Orthogonalität, Abstand usw.

Funktionale Constraints (Beispiele)

- Druckbehälter: Form, Wandstärke, Durchmesser, Werkstoff, Temperatur, Berstsicherheit sind untereinander abhängig.
- Welle: Wellendurchmesser, Beanspruchungen, Werkstoff sind untereinander abhängig.
- Pumpenlaufrad: Laufraddurchmesser, Laufradform (n_q), Förderhöhe, Drehzahl, Fördermedium sind untereinander abhängig.

Als „Funktionale Constraints" werden hier vereinfacht Zusammenhänge bezeichnet, die einerseits wirkliche funktionale Merkmale des Produkts, z. B. die Förderhöhe einer Pumpe oder die Übersetzung eines Getriebes, und andererseits Bedingungen der Festigkeit – also der hinreichenden geometrischen Invarianz über einen gewünschten Zeitraum (die Lebensdauer) – beschreiben. Entsprechend lassen sich auch Ökonomische Constraints beschreiben.

An einem einfachen Beispiel sollen die aufgezählten Begriffe in ihrem konstruktiven Zusammenhang erweitert erläutert werden. Hierzu wird ein stark vereinfachter zylindrischer Druckbehälter verwendet. Bereits der Begriff *Zylinder* stellt einen, wenn auch trivialen, Teil des Gestaltungswissens dar, da ein Zylinder, beispielsweise im Vergleich zu einer Kugel, andere geometrische Parameter und eine andere Dimensionierung, aber auch ein anderes Verhältnis von Oberfläche zu Inhalt bedingt.

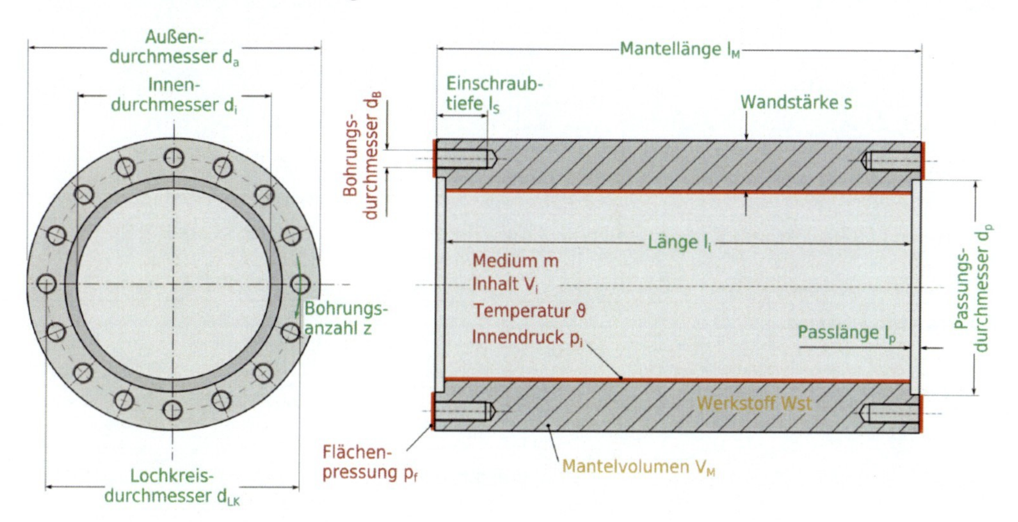

Abbildung 3-13: Skizze des zylindrischen Druckbehälters und Kennzeichnung wichtiger konstruktiver Parameter

Geometrische Parameter des Mantels

- Innendurchmesser d_i, Außendurchmesser d_a, (lichte) Länge l_i, Mantellänge l_M, Passlänge l_p, Wandstärke s, Lochkreisdurchmesser d_{LK}, Bohrungsdurchmesser d_B, Einschraubtiefe l_s, Bohrungsanzahl z

Funktionale Parameter

- Innendruck p_i, Temperatur ϑ, Inhalt V_i, Sicherheiten gegen Bersten S_B, Flächenpressung p_F, Sicherheit gegen Schraubenbruch S_s

Stoffliche Parameter

- Medium m, Mantelwerkstoff Wst_M, Schraubenwerkstoff Wst_S und Festigkeiten bei Temperatur ϑ

Ökonomische Parameter

- Materialkosten, Volumenspezifische Kosten des Mantelwerkstoffs $k_v(W_M)$, Werkstoffvolumen V_M

Die konstruktiven Parameter sind untereinander durch die folgenden Constraints verknüpft:

Geometrische Constraints

$V_m - l_M \cdot \pi \frac{d_a^2 - d_i^2}{4} = 0$	Mantelvolumen
$d_a - d_i - 2 \cdot s = 0$	Außendurchmesser
$d_{LK} - \frac{d_a + d_i}{2} = 0$	Lochkreisdurchmesser
$l_M > 2 \cdot l_P$	*trivial*
$l_M - (l_i + 2 \cdot l_P) = 0$	Länge des Mantels

Axialflächen liegen orthogonal zur Zylinderachse.

Äußere Constraints wären z. B. gegeben durch verfügbaren Platz für Unterbringung und Montage.

Funktionale Constraints

$V_i - l_i \cdot \pi \frac{d_i^2}{4} = 0$	Inhalt
$s - \frac{d_i/2}{\frac{S_B \cdot p_i}{\sigma_{0,2} - 0{,}5}} = 0$	Wandstärke
$d_S - d_i \cdot \sqrt{\frac{1}{z} \cdot \frac{S_S \cdot p_i}{\sigma_S}} = 0$	Schraubendurchmesser

Stoffliche Constraints

Korrosivität (w/m), Festigkeiten bei Temperatur ϑ

$\sigma_{0,2} = \sigma_{0,2}(Wst_M, \vartheta)$	Festigkeit des Mantels
$\sigma_S = \sigma_S(Wst_S, \vartheta)$	Festigkeit der Schrauben

Ökonomische Constraints

$W_{bM} - k_v \cdot V_m = 0$	Kosten

Oft lassen sich Constraints als implizite mathematische Gleichungen in geometrischen, stofflichen, physikalischen und ökonomischen Parametern beschreiben. In vielen praktischen Fällen sind diese Gleichungen nach einzelnen Parametern auflösbar. Constraints können jedoch auch verbal oder als Tabelle repräsentiert sein. Beispiele für eine tabellarische Repräsentation sind z. B. zu bevorzugende Normabmessungen.

Das einfache Beispiel zeigt, dass bereits für ein einzelnes Bauteil eine erhebliche Anzahl an Wissenselementen bereitgestellt werden muss!

Die Komplexität ist i. Allg. dem Konstrukteur nicht bewusst, da viele Details für ihn trivial sind. Bei einer teilautomatisierten Konstruktion oder Konfiguration muss das Wissen (auch das triviale) aber explizit modelliert werden.

Im Folgenden wird ein generelles Modell vorgestellt, dass geeignet ist produktspezifisches Know-how mit seinen produkteigenen Zusammenhängen darzustellen.

Im Institut für Konstruktionstechnik der TU Braunschweig wird ein solches Modell *Konstruktives Beziehungssystem* genannt. Man kann es sich vorstellen als ein sehr komplexes simultanes Gleichungssystem zur Bestimmung konstruktiver Parameter und zur Optimierung von Zielgrößen des Produktes.

Abbildung 3-14: Schematische Darstellung der in einem „Konstruktiven Beziehungssystem" enthaltenen Komponenten

In der Praxis ist allerdings dieses System weder vollständig bekannt noch gibt es heute – noch in Zukunft – einen universellen Gleichungslöser (Solver) hierfür. Das betrachtete System kann in Teilen überbestimmt sein, woraus i. Allg. schwierig zu lösende Zielkonflikte resultieren, in anderen Teilen ist das System unterbestimmt und gibt damit *konstruktive Freiheitsgrade*.

Erfahrene Entwickler kennen jedoch Strategien und Teilalgorithmen, um dennoch Lösungen zu finden. Das bedeutet, dass zum objektbezogenen Produkt Know-how auch produktbezogene, erfahrungsbasierte Strategien gehören, um trotz der Vielfalt zu beachtender Beziehungen, Bedingungen und Regeln effektiv Lösungen zu finden.

Ein höchst wichtiges Hilfsmittel, um solche Strategien zu finden, ist die Visualisierung der Zusammenhänge. Dies sollen *konstruktive Beziehungssysteme* unterstützen.

Um das abstrakte Muster besser zu verstehen, zeigt Abbildung 3-16 ein solches Beziehungssystem – allerdings der Übersichtlichkeit wegen sehr stark vereinfacht für den oben beschriebenen zylindrischen Druckbehälter.

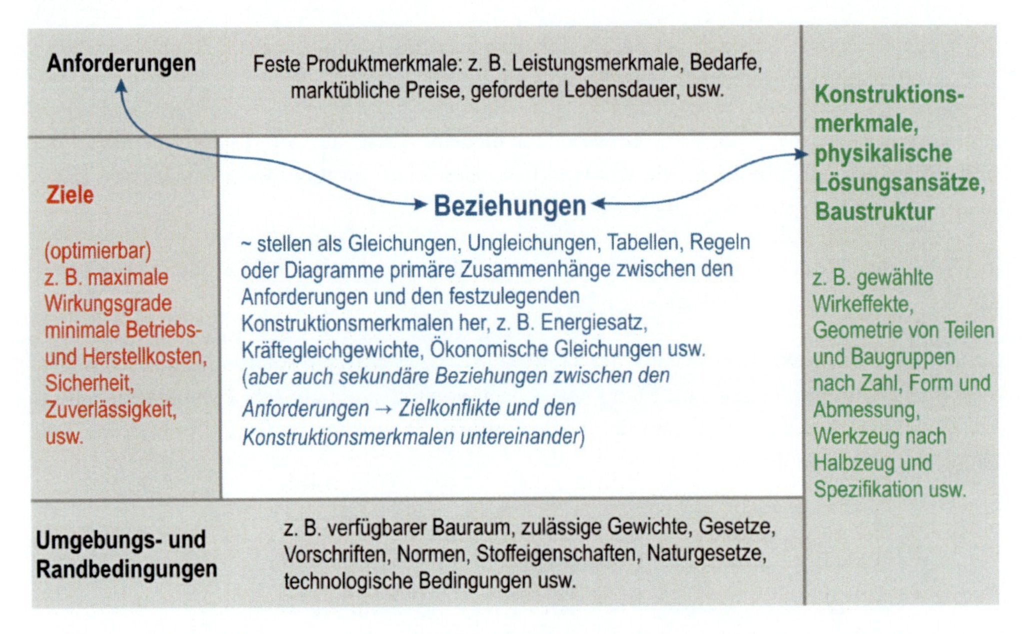

Abbildung 3-15: Allgemeines Konstruktives Beziehungssystem zur geordneten Abbildung von komplexem Produkt-Know-how und als Hilfsmittel zum Erkennen von Zielkonflikten und zum Finden von Lösungsstrategien

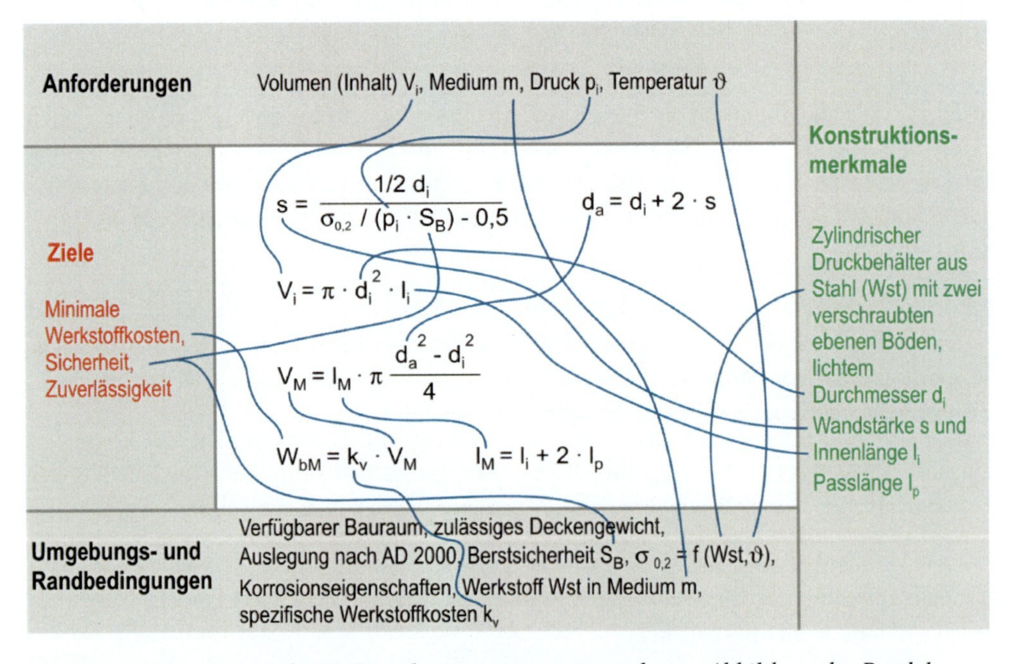

Abbildung 3-16: Konstruktives Beziehungssystem zur geordneten Abbildung des Produkt-Know-how für einen zylindrischen Druckbehälter (der Übersichtlichkeit halber sehr stark vereinfacht)

Ein solches *Konstruktives Beziehungssystem* ist geeignet, Produkt Know-how zu erfassen, Lösungsstrategien für Anpassungen konzeptionell bekannter Produkte zu entwickeln und als geeignete Ausgangsbasis für eine Formalisierung. Das Schema wurde im IK an der TU Braunschweig für viele verschiedene Produkte erprobt. Im hier beschriebenen Projekt wurde ein Prototyp *IKSolve* für die teilweise Formalisierung von Beziehungssystemen entwickelt, der Zusammenhänge komplexer Gleichungssysteme erfasst, abbildet, visualisiert und Berechnungen bzw. Optimierungen ermöglicht (vgl. Abbildung 3-17).

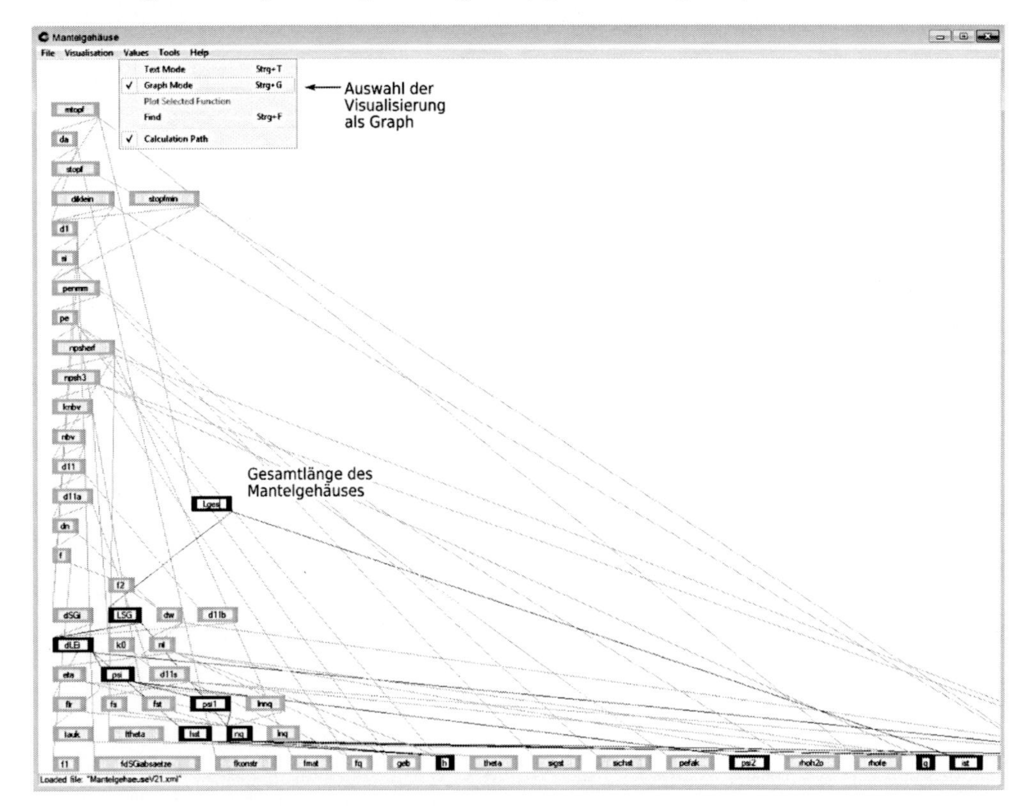

Abbildung 3-17: Gleichungsgraph in IKSolve für die näherungsweise Auslegung einer Mantelgehäusepumpe; hervorgehoben sind die Abhängigkeiten für die Gesamtlänge des Mantelgehäuses

Die Visualisierung als Graph erlaubt dem Entwickler ein verbessertes Verständnis für Lösungsstrategien sowie Empfindlichkeiten, da es möglich ist, die Lösungspfade zu irgendwelchen Zielwerten abhängig von den bekannten Eingangsgrößen aufzuzeigen und resultierende Änderungen aus der Variation der Eingangswerte darzustellen.

Die Codierung der Zusammenhänge erfolgte mit einfach editierbaren produktspezifischen XML-Dateien. Mit Hilfe von teilweise empirischen Ähnlichkeitsbeziehungen wurde ein vollständiges Näherungs-Modell für die hydraulische Auslegung von Hochdruck-

Mantelgehäusepumpen erstellt, um die teilautomatisierte Kopplung von Produkt Know-how mit parametrischen 3D-CAD-Modellen und dazu erforderliche Schnittstellen zu erproben.

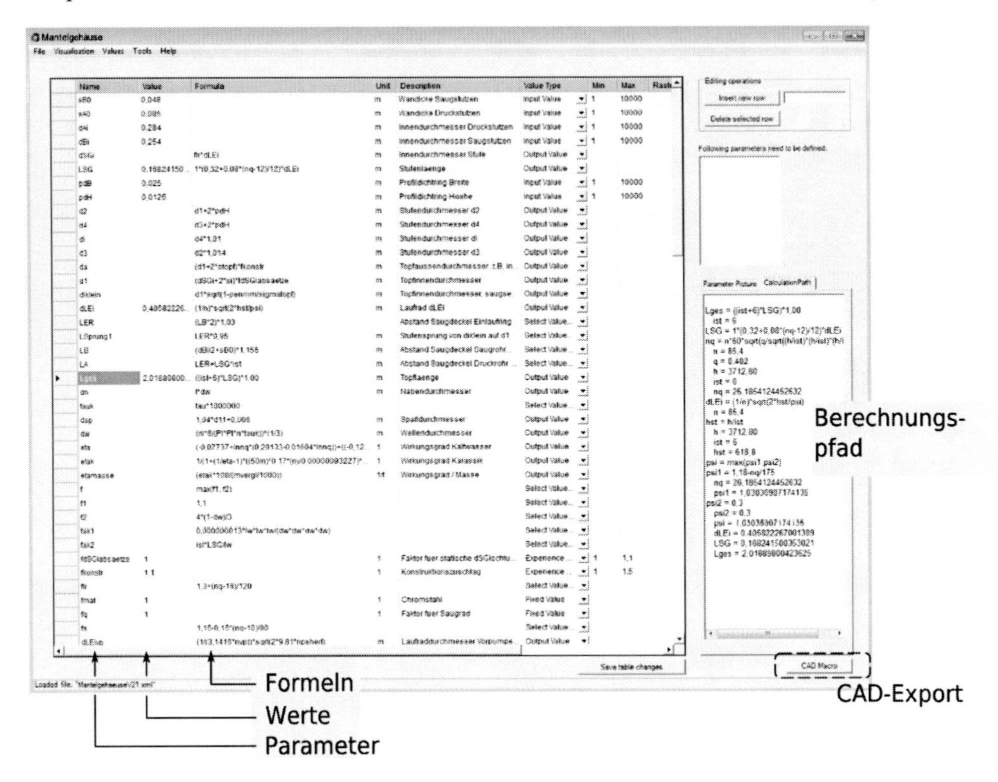

Abbildung 3-18: Tabellendarstellung in IKSolve zur Parametervariation und zum Export zu einem parametrischen 3D-CAD-Modell eines Mantelgehäuses (vgl. Abschnitt 4.6)

3.4 Feedback-unterstützte Harmonisierung der Kunden- und Herstellersicht

Viktor Schubert, Sven Rogalski und Jivka Ovtcharova

Die Bereitstellung und Handhabung kundenindividueller Produkte erfordert einen Paradigmenwechsel im Umgang mit dem Anforderungsmanagement. Im Zuge der zunehmenden Individualisierung weitet sich die Wertschöpfung verstärkt auf die Produktnutzungsphase im Bereich After-Sales und Services aus, um dem Kunden einen Mehrwert zu bieten. Diese fordern Lösungen, die ihren sich häufig ändernden individuellen Bedürfnissen optimal entsprechen und sich somit den spezifischen Gegebenheiten anpassen. So hat die Maximierung des Produktnutzens über den gesamten Produktlebenszyklus die höchste Priorität für eine langfristige Kundenbindung. Dementsprechend ist schon in der Neukundengewinnung eine extreme Fokussierung auf die kundenindividuellen Bedürfnisse unerlässlich [Niem-2009]. Das setzt voraus, dass sich das Anforderungsmanagement von einem Controlling des Entwicklungsprozesses hin zu einem integrierten Ansatz weiterentwickeln muss, das über den gesamten Produktlebenszyklus eine kontinuierliche Anforderungsentwicklung und eine Anforderungsvalidierung für jede Kundenbeziehung erlaubt. Nur so lässt sich die Harmonisierung der Hersteller- und Kundensicht innerhalb der gesamten Wertschöpfungskette zur Gewährleistung des geforderten individuellen Produktnutzens sicherstellen. Dafür sind methodische und modellbasierte Erweiterungen innerhalb des Anforderungsmanagements vorzunehmen, die eine stärkere Berücksichtigung des lebenszyklusbezogenen Produktwissens sowie des noch zu gering beachteten, produktbezogenen Kundenwissens hinsichtlich der individuellen Anwendungs- und Umgebungsbedingungen benötigt. In diesem Zusammenhang werden insbesondere zwei wesentliche Fragestellungen verfolgt:

a) Wie kann die erforderliche lebenszyklusbezogene, kundenorientierte Sichtweise wissensbasiert in das Anforderungsmanagement integriert werden?

b) Wie kann Erfahrungswissen aus der Produktnutzungsphase systematisch gewonnen und genutzt werden, um eine kontinuierliche Anforderungsentwicklung und -validierung für individuelle Produkte(-anpassungen) sicherzustellen?

Im Folgenden soll die Notwendigkeit dieser Erweiterung besprochen sowie Ansätze zur Beantwortung beider Fragestellungen vorgestellt werden. Sie bilden die Basis einer Methode zur Harmonisierung der Kunden- und Herstellersicht, die anschließend anhand eines Einsatzes im Rahmen der Angebotsphase skizziert wird.

Notwendigkeit einer kunden- und lebenszyklusorientierten Erweiterung des Anforderungsmanagements

Das Anforderungsmanagement hat in den vergangen Jahren in Praxis und Wissenschaft an Bedeutung gewonnen. Dies ist vor allem der gestiegenen Komplexität der Produkte sowie der Nachfrage nach individuellen, weltweit angebotenen Lösungen, aber auch der IT-Durchdringung in den betrieblichen Prozessen geschuldet. Dennoch besitzen die heutigen

Modelle und Methoden ein erhebliches Verbesserungspotenzial. So fehlen im Anforderungsmanagement, trotz des Voranschreitens der Mechatronik im Maschinenbau, das auch von dem zunehmenden ingenieurwissenschaftlichen Charakter der Softwaretechnik begünstigt wird, ganzheitliche interdisziplinärere Ansätze, die sowohl den mechatronischen Aspekten der Produkte und Prozesse als auch der zunehmenden Bündelung von Sach- und Dienstleistungen im Zuge einer stärkeren Kundenorientierung Rechnungen tragen. Während in der IT unter dem Gesichtspunkt des Customizing die Formalisierung individueller Kundenanforderungen und deren Validierung beispielsweise durch Use-Cases verbessert wurden [KuGu-2003], richtet sich die Aufmerksamkeit innerhalb des Maschinenbaus insbesondere auf die technische Realisierung, von einer herstellungsbezogenen Sichtweise aus, die vor allem die Handhabung von Anforderungen in einer verteilten und interdisziplinären Produktentwicklung in den Mittelpunkt rückt [Stec-2010]. Diese Trennung verdeutlicht die unterschiedliche Gewichtung der Kunden- und Herstellersicht in den Methoden und Referenzmodellen der Entwicklungsprozesse, die den Eigenschaften der angebotenen Leistungen und den kundenorientierten Prozessen nicht voll gerecht wird.

In der klassischen Neuproduktentwicklung ist die Berücksichtigung der Kunden und Herstellersicht zur Klärung der Entwicklungs- und Konstruktionsaufgaben im Rahmen der Aufgabenklärung eine fest etablierte Größe [PaBe-2006]. Da dies ähnlich der späteren Konstruktionsaufgaben heute methodisch erfolgt, kann auch von einer "Anforderungsentwicklung" gesprochen werden [Rzeh-1998]. Für die Entwicklung und Bereitstellung individualisierter Produkte, die einerseits sowohl Standard- als auch individuelle Komponenten innerhalb vordefinierter flexibler Produktstrukturen enthalten und somit teilweise eine Automatisierung der Lösungsfindung bzw. Lösungsanpassung möglich machen, andererseits einer ständigen Anpassung unterworfen sind, die über den gesamten Lebenslauf des Produkttyps auftreten, findet sie keine geeignete Handhabung. Genau hier werden systematische und IT-unterstützte Ansätze benötigt, die es ermöglichen, die interne wie auch externe Komplexität der Anforderungen in diesem Zusammenhang effizient zu beherrschen. Daran mangelt es auch den meistens auf Basis des Quality-Funktion-Deployment (QFD) verbreiteten Ansätzen, die eine Erfassung und Analyse kundenspezifischer Anforderungen, wie sie in der Neuproduktentwicklung betrieben werden, nicht genügend betrachten [Ahre-2000, JiCh-2006]. Durch QFD werden während des gesamten Entwicklungszeitraums die gegenseitige Beeinflussung der kunden- und herstellerseitigen Anforderungen verdeutlicht und so eine Kundenorientierung im Produktentwicklungsprozess sichergestellt [Rein-1996, AkMa-2003]. Im Rahmen individualisierter Produkte reicht dies nicht aus und muss durch wissensbasierte Systeme erweitert werden, die eine systematische und tiefere Integration der lebenszyklusorientierten individuellen Kundensicht erlauben.

Der Schwerpunkt der Anforderungsentwicklung im Maschinenbau liegt auf der technischen Definition des Produkts und somit in den Produktentwicklungsbereichen. Ziel aller Methoden ist eine vollständige Anforderungsliste als Ergebnis der Aufgabenklärung, die in den meisten Ansätzen auch durch eine ergänzende systematische Betrachtung des späteren Produktumfeldes beim Kunden gewonnen wird. Ein etabliertes Modell liefert hierzu ROTH mit der *Analyse der Produktumgebung* und der *Analyse der Lebenslaufphasen* [Roth-2000]. In der Analyse der Produktumgebung werden die gegenseitigen Wirkungen des Produktes während seines

Gebrauchszustands auf die Umgebungssysteme und umgekehrt zur Ableitung von Anforderungen benutzt. ROTH systematisiert das Umgebungssystem mit folgenden Größen: *Wirkungsort*, in dem indirekte aktive Wirkungen während des Gebrauchs wie klimatische und räumliche Bedingungen enthalten sind. *Abstellplatz / Transportsystem* und *Wartungssystem*, die indirekte bzw. direkte aktive Wirkungen außerhalb des Gebrauchs beschreiben, *aktives* sowie *passives Wirksystem*, das die direkten Wirkungen beschreibt, sowie das *Befehlssystem*, das die Einflussfaktoren der Steuerung betrachtet (vgl. Abbildung 3-19).

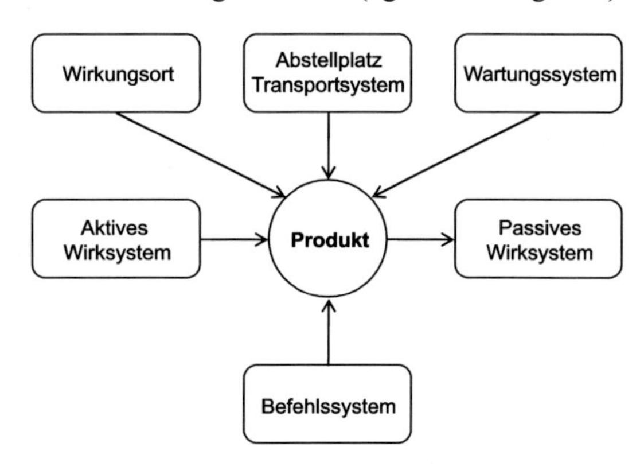

Abbildung 3-19: Umgebungssystem eines Produktes [Roth-2000]

Die Betrachtung des Umgebungssystems wird durch die Analyse der Lebenslaufphasen nun unter dem Gesichtspunkt der einzelnen Produktlebensphasen (Herstellung, Verteilung, Verwendung und Liquidation) wiederholt, was die gesamte Produktumgebung mit einschließt, so dass weitere Systeme, die in eine Beziehung mit dem Produkt eintreten, identifiziert werden können. In Form einer Matrix (Suchmatrix) werden die Produktumgebungssysteme innerhalb der gegenübergestellten Dimension der Produktlebensphasen und der Dimension der übergeordneten Teilsysteme (technisch-physikalische, menschbezogene, wirtschaftliche, normative und sonstige Umgebungen) untersucht [Fran-1975].

In der Praxis werden diese Methoden durch eine Vielzahl an weiteren Instrumenten aus dem Marketing wie beispielsweise Produktkliniken oder Konzepttest unterstützt, die den Nutzen einzelner Produkteigenschaften im Rahmen laborbezogener Anwendungssituationen untersuchen. Die grundsätzliche Vorgehensweise aller Methoden besteht in der manuellen Erzeugung von (digitalen) Checklisten. Diese Erkenntnisse werden dann beispielsweise entsprechend der Hauptmerkmallisten nach PAHL und BEITZ [PaBe-2006] über Assoziationslisten, die die gedankliche Verbindung (Assoziation) der Hauptmerkmale mit der aktuellen Aufgabenstellung unterstützen, weiter ergänzt und erweitert [Roth-2000]. Auf Basis dieser so gewonnenen Anforderungsmodelle nimmt das Anforderungsmanagement eine laufende und konsistente Überprüfung des Erfüllungsgrades zwischen den in der Auftragsbearbeitung entstehenden Produktfunktionen und der spezifizierten Anforderungen vor. Dadurch wird im weiteren Verlauf die Effizienz der Entwicklungsprozesse auch unter der Berücksichtigung einer verteilten, kollaborativen Entwicklung stark erhöht. Da das Modell jedoch nur auf einen Teilbereich des im Prozess der Erarbeitung der Anforderungsliste vorhandenen Wissens zurückgreift, geht die in diesem Zusammenhang zu Beginn gewonnene vertiefte Kundensicht verloren. Neuere Ansätze versuchen eine Wiederverwendung dieses Wissens zu erzielen, die Übersetzung von Hauptmerkmalen zu Anforderungslisten oder die Abhängigkeiten zwischen den Anforderungen zu betrachten. Ihr Einsatz scheint aufgrund des Aufwandes aber nur für sehr komplexe Entwicklungsprojekte gerechtfertigt zu sein (vgl. [Stec-2010]).

Das Wissen der Hersteller über die genauen Anforderungen ihrer Kunden und Märkte, welches in der betrieblichen Praxis bisher ausschließlich im Rahmen der Produktentwicklung manuell aufgebaut und eingesetzt wird, ist im Zuge der Individualisierung der Leistungen ein entscheidender Wertschöpfungs- und Wettbewerbsfaktor geworden. Ansätze, die sowohl eine systematische Betrachtung der Produktumgebung als auch der Lebenslaufphasen und somit einen ganzheitlichen Produktnutzungskontext verfolgen, sind kaum zu finden. Eine erste Forderung bezieht sich auf eine geeignete Formalisierung dieser Betrachtung. Dieses findet im Rahmen der Neuproduktentwicklung auf Basis von Checklisten und ohne Verwendung von IT statt. Das dadurch gewonnene Kundenwissen bezieht sich jedoch auf ein abstraktes Kundenverständnis. So bilden die idealtypischen Annahmen nicht das gesamte Spektrum der individuellen Anwendungssituationen ab und sind für eine Kundenorientierung in Bezug auf die Individualisierung der Leistungen nicht ausreichend. Hier besteht Handlungsbedarf zur Beherrschung der externen Komplexität des Kundennutzens, um kundenbezogene Geschäftsprozesse optimal und wertschöpfungsorientiert abwickeln zu können.

Wissensbasierte lebenszyklusbezogene Kundenorientierung

Eine systematische Analyse des Produktnutzungskontextes zur Erfassung von Störfällen aus der Produktnutzungsphase bietet EISENHUT in seinem Ansatz Service Driven Design (SD2) [Eise-1999]. Auf Basis eines funktionsorientierten Produktmodells (Pragmatische Funktions-Struktur) in Anlehnung an den von HUBKA definierten Technischen Prozess [Hubk-1984], das den funktionsorientierten Produktnutzungskontext aus Sicht des Kunden enthält, entwickelt Eisenhut ein Konzept zur Anforderungsermittlung aus Servicefällen. Eine systematische Verankerung des Produktnutzungskontextes (Lösungsumgebung) in die Anforderungsentwicklung beschreibt die Arbeit von GEBAUER (vgl. Abbildung 3-20) [Geba-2001]. In seinem Ansatz wird erstmals eine umfassende Anforderungsmodellierung in Form semantischer Anforderungsnetze dargestellt, die die Grundlage einer systematischen Erfassung, Bearbeitung und Nutzung von Anforderungswissen ermöglicht. Einen systematischen modellbasierten Umgang mit Produktnutzungskontexten fordert GREEN [Gree-2005]. GREEN sieht im Produktnutzungskontext die entscheidenden Faktoren, die den Kundennutzen des Produktes maßgeblich bedingen und fordert hierfür eine systematische Integration dieses Wissens in die Entwicklungsprozesse. Seitens des Marketings sind ebenfalls erste Ansätze zur strukturierten Erfassung von Nutzungskontexten mit Blick auf das Dienstleistungsmanagement zu beobachten. WEIBER und HÖRSTRUP entwickeln hierzu ein Konzept zur Bedarfsfallerkennung über Nutzungsprozess-Diagramme, die es Anbieter erlauben, während der Produktnutzung gezielte Services anzubieten [WeHo-2009].

Über die modellbasierte Berücksichtigung des Produktnutzungskontextes hinaus erfordert die Entwicklung und Bereitstellung kundenindividueller Produkte auch eine direkte Interaktion mit jedem einzelnen Kunden, die den Kunden selbst mit seinem individuellen Anwendungszusammenhang für eine zielgerechte Kundenintegration in die Wertschöpfung einbindet. Diese Kundeninteraktion findet über den gesamten Lebenslauf der Kundenbeziehung verteilt regelmäßig statt und ist von einem unterschiedlichen Integrationsgrad geprägt [Bruh-2009]. Dies hängt insbesondere davon ab, inwieweit Kunden bereit sind, im Gegenzug zu ihrem Mehrwert, den sie durch ihren Einfluss auf die Gestaltung der zu erbringenden Leistungen geltend machen, Einblicke in die Anwendungsumgebung zu gewähren, um im Sinne der Sicherheit, Verfügbarkeit und Qualität eine optimale Leistung zu erhalten. Um eine profitable, langfristige Kundenbeziehung aufzubauen und zu erhalten, müssen somit die Kundeninteraktionen ergebnisorientiert, auf Basis präziser produktspezifischer und nutzungsorientierter Kundeninformationen geführt werden. Nur so können lebenszyklusbedingte Änderungen in den kundenindividuellen Produktnutzungskontexten erkannt und effizient begegnet werden. Dieser Bedarf nach einem nutzungsorientierten Kundenbeziehungsmanagement liegt auch in der gesetzlich vorgeschriebenen Produktüberwachungspflicht begründet, die, im Falle individualisierter Produkte, weitaus komplexere Maßnahmen zur Gewährleistung der Sicherheitsstandards und der dazugehörigen systematischen Sammlung und Auswertung von Informationen und deren konsequente Rückkopplung mit den Entwicklungs- und Konstruktionsabteilungen nach sich ziehen [Neud-2005].

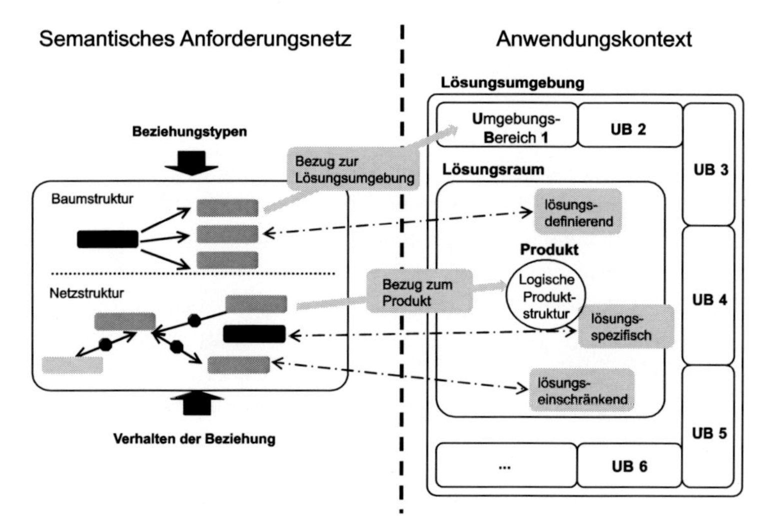

Abbildung 3-20: Semantisches Anforderungsnetz und Kontext der Anforderungsentwicklung [Geba-2001]

Die aufgeführten Punkte verdeutlichen die Notwendigkeit einer Erweiterung des Produktmodells im PLM, im Sinne eines integrierten Produktmodells [GrAP-1993], um den Bereich des Produktnutzungskontextes. Dadurch soll das Potenzial einer verbesserten wertschöpfungsorientierten Ausrichtung der CRM-Systeme und deren Kopplung in das Produktlebenszyklusmanagement erreicht werden. Dies ist insbesondere für die Bereitstellung von Sach- wie auch für Dienstleistungen im Anlagen- und Maschinenbau von großer Bedeutung, dessen lange Produktnutzungsphasen von einer hohen Verfügbarkeit bei gleichzeitiger Wandlungs- und Anpassungsfähigkeit geprägt sind. So kann ein systematischer Umgang mit der Kundensicht im Rahmen des Kundenbeziehungs- und Anforderungsmanagements erreicht werden, was es zukünftig erlauben soll, anforderungsbezogenes Wissen zur Harmonisierung der Kunden- und Herstellersicht innerhalb der gesamten Wertschöpfungskette für jede Kundeninteraktion zur Verfügung zu stellen. Gleichzeitig soll hierdurch die externe Komplexität beherrschbar werden, die mit der Bereitstellung und kontinuierlichen Sicherung des individuellen Kundennutzens einhergeht.

Zur Repräsentation der Kundensicht, also das Wissen über grundlegende Einflussfaktoren zu den Anforderungen, das sich aus der Nutzung individualisierter Produkte ergibt, wird die Metamodellbasis produktinstanzbasierter PLM-Konzepte [Abra-2008] um Modelle zur Erfassung von produktbezogenen Kunden- und Kontextwissen erweitert. Hierfür wurde ein Kontextmodell erstellt, das die wesentlichen Wirkbereiche-, die die Produktumgebung während der Produktnutzung definieren abbildet (vgl. [Hubk-1984, Roth-2000, Geba-2001]). Die zentralen Objekte des Kontextmodells werden in Anwendungsraum (Steuerung, Funktion, Ziel), Anwendungsperipherie und Umgebung unterteilt (vgl. Abbildung 3-21). Durch den Anwendungsraum werden diejenigen Faktoren beschrieben, die das Produkt steuert (Befehlsystem), sei es Mensch oder Automatisierungssystem [Roth-2000]. Aus der Kundensicht werden ferner (Anwendungs-)funktionen, im Sinne pragmatischer Funktionen [Eise-1999] und (Anwendungs-)ziel, im Sinne der erwünschten Lösung als Output der Transformation (Werkstoff, Energie oder Information) [Hubk-84] abgebildet.

Die Anwendungsperipherie repräsentiert den übergeordneten Systemzusammenhang und somit die umgebenden (Fremd-)Produkte, die in einer indirekten Beziehung zum Produkt und Anwendungsraum stehen. Hier soll insbesondere der Kompatibilität innerhalb bestehender technischer Systeme Rechnung getragen werden. Durch die Umgebung werden ferner alle weiteren Faktoren beschrieben, die eine aktive oder passive Wirkung auf den Anwendungsraum direkt und indirekt über die Anwendungsperipherie haben [Roth-2000]. Der Bedarf eines eigenen Modells ergibt sich aus der Notwendigkeit eines pragmatischen Umgangs mit den das Produktumfeld definierenden Kundeninformationen, die einerseits selbst Änderungen unterworfen sind und auf die andererseits neben dem Hersteller und seiner externen Dienstleister, der Kunde selbst sowie weitere von ihm autorisierte externe Dritte Zugriff haben.

Neben dem Kontextmodell, das den funktionalen Nutzungsrahmen der Kunden betrachtet, richtet das Konzept des Kundenmodells den Blick auf marketingorientierte Eigenschaften von Kundengruppen, die sowohl die übergeordneten Strukturen der Produktnutzungskontexte wie Land, Branchen und Markt als auch den Bereich der Kundenprofile wie Produktgestaltung, Nutzwerte und Kaufkriterien modellieren.

Auf der aggregierten abstrakten Ebene werden die Kundensicht definierenden Objekte in das Anforderungsmodell semantisch integriert, welches den entsprechenden Wirkzusammenhang zwischen kundenbezogenem Nutzungskontext, herstellerbezogenem Lösungswissen und Anforderungsnetz sowie die kundennutzenbezogene Gewichtung der Anforderungen entsprechend des Kunden- und Kontextprofils formalisiert. Auf der Grundlage dieser Wissensbasis werden zu jedem einzelnen Kunden ein instanziiertes Produkt-, Kunden- und Kontextprofil, ein sogenanntes Feedback-Bezugsobjekt (FBO), angelegt, das es insbesondere Vertriebs- und Kundendienstmitarbeitern ermöglichen soll, die sich häufig ändernden individuellen Bedürfnisse strukturiert zu erfassen und auf diese gezielter einzugehen.

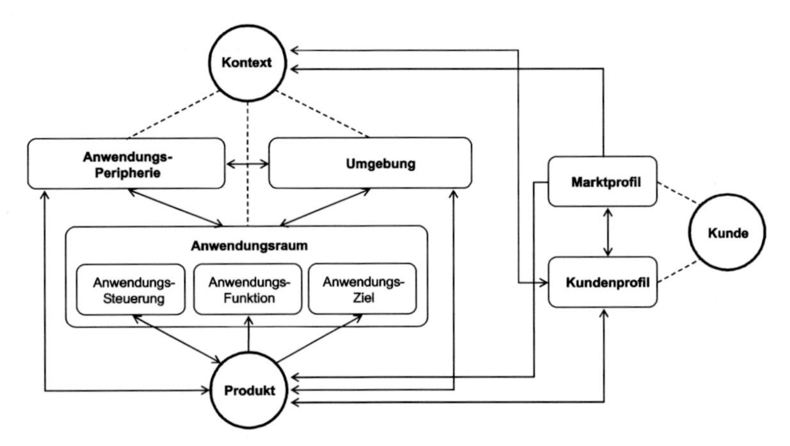

Abbildung 3-21: Kunden- und Kontextmodell

Erfassung und Analyse von Produktnutzungswissen durch ein systematisches produktbezogenes Feedback-Management

Seit einigen Jahren werden in der wissenschaftlichen Diskussion Aspekte zur Erfassung und Nutzung von Erfahrungswissen aus der Produktnutzungsphase erörtert. In der Literatur lassen sich mehrere relevante Ansätze finden, die im Bezug zum Feedback-Management stehen. Die meisten Arbeiten decken nur einzelne Bereiche eines ganzheitlichen Feedback-Management-Prozesses ab, liefern jedoch wichtige Erkenntnisse zu einer umfassenden Theorie. Hervorzuheben sind hierbei die in diesem Bereich erstmals entstandenen fundierten Arbeiten von RZEHORZ, EDLER, SCHULTE, JUNGK und NEUBACH, die jeweils einen Ansatz zur Gewinnung und Rückführung von Informationen aus der Nutzungsphase in die Prozesse und IT-Umgebung der Produktentstehung liefern.

Eine erste grundlegende Betrachtung liefert RZEHORZ in seiner Arbeit. Er fordert die Erfassung von Erfahrungswissen aus der Nutzungsphase und ihrer Formalisierung zur wissensbasierten Evaluierung und Aktualisierung von Anforderungen im Konstruktionsprozess [Rzeh-1998]. EDLER richtet seine Aufmerksamkeit auf die Erfassung von weit umfangreichen Felddaten aus dem Service. Diese führt er in eine FMEA-Analyse ein und entwickelt so ein strukturiertes Modell zur Erfassung und Bereitstellung von Feedback in einer felddatenbasierten Wissensbasis, die durch fallbasiertes Schließen einen entsprechenden Lösungsprozess unterstützt. Dabei liegt ein Fokus der Arbeit auf der Verbesserung der Qualitätsmanagementmethode FMEA (Fehlermöglichkeits- und -einflussanalyse) [Edle-2001]. Der Schwerpunkt bei SCHULTE liegt hingegen einerseits in der Berücksichtigung von subjektivem Kunden-Feedback, andererseits in einer integrativen Betrachtung des Feedback-Management-

Ansatzes, im Sinne der Kundenintegration, der die Erfassung von prospektivem sowie retrospektivem Feedback erlaubt [Schu-2006]. JUNGK entwickelt sein Feedback-Konzept auf Basis von Produktzustandsmodellen, die während der Produktnutzung Feedbackinformationen (Felddaten) sammeln und somit lebenszyklusbezogene Anforderungen aufdecken [Jung-2007]. Bei NEUBACH liegt die Feedback-Analyse noch stärker auf dem Bereich objektiver Feedbackinformationen, sogenannter Produktnutzungsinformationen, wie sie durch das Condition-Monitoring erfasst werden, woraus sich automatisiert wichtige Erkenntnisse zum Produktverhaltens für die Produktweiterentwicklung gewinnen lassen [Neub-2010]. Neben den Arbeiten aus dem Bereich der Produktentwicklung verdeutlichen auch weitere Ansätze von Seiten des Marketings die Bedeutung des kundenbezogenen Feedbacks für das Kundenbeziehungs- und Qualitätsmanagement [Stau-2009]. Alle Ansätze haben jedoch sowohl auf das Feedback selbst als auch auf dessen Bezugsobjekt einen eingeschränkten Blickwinkel, hinsichtlich der benötigten kundenorientierten Erfassung und Verarbeitung der Zusammenhänge in der Produktnutzung.

Für die Weiterentwicklung des Ansatzes hinsichtlich einer Feedbackunterstützten Kundenintegration im Sinne der Bereitstellung kundenindividueller Produkte sind jene Aspekte zu berücksichtigen, die im engen Zusammenhang mit einer systematischen kontinuierlichen Anforderungsentwicklung und einem integrierten Anforderungsmanagement stehen sowie die sich verändernden kundenindividuellen Nutzungskontexte im Blickfeld haben. Es sind bislang in diesem Feld keine wissenschaftlichen Arbeiten zu finden, weshalb durch das Forschungsprojekt DIALOG ein erstes Konzept entwickelt wurde, das es erlaubt, über den gesamten Lebenslauf einer individuellen Kundenbeziehung, Erfahrungswissen im Umgang mit einem ausgelieferten und verwendeten Produkt und dessen Nutzungskontext im Sinne einer kontinuierlichen Überprüfung des Kundennutzens zu verfolgen [PaRO-2010]. Hierzu wurde ein Integrationskonzept entwickelt, welches die Wirkung, Nutzung und den Zustand des Produktes in Abhängigkeit zu seinen beeinflussenden Kontextfaktoren und zum Kundenprofil während der Produktnutzungsphase in einem kundenspezifischen Feedback-Bezugsobjekt (FBO) speichert. Dabei bezieht sich das FBO_{ij} auf die Referenzobjekte „Produkt“, „Kunde“ und „Kontext“, die von eine Kunden i durch einen Kundenauftrag j instanziiert werden und während der Produktnutzung zum Aufbau der Wissensbasis im Mittelpunkt des Kunden-Hersteller-Dialogs stehen. Die Anreicherung des FBO erfolgt über Feedback-Objekte (FO) die strukturierte Feedbackinformationen repräsentieren. Diese werden durch ihren Typ, Richtung, Beziehung, Art, Quelle und Zeitpunkt definiert (vgl. Abbildung 3-22). Feedbackinformationen können nach ihrer Art subjektiv vom Kunden selbst, aktiv im Falle einer Beschwerde oder passiv im Falle einer Umfrage, aber auch von Servicemitarbeitern, objektiv im Falle eines Fehlers, die Wirkung eines Produktes beschreiben. Zustands- und nutzungsbezogene Feedbackinformationen werden vorwiegend objektiv erfasst. So findet dies aktiv über automatische Sensordaten oder aber über Servicemitarbeiter, die neue Kontextparameter wie individuelle Anwendungsziele oder Umgebungsfaktoren während ihres Einsatzes beim Kunden erfassen.

Zur Erfassung des Feedbacks wurden im Rahmen des Projektes DIALOG entsprechende Module entwickelt, die über die Integrationsplattform in die CRM-Systeme des Herstellers gekoppelt und in die kundenbezogenen Geschäftsprozesse integriert werden können (vgl.

Abschnitt 4.1). In der Produktnutzungsphase werden so kontinuierlich Feedbackinformationen aus den über die Integrationsplattform erschlossenen Quellen gesammelt. Wesentliche Informationen über die Kundensicht auf das Produkt, also Zustand, Wirkung und Nutzung des Produktes im individuellen Anwendungskontext, werden während den Interaktionen zwischen Hersteller und Kunde direkt gewonnen. In der Feedback-Analyse werden die aus dem Feedbackobjekt instanziierten Feedbackinformationen F_{FBO}^{T} verarbeitet, um Abhängigkeiten zwischen den Referenzmodellen zu bestimmen. Die Wissensgewinnung erfolgt somit aus den gesammelten Informationen und deren anschließender Wissensrepräsentation innerhalb des produktnutzungsbezogenen, semantischen Anforderungsmodells sowie der einzelnen Regelwerke. Auf dieser Grundlage lassen sich Rückschlüsse auf die Beziehungen innerhalb der Produkt-, Kunden- und Kontextparameter auf das Anforderungsmodell ziehen und so auch neue, unerfüllte und geänderte Anforderungen identifizieren.

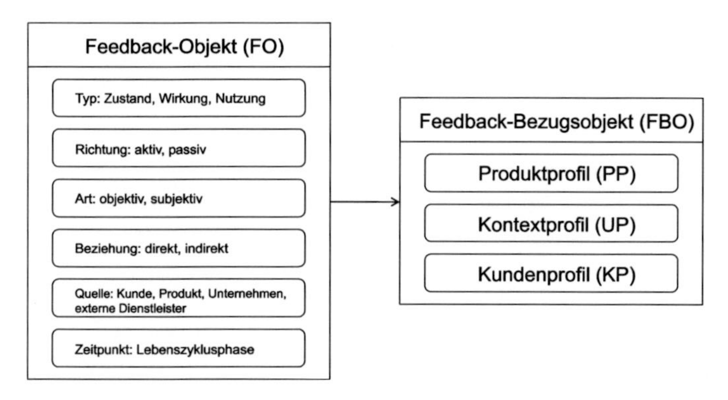

Abbildung 3-22: Feedback-Modell

Die Ermittlung dieser Beziehungsrelationen erfolgt mittels einer im Data-Mining verwendeten Assoziationsanalyse [Boll-1996]. Dazu werden über jede erfasste Feedback-Transaktion *t*, das aus einem Tupel aus dem Feedbackbezugsobjekt und einem instanziierten Feedback besteht, erste nutzungs-, wirkungs-, und zustandsbezogene Abhängigkeiten zwischen Produkt und Produktnutzungskontexten untersucht (vgl. Abbildung 3-23).

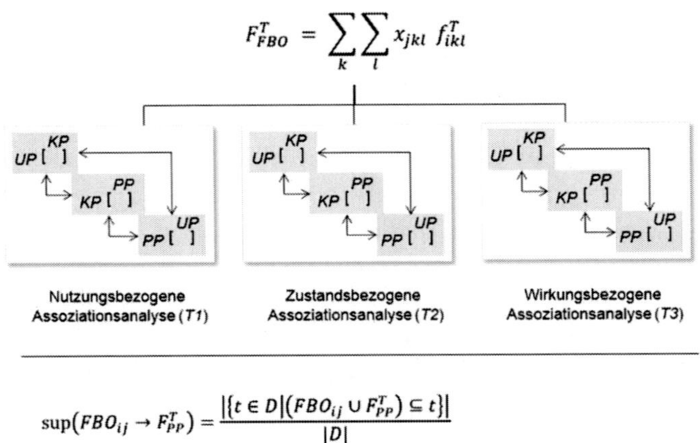

$$\sup(FBO_{ij} \rightarrow F_{PP}^{T}) = \frac{|\{t \in D | (FBO_{ij} \cup F_{PP}^{T}) \subseteq t\}|}{|D|}$$

$$\operatorname{conf}(FBO_{ij} \rightarrow F_{PP}^{T}) = \frac{|\{t \in D | FBO_{ij} \cup F_{PP}^{T}\}|}{|\{t \in D | FBO_{ij} \subseteq t\}|} = \frac{\sup(FBO_{ij} \rightarrow F_{PP}^{T})}{\sup(FBO_{ij})}$$

FBO: {Produktprofil (PP); Kontextprofil (UP); Kundenprofil (KP)}

Abbildung 3-23: FBO-Assoziationsanalyse zur Ermittlung von Beziehungswissen

Diese Abhängigkeiten werden dann in den Zielbereichen Kontextwissen, Kundenwissen und Produktwissen weiter klassifiziert und verarbeitet. Die ersten beiden Zielbereiche dienen der Unterstützung der Anforderungsspezifikation durch kunden- und kontextspezifische Profile, mit denen entsprechende profilbezogene Nutzwerte und kontextabhängige Anforderungsmodelle aufgebaut werden sollen. Sie werden zur Maximierung des Produktnutzens während der gesamten Kundenbeziehung verwendet. Zur Erfassung der Nutzwerte wurde für die DIALOG-Lösung ein Kano-Ansatz von JIAO et al. herangezogen [Jiao-2008]. Damit werden je Kundensegment und abhängig vom Kontext aus der entsprechenden Klassifikation Nutzwerte U_l zu jedem Produktprofil PP_j abgeleitet, die zur Bestimmung optimaler Konfigurationen benötigt werden (vgl. Abbildung 3-24).

Kano – Klassifizierung:

$$r_i = \sqrt{\overline{X}_i^2 + \overline{Y}_i^2}$$

$$\alpha_i = \tan^{-1}(\overline{Y}_i / \overline{X}_i)$$

Kano – Produktnutzen:

$$U_l(PP_j) = \sum_k \sum_l x_{jkl}\, p_{lkl}$$

$$p_i = \frac{2\sqrt{2}}{3}\left(1 - \frac{\alpha_i}{\pi}\right) r_i$$

Attractive
One-dimensional
Indifferent
Must-be
Functional (Satisfaction) $\overline{Y}$
Dysfunctional (Dissatisfaction) $\overline{X}$

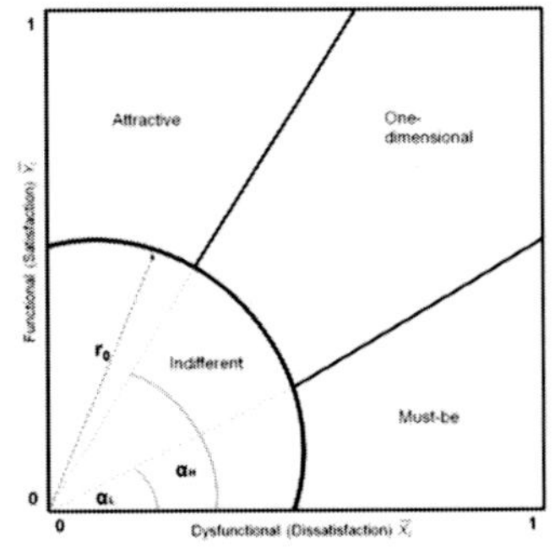

$Kano\ (r_0, \alpha_L, \alpha_H)$

Abbildung 3-24: Analytic Kano Analyzer [Jiao-2008]

Im Zielbereich Produkt wird das Hauptaugenmerk auf die Produktplanung und die Konfigurationslogik gelegt. Hier sind insbesondere neue und geänderte Anforderungen und ihre Einflüsse auf die technischen Anforderungen zu erfassen. Dabei wird die Planung (im Sinne der Plattformentwicklung für kundenindividuelle Produkte) und Steuerung (im Sinne der effizienten Ableitung von Varianten und individuellen Produktanpassungen) von Produktarchitekturen unterstützt.

Harmonisierung der Kunden- und Herstellersicht in der Angebotsphase

Zur Erreichung einer informationstechnischen Unterstützung bei der anforderungsbasierten Spezifikation und Konfiguration individualisierter Produkte wurde im Rahmen des Projektes DIALOG ein fallbasiertes Verfahren (engl. Cased-Based Reasoning, CBR) für Produktkonfiguratoren konzipiert, wie sie in ähnlicher Weise in den Arbeiten von MEYER zur Kostenabschätzung oder von SCHEER zur Vorschlagsgenerierung zu finden sind [Maye-2001, Sche-2006].

Auf der Grundlage der oben vorgestellten Feedback-unterstützten Wissensbasis wurde ein hybrider CBR-Prozess entwickelt, durch den die Spezifikation von harmonisierten und konsistenten Anforderungen im Sinne des Kunden, hinsichtlich seines Produktnutzungskontextes und Nutzwerts sowie im Sinne des Herstellers hinsichtlich der technischen Möglichkeiten und unter Berücksichtigung eines minimierten Anpassungsaufwands in der Angebotsphase effizienter erfasst werden sollen [ScWR-2011].

Ausgangspunkt des CBR-Prozesses bildet eine binäre Kodierung der FBO-Architektur, die referenzierte FBOs als binären Code (FBO-Gen) darstellt. Die binäre Kodierung der FBOs wird nicht nur für die Suche nach Mustern in der Fallbasis benutzt, sondern auch für die Bestimmung konsistenter und pareto-optimaler Produktprofile, mittels eines genetischen Algorithmus. Über eine teilautomatisierte Spezifikation werden zunächst wesentliche Kontextfaktoren und Produktanforderungen bestimmt, die durch Kundeneingabe und dynamische Abfragen über das semantische Anforderungsbeziehungsmodell (ABW), gewonnen werden [Wica-2011]. Während der Abfrage wird versucht Inkonsistenzen auszuschließen. So erhält der Benutzer Benachrichtigungen über bestehende Konflikte.

Durch die so erfolgte Spezifikation wird in Folge ähnlicher Kunden- und Kontextprofile eine Produktkonfigurationsbasis aus den FBOs geschaffen (Retrieve-Phase). Diese wird entsprechend der Kundenspezifikation über einen genetischen Algorithmus in ein für den Kunden optimales Produkt transformiert (Reuse-Phase). Unter Verwendung der Konfigurationsbasis sucht der genetische Algorithmus in mehreren Schritten ein entsprechend des Kundennutzens (ABW) und entsprechend der technischen Anforderungen (Konstruktionsregel) optimales Produktprofil. Um sicherzustellen, dass dieses gemäß der technischen Anforderungen und des Produktnutzungskontext konsistent ist, werden fehlende Codes des Produktprofils im Rahmen der Crossover- und Mutationsoperatoren mit Hilfe eines Backtracking-Algorithmus korrigiert. Das Ergebnis wird dann als Vorschlag generiert und weiter bearbeitet. Die erfolgreiche Konfiguration wird später als FBO instanziiert, das für die weitere Kunden-Hersteller-

Interaktion und für den Wissensaufbau benutzt wird. In Abbildung 3-25 werden diese Schritte kurz zusammengefasst.

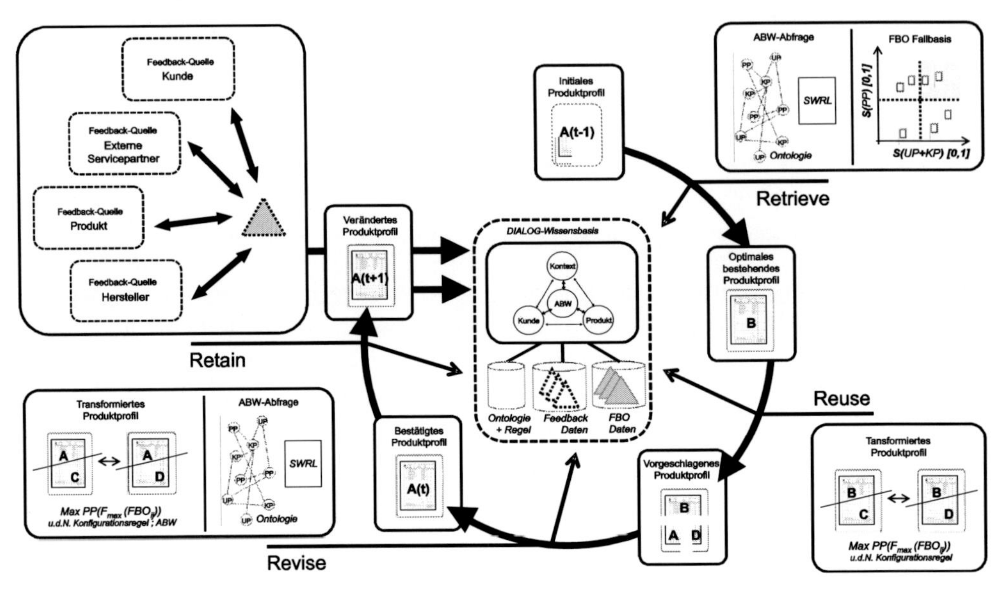

Abbildung 3-25: Hybrider CBR-Prozess in der DIALOG-Angebotsbearbeitung

3.5 Methoden für Optimierung und Entscheidung

Hans-Joachim Franke, Eiko Türck und Thomas Vietor

Entscheidungsmethoden für komplexe Produkte

Unter Entscheidungsmethoden sollen im Folgenden Methoden zur Beurteilung, d. h. Bewertung und Auswahl alternativer Lösungen, verstanden werden.

Nahezu alle wichtigen Verfahren basieren auf der Einschätzung von Fachleuten. Daher sind diese Methoden grundsätzlich nicht objektiv. Gerade komplexe Produkte haben meist eine Vielzahl von Anforderungen und Zielen, die zudem häufig konfliktär sind. Daher werden Methoden benötigt, die die schwierige Bewertung und schließlich Entscheidung in gut übersehbare Teilaufgaben zerlegt.

Durch sinnvolle Wahl der Bewertungskriterien, gezielte Nutzung von Gruppeneffekten und geeignete Methoden zur rechnerischen Kombination verschiedener Bewertungen können jedoch „intersubjektive" und „formal rationale" Beurteilungen abgeleitet werden.

Die Vielzahl verschiedener Methoden kann hier nicht im Einzelnen behandelt werden, hierzu wird auf die umfangreiche Fachliteratur verwiesen [Kess-1954, PaBe-1993 und Zang-1970]. Hier sollen aber ein paar wichtige Vorgehensprinzipe erläutert und einige Schlussfolgerungen, die man aus Bewertungen ziehen kann bzw. sollte, dargestellt werden.

Ein erster Schritt ist immer die problemgerechte Auswahl von Bewertungsmerkmalen:

- Sie dürfen keine Festforderungen darstellen, vgl. Abschnitt 3.1 *Logik der Anforderungen*.
- Sie sollten voneinander unabhängig sein.
- Ihre Anzahl soll der Phase und der möglichen Beurteilungsgenauigkeit angepasst sein.
- Ihr Inhalt soll sich an den wichtigsten Anforderungen des Kunden und des Herstellers orientieren und in diesem Sinne vollständig sein.
- Merkmale müssen durch Zahlen messbar oder logisch sinnvoll darstellbar sein.

Die Unabhängigkeit ist in frühen konzeptionellen Phasen nur schwierig zu beurteilen, für die hier interessierenden komplexen kundenindividuellen Produkte ist es meist möglich, über einen Anforderungsbaum, der von wenigen allgemein gültigen zu vielen detaillierten Anforderungen reicht, die gewünschte Abschätzung zu machen. Ein Beispiel zeigt der allgemeinen Verständlichkeit wegen wieder einen PKW (Abbildung 3-26).

Der Merkmalsbaum erlaubt zum einen eine gewisse Kontrolle der Vollständigkeit und zum anderen hilft er, eine sinnvolle Gewichtung der einzelnen Kriterien (Merkmale) zu finden, indem zunächst die Gewichte für die erste Stufe g_{1i} vergeben werden und dann die Gewichte der Teilkriterien der jeweils folgenden Stufen g_{2ij} , g_{3ijk} usw.

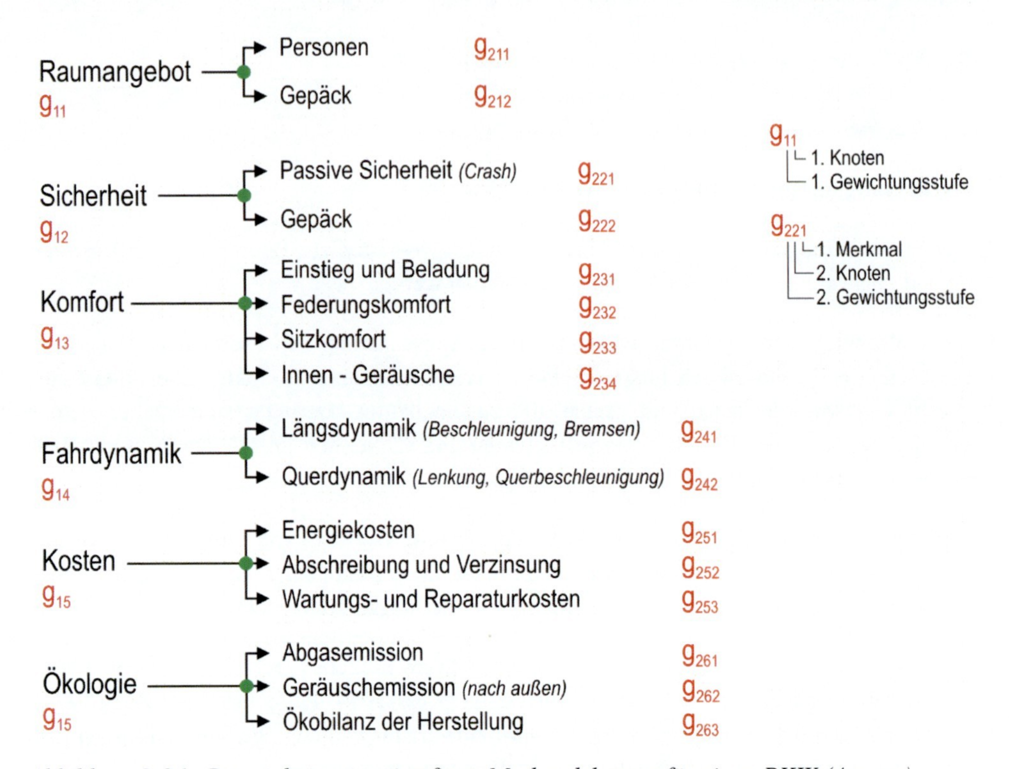

Abbildung 3-26: Beispiel eines zweistufigen Merkmalsbaums für einen PKW (Auszug)

Um numerisch sinnvolle Gesamtbewertungen zu erhalten, sind zwei grundsätzlich verschiedene Teilaufgaben zu lösen:

1. Wie kommt man für einen rechnerischen Vergleich auf ein gleichmäßiges Zahlenniveau?
2. Wie wichtig sind die einzelnen Merkmale relativ zueinander?

Das erste Problem ist zu lösen, indem normierende Wertfunktionen zugeordnet werden, die zum einen den Erfüllungsgrad des Merkmals durch Schätzwerte in Form von Schulnoten, z. B. Einstiegs- oder Sitzkomfort, gleichartig abbilden und zum anderen echt messbare Merkmale, z. B. Gepäckraum in [l] oder Innengeräusch in [dB], auf vergleichbare Größen w_i normieren. Durch geeignete, ggf. nichtlineare Wertfunktionen, kann auch die unterschiedliche Erreichbarkeit verschiedener Werte berücksichtigt werden. Beispielsweise lässt sich die Verminderung des Geräuschs von 78 dB auf 76 dB viel leichter zu erreichen als von 38 dB auf 36 dB.

Das zweite Problem ist durch eine Gewichtung zu lösen. Hierzu ist die Wichtigkeit der Kriterien einzuschätzen. Vorzugsweise kann das durch ein Team von Fachleuten geschehen.

Für ähnliche Produkte für unterschiedliche Kunden kann durch unterschiedliche Gewichte eine deutlich differierende Bewertung erreicht werden. Beispielsweise wird man für einen

Sportwagen im Vergleich zu einem Familien-Van die Fahrdynamik relativ höher gewichten und andererseits das Raumangebot, insbesondere für den Gepäckraum, relativ niedriger.

Ein Gesamtwert einer Lösung lässt sich dann als gewichtete Summe berechnen:

$$W_{ges} = g_{11}(g_{211} \cdot w_{211} + g_{212} \cdot w_{212} + \cdots) + g_{12} \cdot (g_{221} \cdot w_{221} + g_{222} \cdot w_{222} + \cdots) + \cdots$$

Andere Berechnungsmethoden, z. B. gewichtete Produkte oder funktionale Ansätze sind möglich, vgl. die zitierte Fachliteratur.

Einen besonders sinnvollen Sonderfall stellt ein Kosten-Nutzen-Quotient dar, der minimal sein sollte:

$$W_{ges,\,quot} = \frac{\text{Kostengesamtwert}}{\text{Nutzengesamtwert}}$$

Für das oben dargestellte Beispiel könnte man den gewichteten Gesamtwert aus den Kriterien 5-6 (Kosten und Ökologie) auf den gewichteten Gesamtwert aus 1-4 (Raumangebot bis Fahrdynamik) beziehen.

Bei der Auswertung solcher Bewertungen ist die Beachtung der folgenden strategischen Regeln nützlich:

1. Bei einer größeren Zahl alternativer Varianten möglichst viele Varianten bereits durch nicht erfüllte Fest- oder Mindestforderungen ausscheiden, vgl. Abschnitt 3.1.
2. Dem Problem und der Beurteilbarkeit angepasste nicht zu große Anzahl von Kriterien.
3. Der Überschaubarkeit wegen möglichst nur zwei Kriterienstufen.
4. Eine endgültige Entscheidung nicht von kleinen Bewertungsunterschieden (z. B. < 5%) allein abhängig machen, Erfahrungsträger mit „Bauchgefühl" einbeziehen.
5. Bei engen Bewertungsabständen im Zweifel gut ausgewogene Lösungen bevorzugen, bzw. bei gleichwertigen aber unausgewogenen Lösungen die relativ schwachen Merkmale analysieren und hinsichtlich Verbesserungsmöglichkeiten überprüfen.
6. Im Fall kundenindividueller Produkte, wenn möglich, alternativ anbieten und dem Kunden auf Basis geeigneter zur Verfügung gestellter Informationen die Entscheidung über die bevorzugte Alternativen überlassen.

Optimierung

Während Bewertungen sich schwerpunktmäßig auf die Analyse vorliegender Varianten beziehen, liegen bei der Optimierung auch synthetische Schritte vor.

Produktparameter, z. B. Abmessungen oder Werkstoffe, werden variiert und methodisch die besten Varianten gefunden. Dies ist in größerem Umfang für reale Bauteile oder Baugruppen erst heute mit Hilfe von Digitalrechnern möglich. Anwendungsbeispiele für strukturelle stochastische Optimierungen können beispielsweise in [ViAk-2007] gefunden werden. Während Bewertungen sich grundsätzlich für Probleme beliebiger Komplexität durchführen lassen, sind Optimierungen nur für Systeme durchführbar, die sich mathematisch beschreiben lassen. Was wiederum eine begrenzte Komplexität voraussetzt.

Ein viel zitiertes einfaches Beispiel für eine mathematische Optimierung ist die Berechnung der günstigsten Form einer Konservendose unter stark vereinfachten Annahmen.

- Zylindrische Dose mit Durchmesser *D* und Höhe *h*.
- Wandstärke ist nur durch Fertigungstechnik bestimmt und für Mantel und Deckel gleich.
- Verbindung von Mantel und Deckel kann vernachlässigt werden.

Die preiswerteste Dose, die ein vorgegebenes Volume V_0 enthält, errechnet sich dann für die Dose mit der kleinsten Oberfläche: $O(V_0, D, h) \longrightarrow$ Minimum.

Es gilt: (1) $$O = \pi \cdot D \cdot h + 2\pi \frac{D^2}{4}$$ *zu minimieren*

(2) $$V_0 = \pi \cdot \frac{D^2}{4} \cdot h$$ *Einzuhaltende Nebenbedingung (Restriktion)*

Aus (2) folgt: $$h = \frac{4 \cdot V_0}{\pi \cdot D^2}$$ *Damit wird h aus* (1) *eliminiert*

$$O = \pi \cdot D \frac{4 \cdot V_0}{\pi \cdot D^2} + 2\pi \frac{D^2}{4}$$

oder

$$O = 4 \frac{V_0}{D} + 2\pi \frac{D^2}{4}$$

Die Funktion für die Oberfläche O ist nur noch abhängig von D und hat ein Optimum dort, wo die Ableitung der Funktion $\frac{dO}{dD}$ gleich Null ist.

$$\frac{dO}{dD} = -4 \frac{V_0}{D^2} + D = 0$$

Setzt man V_0 aus (2) ein, erhält man: $$-h + D = 0$$

Optimum bei: $$h = D$$

Praktische Probleme sind i. Allg. wesentlich komplexer:

- Es sind mehrere Ziele simultan zu optimieren.
- Es gelten meist eine ganze Anzahl von Restriktionen.
- Nicht alle Zusammenhänge liegen analytisch vor.
- Die Zusammenhänge sind zwar analytisch, aber nur implizit gegeben.

o Die Zusammenhänge sind zwar analytisch gegeben, aber nicht stetig differenzierbar.

Um auch solche Probleme einer Optimierung zugänglich zu machen, sind eine Reihe verschiedener Verfahren entwickelt worden, die ihren Niederschlag auch in Software-Systemen gefunden haben, wie z. B. ISSOP der im Projekt beteiligten Firma Dualis, vgl. Abschnitt 4.5.

Einen groben Überblick über einige wichtige Verfahren der für technische Produkte häufigsten nichtlinearen Optimierung gibt das folgende Bild:

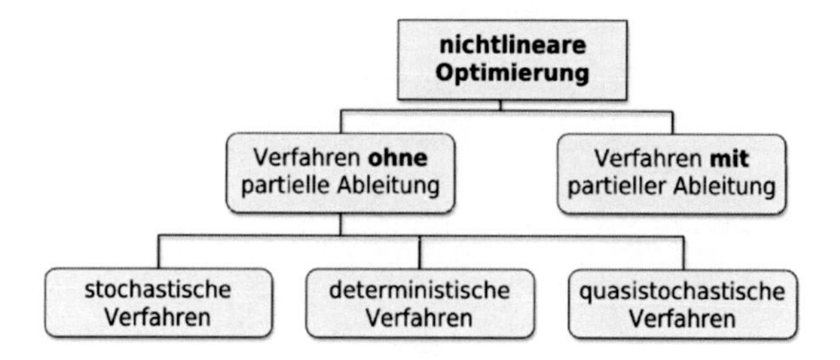

Abbildung 3-27: Einige wichtige Optimierungsverfahren

Ein besonders einfaches Verfahren ist ein deterministisches Verfahren auf der Basis einer Gittersuche. Zu verändernde Parameter werden diskret variiert und vollständig kombiniert, z. B. mittels ineinander geschachtelter Laufanweisungen. Die erreichten Zielwerte werden gespeichert und nach vollständigem Durchlauf grafisch abhängig von den variierten Konstruktionsparametern in einem Diagramm dargestellt. Dies Diagramm sollte auch die wesentlichen Restriktionen abbilden. Ein Optimum kann durch einen Fachmann sehr einfach aus diesem Diagramm bestimmt werden. Die Erfahrung zeigt, dass diese einfache Methode für viele technische Probleme ausreicht.

Vorteile sind:

o Es werden keine Ableitungen benötigt, es ist daher auch für diskrete Parameter verwendbar.

o Teil der Modellierung können auch Tabellen sein.

o Bei bis zu zwei Zielwerten ist eine sehr übersichtliche Beurteilung durch einen Fachmann möglich.

o Der Nutzer lernt unmittelbar viel über das Systemverhalten, insbesondere die Empfindlichkeit der Ziele abhängig von den Konstruktionsparametern.

Nachteile sind:

o Bei hoch empfindlichen Zielwerten führt die diskrete Gitterbetrachtung dazu, dass Optima nicht unmittelbar gefunden werden (z. B. in der Mitte der Gitterschritte) oder die Gitterweite muss so eng gewählt werden, dass die Rechenzeit zu hoch wird.

- Es müssen zwei, drei oder maximal vier konstruktive Parameter bekannt sein, die die untersuchten Ziele vorrangig beeinflussen.
- Das Verfahren ist nicht geeignet für mehr als drei simultane Ziele und mehr als vier diese beeinflussenden konstruktiven Parameter.

Abbildung 3-28 zeigt das Ergebnisdiagramm eines solchen deterministischen Gitterverfahrens für das Beispiel einer konzeptionellen Auslegung einer Höchstdruckpumpe.

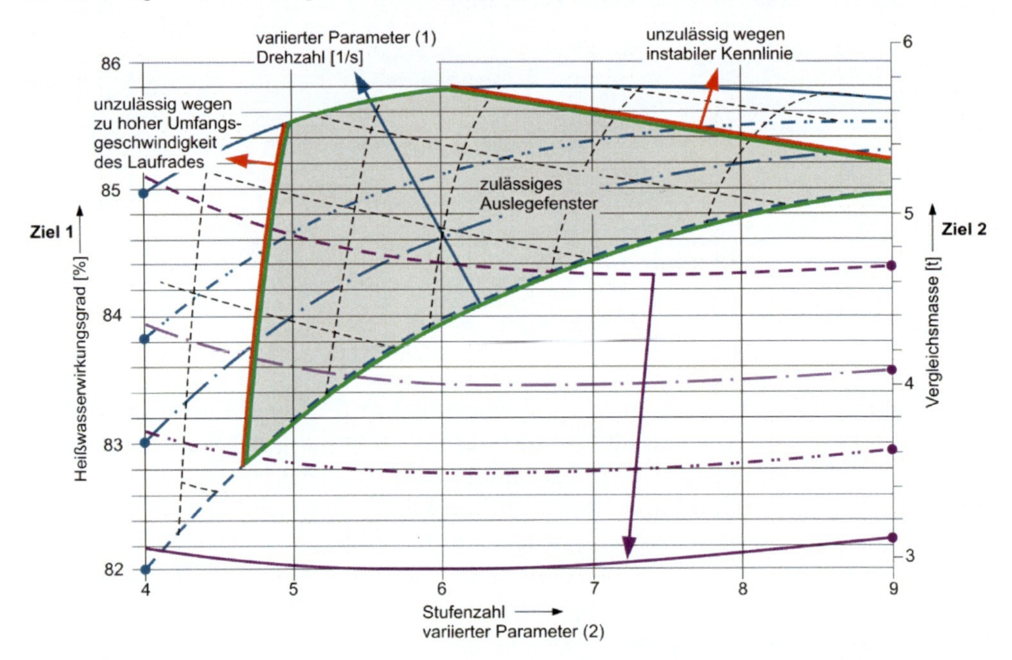

Abbildung 3-28: Konzeptionelle Optimierung einer Höchstdruckpumpen-Auslegung in Abhängigkeit von den Parametern Stufenzahl und Drehzahl für die Ziele Wirkungsgrad und Materialkosten

Wenn drei oder mehr Ziele simultan optimiert werden müssen, sind paretooptimale Auswertungen hilfreich. Im Fall von drei Zielen lässt sich eine anschauliche Fläche im Raum, der von den drei Zielen aufgespannt wird, finden (die Paretofläche), die alle Lösungen darstellt, jenseits derer es keine besseren Lösungen mehr gibt. Man kann daraus erkennen, wie viel die Verbesserung eines Zieles „kostet", d. h. um wie viel sich dabei die anderen Ziele verschlechtern. Daraus lassen sich Ansätze zu einem guten Kompromiss bzw. zu einer dezidierten Auswahlstrategie ableiten. Die folgende Abbildung zeigt als Beispiel eine Paretofläche (hier als 2D-Punktwolke) für die Optimierung von Knoten für eine PKW-Spaceframestruktur [Wend-2009].

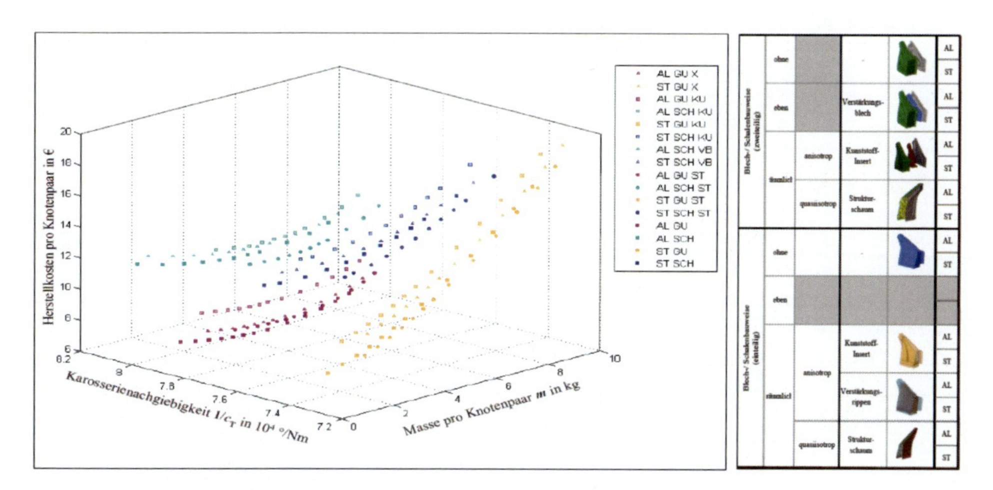

Abbildung 3-29: Beispiel für eine Paretooptimierung von Karosserieknoten

Wenn die Zahl der simultanen Ziele größer als drei wird, geht die Anschaulichkeit der Darstellung verloren, da die Grenzfläche dann eine „Hyperfläche“ im vieldimensionalen Raum wird, und anschaulich nur noch näherungsweise durch mehrere simultane Diagramme dargestellt werden kann.

Es ist selbstverständlich, dass die dargestellten Methoden nur rechnerunterstützt Sinn machen.

Optimierungsmethoden sind eng verwandt mit Simulationsmethoden; allerdings sind die Hauptzielrichtungen der Methoden different. Während bei Simulationsmethoden das Systemverständnis im Vordergrund steht (z. B. Schwingungsverhalten), sollen mit Optimierungsmethoden die bestmöglichen z. B. wirkungsgradoptimalen Lösungen gefunden werden.

Die wichtigsten Arbeitsschritte sind jedoch in beiden Fällen sehr ähnlich:

- Sammeln aller wesentlichen Beziehungen: Mathematische Modellierung.
- Optimierung: Welche Anforderungen beeinflussen diese Beziehungen, welche Anforderungen sind Ziele, welche sind einzuhaltende Restriktionen?
- Simulation: Welche Eigenschaften des Systems sollen bei der Simulation untersucht werden und welche konstruktiven Parameter beeinflussen diese Eigenschaften?
- Geeignetes Optimierungs- bzw. Simulationsverfahren wählen.
- Optimierung bzw. Simulation durchführen und geeignet visualisieren.
- Optimierung bzw. Simulation durch erfahrene Fachleute auswerten.

4 Von der Anforderung zum Design-Element – Praxisorientierte Tools

4.1 Eine dynamische Benutzungsschnittstelle in einer dienstorientierten Umgebung

Markus Grein

Nach einer Klassifizierung von BULLINGER [Bull-2002, S. 90] lässt sich Software unterteilen in *Anwendungs-* und *System-Software* (Abbildung 4-1). Zur System-Software zählen Programme, die für den Betrieb eines Rechners notwendig sind (sog. Betriebssysteme) oder die der Software-Erstellung dienen (sog. Entwicklungsumgebungen oder Compiler etc.). *Anwendungs-Software* dient der Lösung bestimmter Benutzerprobleme. Sie lässt sich unterteilen in *Unternehmens-Software* und *Engineering Software*.

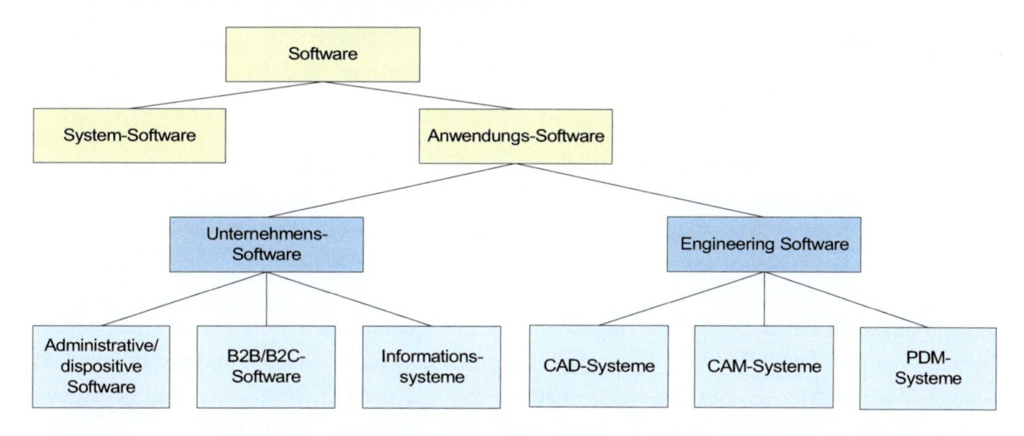

Abbildung 4-1: Mögliche Klassifizierung von Software-Systemen in Anwendungs- und System-Software [in Anlehnung an Bull-2002, Seite 90]

Administrative und dispositive Software zur Unterstützung von Materialwirtschaft, Disposition und Logistik auf Basis von Arbeitsplänen und Stücklisten (sog. PPS-Systeme für die Produktionsplanung und -steuerung), die außerdem kaufmännische Funktionen des Finanz- und Rechnungswesens sowie des Controllings umfasst und darüber hinaus die Geschäftsbeziehungen zu Kunden und Lieferanten unterstützt, fällt unter den Ordnungsbegriff sog. ERP-Systeme (engl. Enterprise Resource Planning).

Mit zunehmender Bedeutung zwischenbetrieblicher Prozesse entstehen vor allem internetbasierte Systeme im Bereich *Business-to-Business* (B2B) oder *Business-to-Customer* (B2C). Zu diesen Systemklassen zählen v. a. CRM- (engl. Customer Relationship Management) und SCM (engl. Supply Chain Management) Systeme. Für die Bereitstellung verschiedenartigster Informationen werden außerdem *Informationssysteme* wie beispielsweise Dokumenten-Management-Systeme (DMS) oder Business Intelligence Systeme (BI) eingesetzt.

Die Klasse der *Engineering-Software* umfasst hauptsächlich Programme für die rechnerunterstützte Entwicklung und Konstruktion von Produkten mit Hilfe sog. *CAD-Systeme* (engl. Computer Aided Design). Die integrierte Herstellung von Bauteilen wird durch *CAM-Systeme* (engl. Computer Aided Manufacturing) unterstützt. Darüber hinaus stellen sog. *PDM-* (engl. Product Data Management) bzw. *PLM-* (engl. Product Lifecycle Management) Systeme die konsistente Verwaltung von Produktdaten über den gesamten Produktlebenszyklus hinweg sicher.

Die Vielzahl existierender Anwendungssystemklassen und die weitaus größere Anzahl unterschiedlicher Anwendungssysteme erfordern neue Wege bei der Systemintegration. Im Folgenden wird der im Rahmen der Forschungsprojekte DIALOG und KOMSOLV entwickelte Lösungsansatz für die Integration von Systemen unter Verwendung einer flexibel konfigurierbaren Benutzungsschnittstelle beschrieben.

Auf diesen Ansätzen aufbauend werden praxisorientierte Tools für das flexible und zielgerichtete Anbieten und Herstellen komplexer Produkte und Anlagen vorgestellt. Diese sind auf spezielle Bedürfnisse und Problemstellungen zugeschnitten und in dieser Art im Funktionsumfang heute verfügbarer Standard-Software noch nicht enthalten.

Die Entwicklung der letzten Jahre, bezogen auf die Anzahl unterschiedlicher Systeme in mittelständischen Unternehmen, hat gezeigt, dass in den einzelnen Unternehmen weiterhin mehrere spezialisierte Basissysteme notwendig sind, um die Geschäftsprozesse optimal zu unterstützen.

Insbesondere das lange verbreitete Bestreben von Entscheidern, den durch die Systemvielfalt entstandenen Schnittstellen- bzw. Integrationsproblemen durch Konzentration auf lediglich wenige Systeme oder gar nur ein einziges zentrales – meist das ERP-System – zu begegnen, tritt in letzter Zeit wieder in den Hintergrund. Dies geschieht zugunsten einer optimalen Unterstützung unternehmensspezifischer Geschäftsprozesse durch spezialisierte Systeme, die oft auch ein Alleinstellungsmerkmal des Unternehmens gegenüber dem Wettbewerb darstellen kann.

Darüber hinaus führen wachsender Zeit- und Kostendruck, steigende Qualitätsansprüche, eine erhöhte Mitarbeiterfluktuation sowie die stärkere Einbettung der Unternehmen in die Wertschöpfungsketten zwischen *Lieferanten* und *Kunden* zu sich ständig ändernden Rahmenbedingungen. *Mitarbeiter* und *Organisationsstrukturen*, *Anwendungssysteme* und *Geschäftsprozesse* sind hiervon gleichermaßen betroffen (Abbildung 4-2).

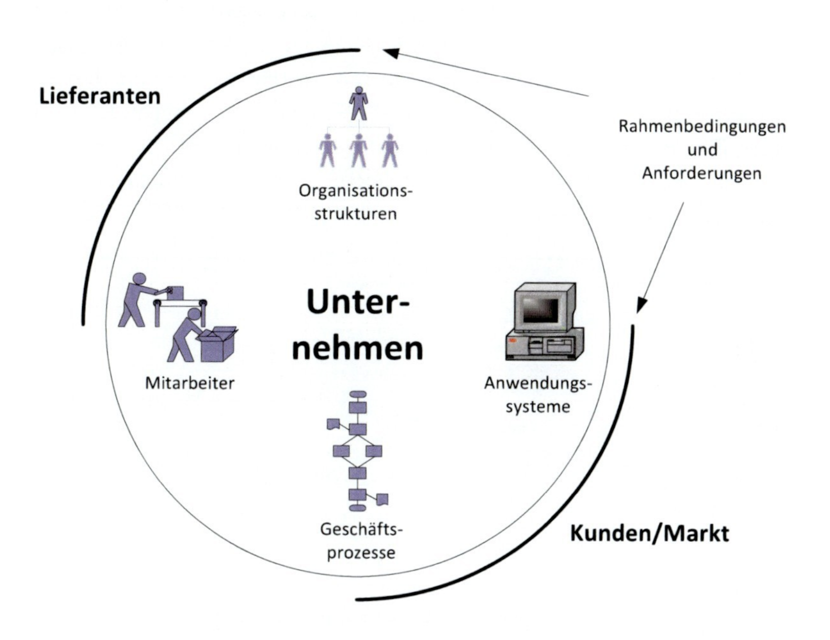

Abbildung 4-2: Positionierung des Unternehmens zwischen Lieferanten und Kunden bzw. Markt [Grein-2005, S. 5]

Inzwischen halten unternehmensübergreifende Konzepte wie z. B. das Supply Chain Management (SCM), die per se die Integration beteiligter Anwendungssysteme erfordern – beispielsweise das Bestellwesen des Kunden mit dem Lagerwesen des Lieferanten – auch in kleinen und mittelständischen Unternehmen Einzug. Bezogen auf die Anwendungssysteme sind die Durchgängigkeit der Systemunterstützung entlang der relevanten Geschäftsprozesse, die Flexibilität bezogen auf die Wandlungsfähigkeit der Organisation (Tätigkeitsbereiche, Verantwortlichkeiten, Mitarbeiterstruktur etc.) sowie die Unterstützung heterogener und verteilter Strukturen enorm wichtig. Software muss die Agilität des Unternehmens fördern und darf sie nicht behindern.

Neben diesen Anforderungen, die sich größtenteils auf die Gesamtarchitektur des Systems beziehen und dem normalen Anwender in der Regel verborgen bleiben (sollen), sind für die Akzeptanz und somit für den Erfolg eines Gesamtsystems die Erfüllung von Anforderungen an die graphische Benutzungsoberfläche entscheidend. Dazu gehören die immer stärker in den Vordergrund tretenden Erwartungen hinsichtlich der Verfügbarkeit von Funktionalität auf unterschiedlichsten Plattformen bezogen auf (i) die Hardware (Workstation, Laptop, Tablet, Smartphone,) und (ii) das Betriebssystem (Windows, MacOS, iOS, Linux, Android, …) sowie die allgemeinen Grundsätze der Dialoggestaltung (vgl. EN ISO 9241-110 [ISO-9241]).

Um die Tätigkeiten entlang des in Abbildung 4-3 dargestellten Referenzprozesses (*Geschäftsprozess*) optimal zu unterstützen, wurden im Rahmen des Forschungsprojekts DIALOG die notwendige Lösungsbausteine *Kontaktmanager*, *Spezifikationseditor*, *Anforderungsmodellierer*, *Produktkonfigurator*, *Servicemanager* und *Integrationsplattform* identifiziert. Teilweise kann die Funktionalität der Lösungsbausteine in den Anwenderfirmen durch bereits bestehende Systeme (insbesondere vorhandene ERP- und CRM-Systeme) abgebildet werden. Dadurch ist zwar eine Einführung des nativen DIALOG-Lösungsbausteins nicht notwendig. Jedoch erfordert dieser Umstand die Kopplung bestehender Systeme mit den einzuführenden Lösungsbausteinen.

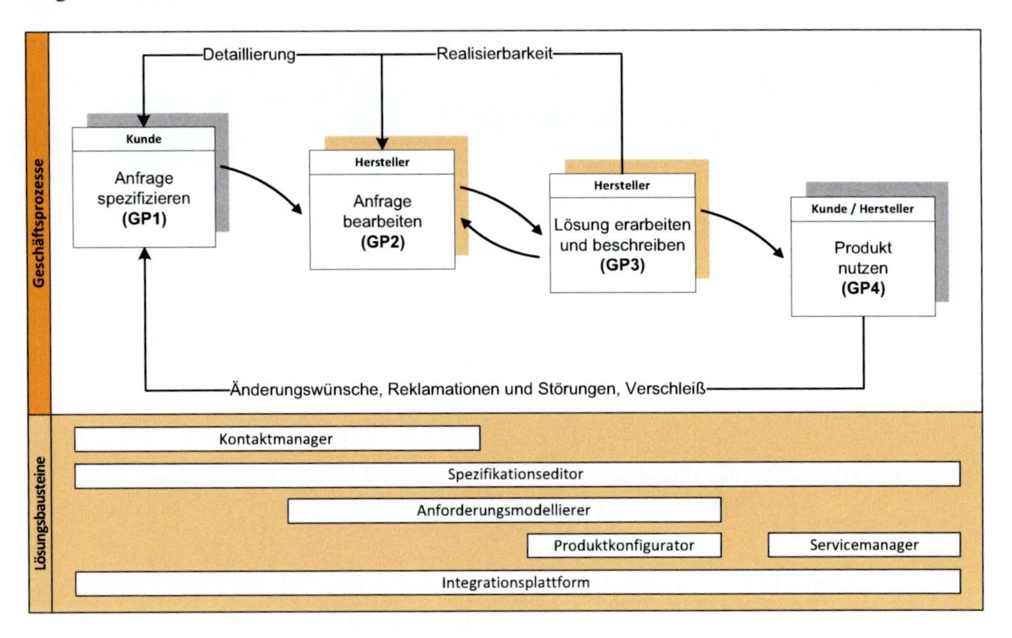

Abbildung 4-3: Der DIALOG-Referenzprozess

Für die Implementierung der DIALOG-Lösungsbausteine auf Basis der formulierten Anforderungen der beteiligten Anwenderfirmen und reflektiert vor dem Stand der Technik moderner Software-Systeme [DEFK-2008] wurde die in Abbildung 4-4 dargestellte dienstorientierte Referenz-Architektur [Melz-2010] zugrunde gelegt. Diese Architektur ermöglicht es, Software-Komponenten flexibel miteinander zu kombinieren, damit das Gesamtsystem einfach an die Geschäftsprozesse der Anwendungsunternehmen angepasst werden kann. Dienstorientierte Architekturen verfügen über einen modularen Aufbau. Die einzelnen Dienste (Lösungsbausteine) sind lose miteinander gekoppelt und lassen sich leicht austauschen bzw. wiederverwenden. Auch die Einbindung bereits vorhandener Software, die über Service-Schnittstellen verfügt, ist so relativ leicht möglich.

Die Geschäftslogik wird durch lose gekoppelte Dienste implementiert. Generell können Dienste hierbei *einfach* oder *komplex* sein: Während *einfache Dienste* für die Implementierung ihrer Funktionalität keine weiteren Dienste benötigen, wird *ein komplexer Dienst* durch die Kombination anderer Dienste realisiert.

Ein Zugriff der Dienste auf die persistierten Daten sollte hinsichtlich Datenselektion und Datenmanipulation derart gekapselt sein, dass ein Austausch der darunterliegenden Datenbanksysteme sichergestellt ist.

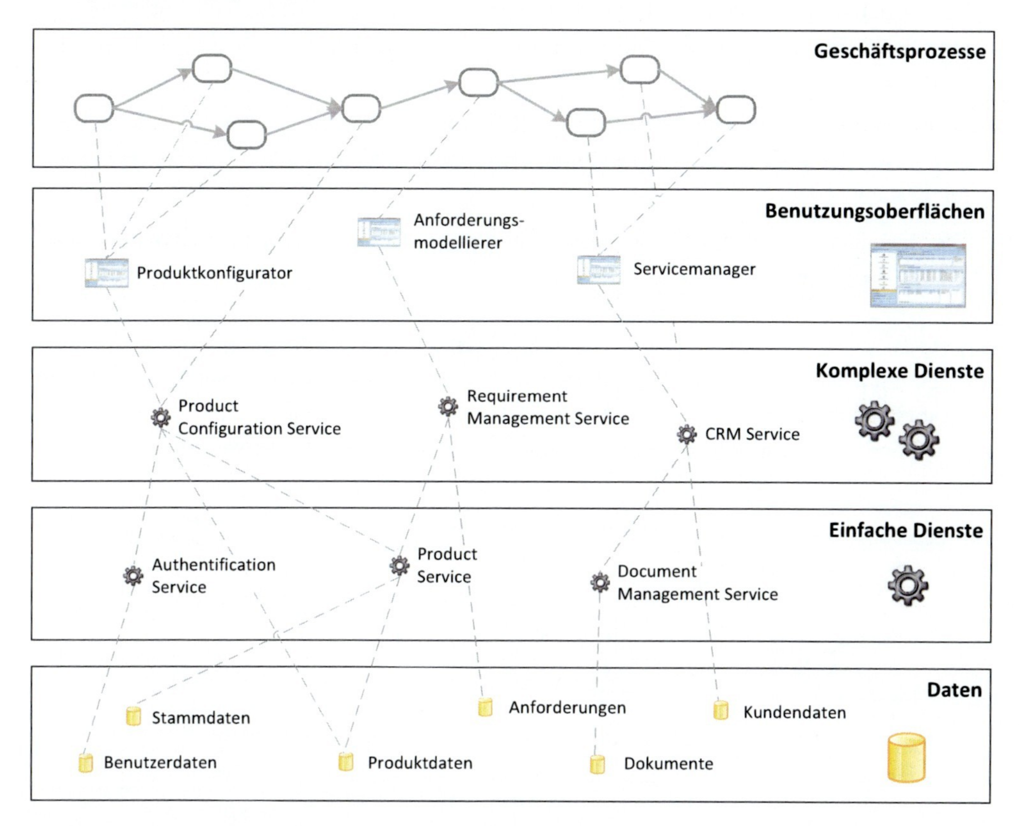

Abbildung 4-4: Dienstorientierte Referenz-Architektur

Die Bereitstellung von Basisdiensten, beispielsweise für die Authentifizierung der Anwender, die Mechanismen zur Lokalisierung von registrierten Lösungsbausteinen und die Weitergabe von veröffentlichten Nachrichten an Abonnenten zwischen den Lösungsbausteinen (vgl. publish/subscribe) wird durch den zentralen DIALOG-Lösungsbaustein *Integrationsplattform* sichergestellt.

Die Interaktion zwischen Anwender und Geschäftslogik erfolgt über graphische *Benutzungsoberflächen*. Sie sollten ähnlich der Geschäftslogik modular aufgebaut und darüber hinaus konfigurierbar sein, um die Inhalte (Daten) sowie die bereitgestellte Funktionalität (Methoden) optimal auf die Bedürfnisse der unterschiedlichen Anwendergruppen abstimmen zu können.

Damit den Anwendern eine einheitliche Bedienoberfläche zur Verfügung steht, wurde eine dynamische Benutzungsschnittstelle in Form einer Portalanwendung konzipiert und prototypisch implementiert. Eine Portalanwendung zeichnet sich durch die Integration von Anwendungen, Prozessen und Diensten aus. Die Motivation hierfür begründet sich u. a. in den folgenden Punkten:

- Die Anwendung der unterschiedlichen Lösungsbausteine erfolgt über eine einheitliche Oberfläche, die durch Konfigurationsänderungen auch auf neue bzw. veränderte Funktionalität reagieren kann.
- Häufig entfällt eine aufwendige Implementierung komplett neuer graphischer Oberflächen. Der Anwender kann dadurch seine einmal erworbenen Bedienfähigkeiten in weiteren Bereichen anwenden.
- Die Benutzungsschnittstelle kann auf Veränderungen der unterstützten Geschäftsprozesse schnell reagieren.

Die Basis der dynamischen Benutzungsschnittstelle bilden *einfache Ansichten*. In deren Konfiguration werden die sichtbaren Daten in Form von *Objektknoten* (Selektionskriterien, Auswahl der relevanten Attribute etc.) und die verfügbare Funktionalität in Form von *Methoden* definiert. Einfache Ansichten beschreiben *Steuerelemente* wie beispielsweise *einfache Listen, hierarchische Ansichten* oder *Kartenansichten* etc. (Abbildung 4-5).

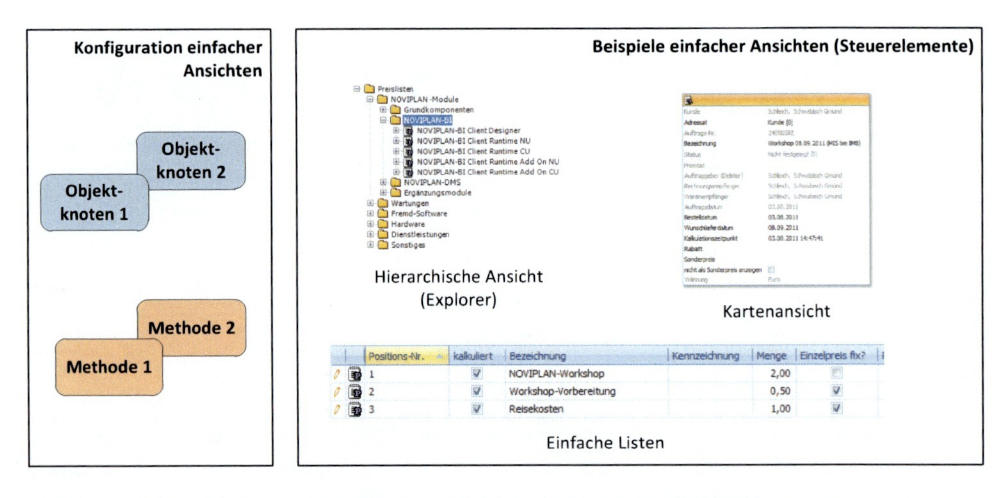

Abbildung 4-5: Einfache Ansichten einer dynamischen Benutzungsschnittstelle

Ferner wird in der Konfiguration einer einfachen Ansicht festgelegt, welche *Ereignisse* von ihr *veröffentlicht* (engl. published events) und dann konkret ausgelöst, und welche Ereignisse von ihr *abonniert* (engl. event subscriptions) werden. Die *Steuerungskomponente* realisiert – basierend auf den Ereignissen – die Kommunikation zwischen den Ansichten. Dadurch können Ansichten unabhängig voneinander implementiert werden. Die Steuerungskomponente implementiert die Schnittstelle *INavigationController*, die Ansichten implementieren die Schnittstelle *IEventHandler*. Ansichten werden wiederum zu *komplexen Ansichten* zusammengefasst. Eine komplexe Ansicht stellt, bezogen auf typische Portalanwendungen, in der Regel ein Fenster oder eine Webseite dar (Abbildung 4-6).

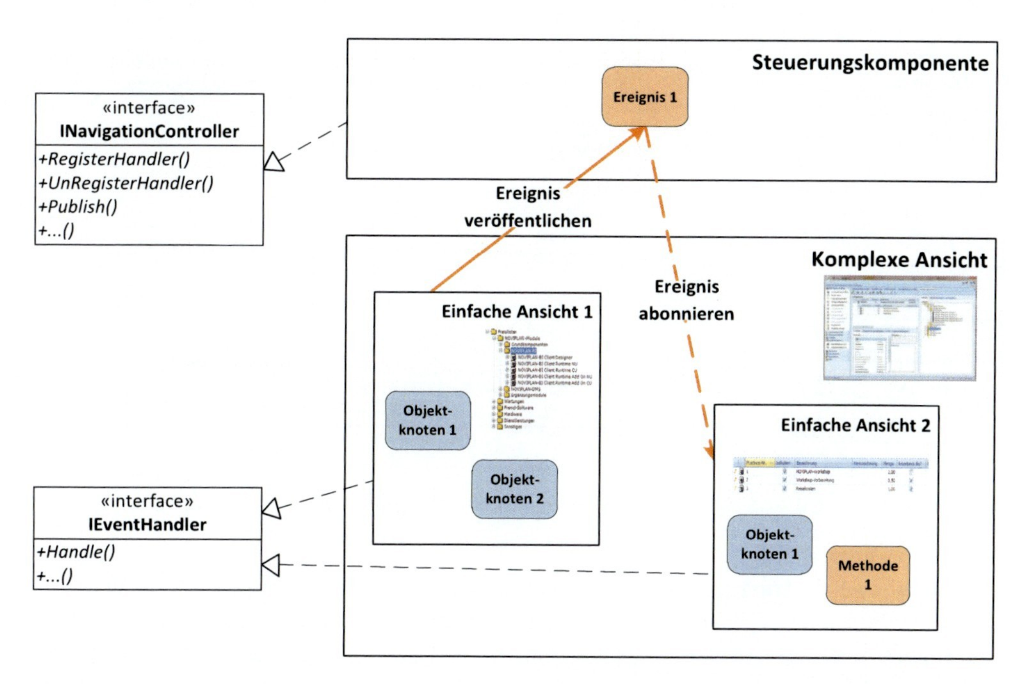

Abbildung 4-6: Kommunikation zwischen einfachen Ansichten in komplexen Ansichten über Ereignisse

Die bisher aufgeführten simplen Steuerelemente (Listen etc.) sind für die meisten Anwendungsszenarien verwendbar und ermöglichen eine gewisse Basisfunktionalität, um zum Beispiel die Navigation oder die Suche abzubilden. Daher werden sie als nativer Bestandteil der Portalanwendung bereitgestellt.

Für spezifische Anwendungen sind in der Regel jedoch auch spezifische Oberflächen notwendig, um beispielsweise Anforderungsnetze zu visualisieren, unterschiedliche Dateiformate (.pdf, .docx, .dxf etc.) anzuzeigen, Projektpläne bearbeiten zu können (Gantt-Diagramme) oder Auswertungsergebnisse auf unterschiedliche Art und Weise präsentieren zu können (Balkendiagramme, Landkarten etc.). Durch die von *einfachen Ansichten* geforderte Implementierung der Schnittstellen *IDynamicView* und *IEventHandler* können beliebige Steuerelemente in die Portalanwendung integriert werden, die genau diese Schnittstellen implementieren (Abbildung 4-7).

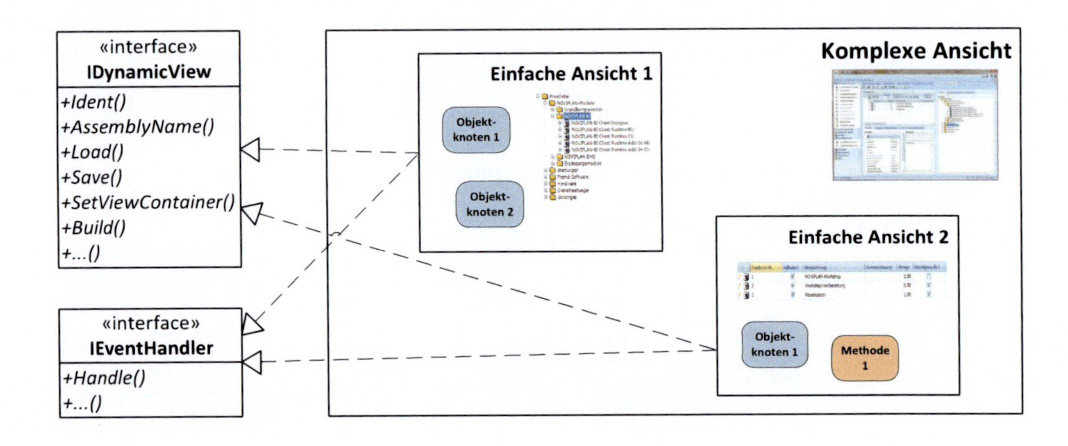

Abbildung 4-7: Geforderte Schnittstellenimplementierungen einfacher Ansichten

Die daten- und funktionstechnische Einbindung der DIALOG-*Lösungsbausteine* über die Konfiguration *einfacher Ansichten* (siehe oben) wird dadurch realisiert, dass die entsprechenden *Dienste* insbesondere definierte Funktionen zur Datenselektion (*SelectData*) und zum Aufruf von Methoden (*ExecuteMethod*) anbieten und der dynamischen Benutzungsschnittstelle zur Verfügung stellen. *Objektknoten* und *Methoden* können somit auf alle verfügbaren *Lösungsbausteine*, die die beschriebene Schnittstellenimplementierung (*IDynamicAccess*) anbieten, verweisen und integrieren (Abbildung 4-8).

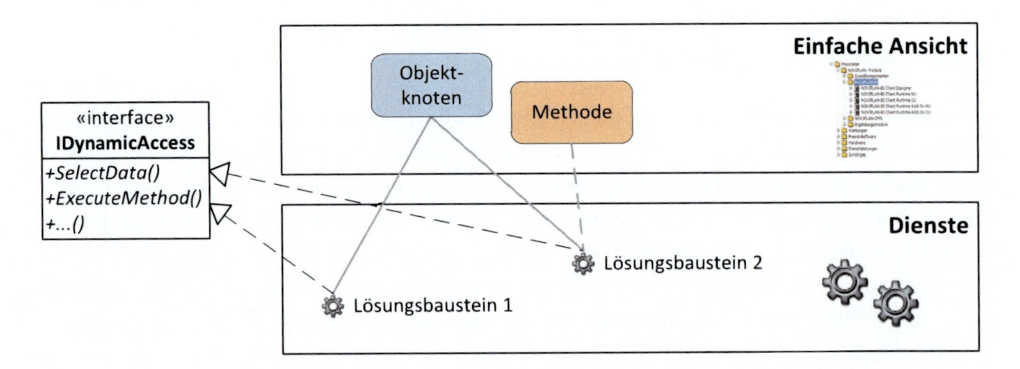

Abbildung 4-8: Zugriff der dynamischen Benutzungsschnittstelle auf definierte Funktionen der Lösungsbausteine

Zusammengefasst ergibt sich für die dynamische Benutzungsschnittstelle in einer dienstorientierten Umgebung die in Abbildung 4-9 dargestellte Gesamtarchitektur.

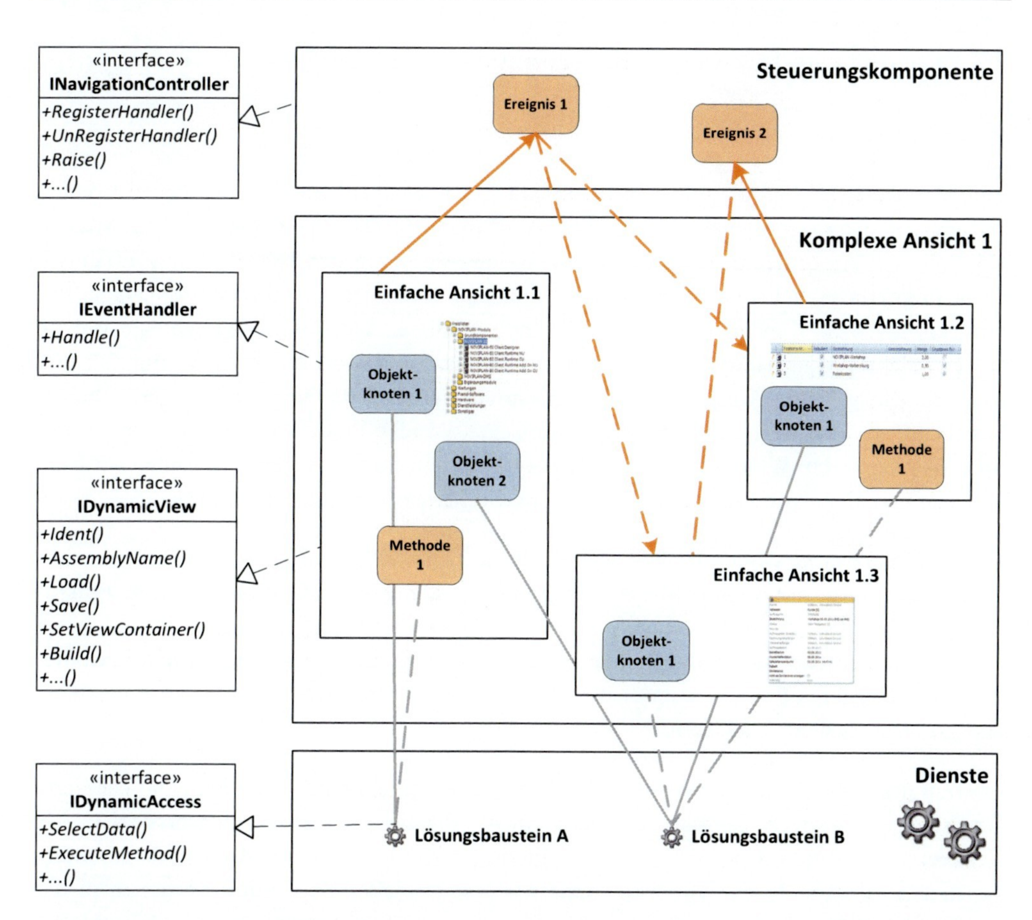

Abbildung 4-9: Architektur einer dynamischen Benutzungsschnittstelle in einer dienstorientierten Umgebung

Die konsequente Umsetzung (Implementierung) auf Basis von Schnittstellendefinitionen in einer dienstorientierten Umgebung unterstützt insbesondere die Wiederverwendbarkeit, Kombinierbarkeit und Austauschbarkeit einzelner Systeme. Neue Lösungsbausteine lassen sich entlang der formulierten Richtlinien relativ leicht realisieren und in das Gesamtsystem integrieren. Historisch gewachsene Anwendungen (sog. Legacy-Systeme) können schrittweise in die Struktur eingebunden werden und mit Hilfe der dynamischen Benutzungsschnittstelle in manchen Abteilungen Client-seitig ersetzt werden. In einem ersten Schritt kann ein Dienst im Sinne der DIALOG-Lösungsbausteine implementiert werden, der in Form eines Wrappers bestehende Schnittstellen (Dateitransfer, FTP etc.) des Legacy-Systems nutzt.

4.2 Anforderungserfassung und -verwaltung

Patricia Krakowski

Eine systematische Anforderungsermittlung und -verwaltung ist eine der wichtigsten Voraussetzungen für die erfolgreiche Abwicklung von Projekten. Das Verständnis und die strenge Kontrolle der Anforderungen sind nicht zuletzt die Basis, um den Kosten- und Zeitrahmen eines Projektes einhalten zu können. Ein werkzeugunterstütztes Anforderungsmanagement muss einerseits die Kundenbedürfnisse vollständig abbilden, andererseits müssen Änderungen an Anforderungen und ihren Beziehungen im Nachgang der Modellierung durchführbar und nachvollziehbar sein. Ausgehend von der strukturierten Erfassung von Anforderungen, bestehend aus der Beschreibung organisatorischer Projekt- bzw. Anfragedaten sowie der Spezifikation erster Wünsche und Vorstellungen an die zu realisierende Lösung, wird die einfache Erstellung von verbindlichen und gut kalkulierten Angeboten angestrebt.

Der *Anforderungsmodellierer* stellt innerhalb der DIALOG-Referenzarchitektur den Lösungsbaustein dar, mit dessen Hilfe Anforderungen systematisch erfasst, klassifiziert, strukturiert und über Referenzen miteinander vernetzt werden. Zielsetzung hierbei ist es, möglichst alle Kundenwünsche zu dokumentieren und potenzielle Konflikte zwischen Kundenanforderungen und späteren Produkteigenschaften bereits in einem frühen Stadium zu erkennen bzw. erst gar nicht entstehen zu lassen.

Obwohl das Anforderungsmanagement im Produktionsumfeld eine anerkannte und etablierte Disziplin ist, besitzen heutige Methoden noch erhebliches Verbesserungspotenzial. Als Beispiel sei hier die oft unzureichende Integration in die Prozesse der Angebotsbearbeitung genannt, so dass nicht das volle Potenzial der Nutzung aller Kundeninformationen in der Produktentstehung ausgeschöpft wird. Hieraus leiten sich wiederum die nachfolgend beschriebenen Anforderungen an den DIALOG-Lösungsbaustein *Anforderungsmodellierer* ab. Da der Anforderungsmodellierer keine eigenständige Benutzungsoberfläche besitzt, sondern sich vollständig und nahtlos in den DIALOG-Produktkonfigurator integriert, beziehen sich die hier formulierten Anforderungen hauptsächlich auf die von ihm anzubietende Funktionalität. Anforderungen an die Benutzungsoberfläche, wie z. B. Web-Fähigkeit der GUI oder Ergonomie der Modellierung von Anforderungen, sind an den Lösungsbaustein *Produktkonfigurator* gerichtet. Der Anforderungsmodellierer selbst verfügt über einen Windows-Administrations-Client zur Verwaltung, Modellierung und Darstellung der Anforderungsbibliotheken und -netze.

Nachfolgend werden die Anforderungen an die systematische Verarbeitung von Anforderungen und das DIALOG-Datenmodell hergeleitet. Die Datenmodellierung erfolgt in UML (engl. Unified Modeling Language) [Balz-2000 oder UML-2004], die Modellierung der Anforderungen an den Anforderungsmodellierer in SysML (engl. *Systems Modeling Language*) [Weil-2009].

Anforderungen an den Anforderungsmodellierer

Die Anforderungen an die systematische Verarbeitung von Anforderungen mit Hilfe eines sog. Anforderungsmodellierers lassen sich in vier Cluster gruppieren:

- Anforderungen an die Basisfunktionalität
- Anforderungen an die Wissensverwertung
- Anforderungen an die Integrationsfähigkeit
- Anforderungen an die Benutzungsoberfläche

Die Hauptaufgabe des Anforderungsmodellierers ist die *Verwaltung von Anforderungen* und *Anforderungsnetzen* (vgl. Abbildung 4-10). Sein Ziel ist es, Anforderungen zu dokumentieren und über den gesamten Produktlebenszyklus verfügbar zu machen. Mit seiner Hilfe müssen Anforderungen erfasst, klassifiziert, priorisiert und miteinander vernetzt werden können. Bei der Vernetzung der Anforderungen untereinander bzw. der Vernetzung zwischen Anforderungen und Lösungseigenschaften ist darauf zu achten, dass verschiedene Arten von Beziehungen vorgesehen werden: So muss z. B. festgehalten werden können, dass eine Anforderung aus einer anderen abgeleitet wurde, dass zwei Anforderungen in Konflikt stehen oder Alternativen darstellen.

Eine weitere wichtige Aufgabe des Anforderungsmodellierers besteht darin, die *Konsistenz der Anforderungsmenge sicherzustellen*: Er muss die erfasste Anforderungsmenge auf Widersprüche, Mehrdeutigkeit und Unvollständigkeit überprüfen, denn Fehler in der Anforderungsspezifikation beeinträchtigen alle weiteren Entwicklungsaktivitäten. Um diese Prüfung zu bewältigen, muss der Anforderungsmodellierer auf eine umfangreiche *Wissensbasis* zugreifen können (vgl. Abbildung 4-11).

Um eine möglichst vollständige Anforderungsmenge zu erreichen, werden *Anforderungsbibliotheken* eingesetzt. Dabei sollen sowohl *lösungsneutrale Anforderungsbibliotheken*, in denen allgemeine Anforderungen verwaltet werden, als auch *domänenbezogene Anforderungsbibliotheken*, die speziell auf die Produkte des Anwenderunternehmens angepasst werden, berücksichtigt werden. *Domänenbezogene Anforderungsbibliotheken* lassen sich weiter unterteilen in *lösungsbezogen*, *umgebungsbezogen* und *organisationsbezogen*. *Lösungsbezogene Anforderungsbibliotheken* beziehen sich auf die Lösungen, Produkte und Dienstleistungen des Unternehmens, *umgebungsbezogene Anforderungsbibliotheken* verwalten die Umgebungsvariablen, Einsatz- und Aufstellbedingungen eines Produkts beim Kunden und *organisationsbezogene Anforderungsbibliotheken* speichern Anforderungen an die Projektabwicklung, Mitarbeiterqualifikation oder Unternehmensstruktur.

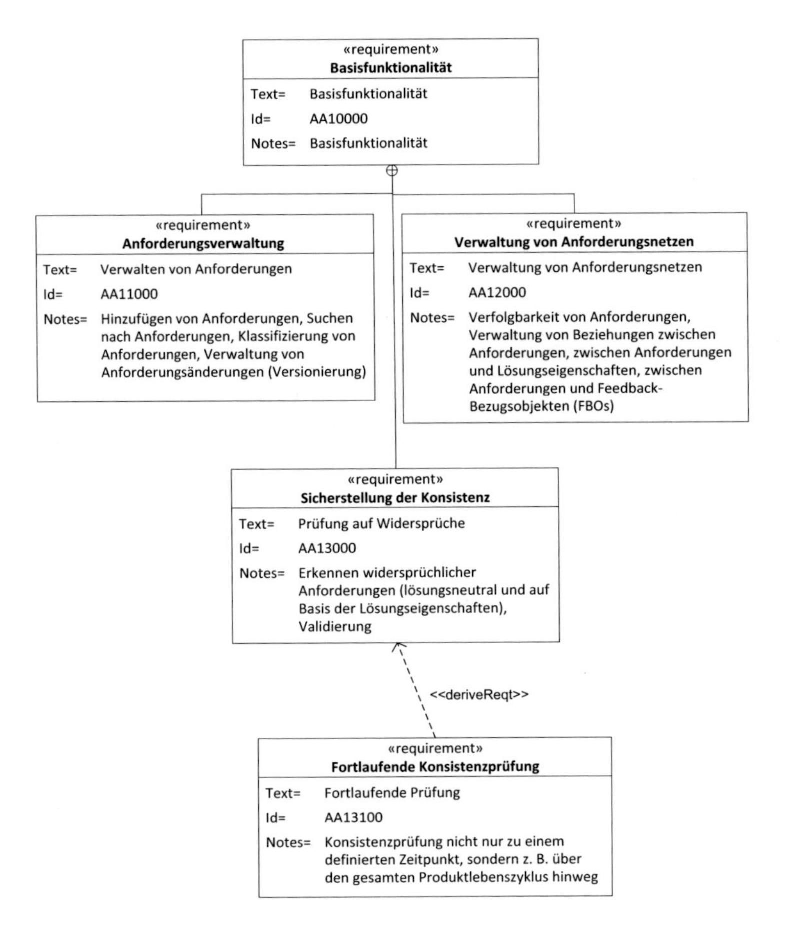

Abbildung 4-10: Anforderungsmodell Basisfunktionalität

Um Widersprüche oder Mehrdeutigkeiten in einer Anforderungsmenge zu entdecken, muss der Anforderungsmodellierer auf eine *Regelbasis* zugreifen können, in der definiert wird, wann zwei Anforderungen widersprüchlich oder mehrdeutig sind. Wird ein Widerspruch entdeckt, so wird dieser im Anforderungsmodell dokumentiert und dem Benutzer gemeldet.

Da der Anforderungsmodellierer ein DIALOG-Lösungsbaustein ist, muss er sich auch nahtlos in die DIALOG-Integrationsplattform *integrieren* lassen (vgl. Abbildung 4-12). Hierfür ist es notwendig, dass er *Web-Service-Schnittstellen zur Verfügung stellt*, auf die andere Lösungsbausteine zugreifen können. Dabei müssen die *Richtlinien für Services* der DIALOG-Integrationsplattform beachtet werden.

Die Benutzungsoberfläche des Anforderungsmodellierers, die in der Benutzungsoberfläche des Produktkonfigurators integriert ist, muss die entsprechenden *GUI-Richtlinien* beachten.

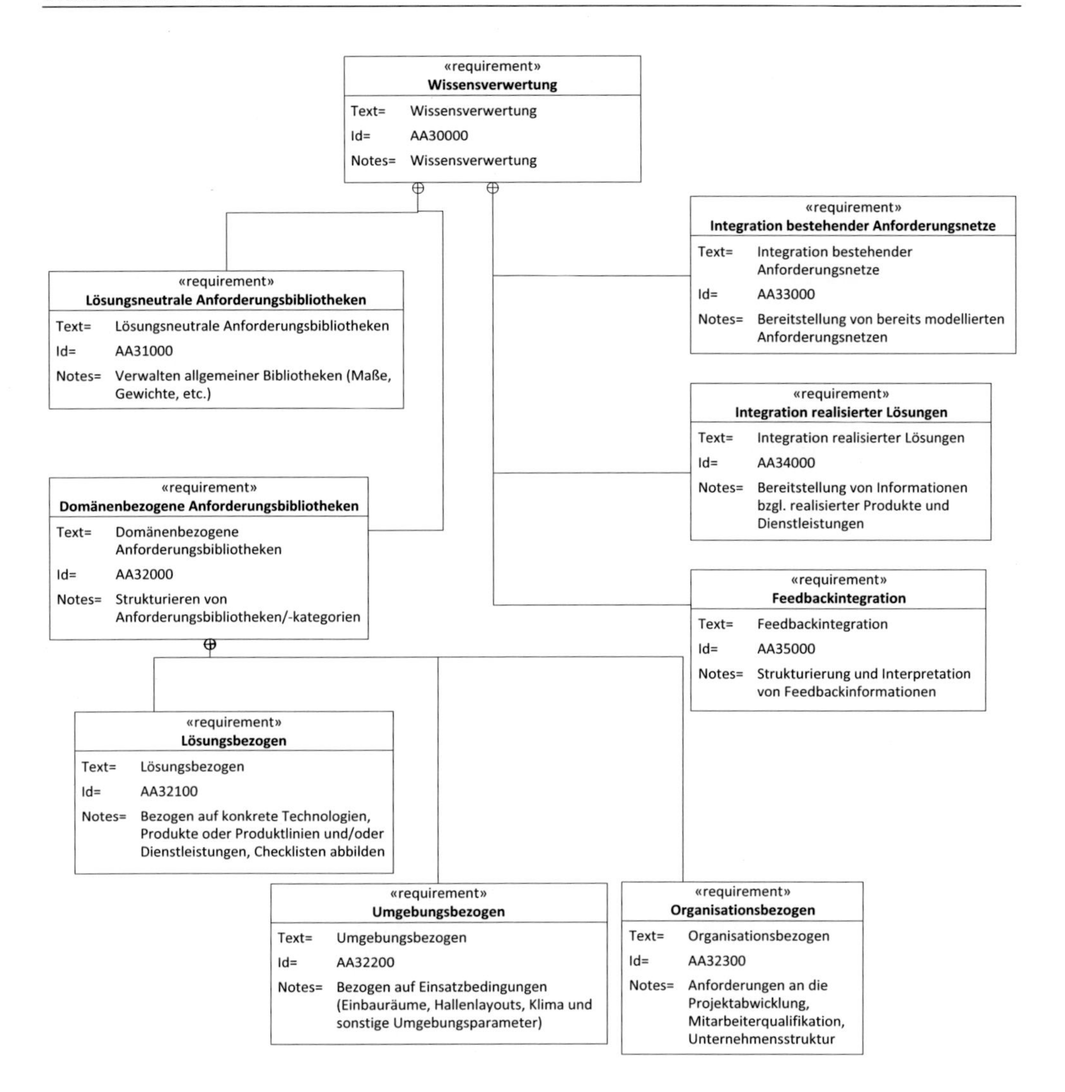

Abbildung 4-11: Anforderungsmodell Wissensverwertung

Zudem muss sie dafür konzipiert sein, auch eine große Menge von Anforderungen *strukturiert darzustellen* (vgl. Abbildung 4-13). Auch die *Abhängigkeiten und Relationen zwischen den Anforderungen* bzw. zwischen den Anforderungen und Lösungseigenschaften sollen auf Wunsch angezeigt werden. Sehr wichtig ist hierbei die optische Hervorhebung von Konflikten und Alternativen, die schnell erkannt werden müssen. Auch sollte der an der Benutzungsoberfläche zur Verfügung stehende Funktionsumfang einstellbar sein, z. B. indem zwischen einem *Anfänger-* und einem *Expertenmodus* unterschieden wird.

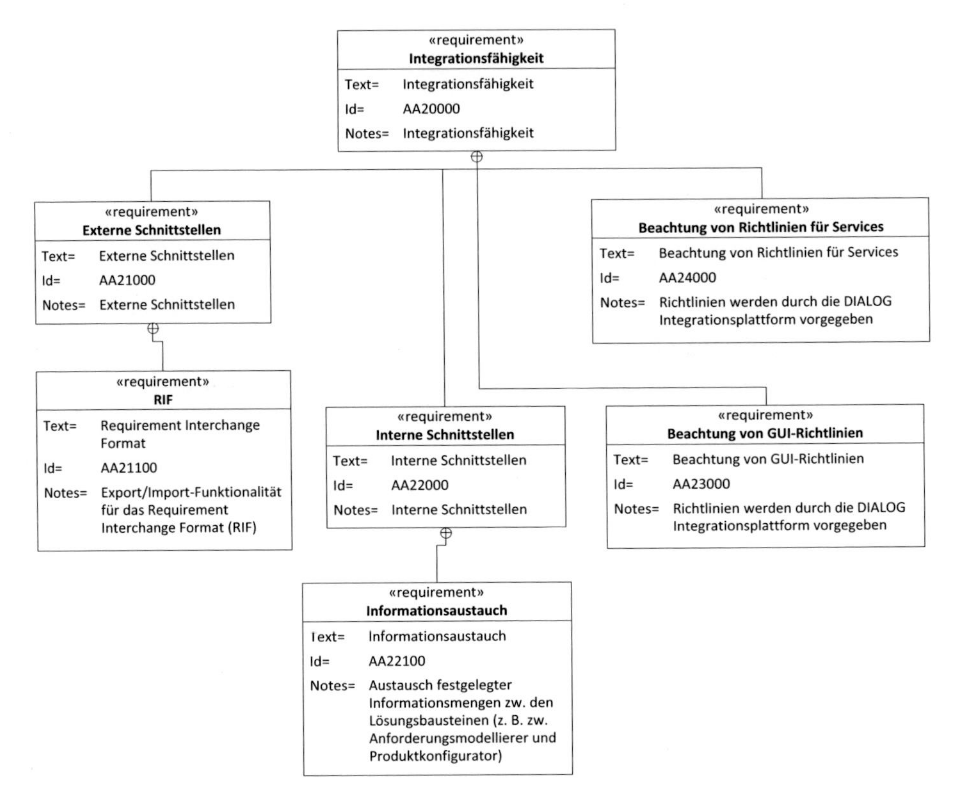

Abbildung 4-12: Anforderungsmodell Integrationsfähigkeit

Die Benutzungsoberfläche sollte außerdem über eine *Eingabeassistenzfunktion* verfügen, die den Anwender bei der Anforderungserfassung durch Vorschläge unterstützt. Hierfür greift er auf die *Wissensdatenbank* zu, die aus Anforderungsbibliotheken, *Feedback-Informationen* und einer *Falldatenbasis* besteht. Die Falldatenbasis stellt Informationen über abgeschlossene Projekte und frühere Produktkonfigurationen inkl. der dazugehörigen Anforderungsmenge zur Verfügung.

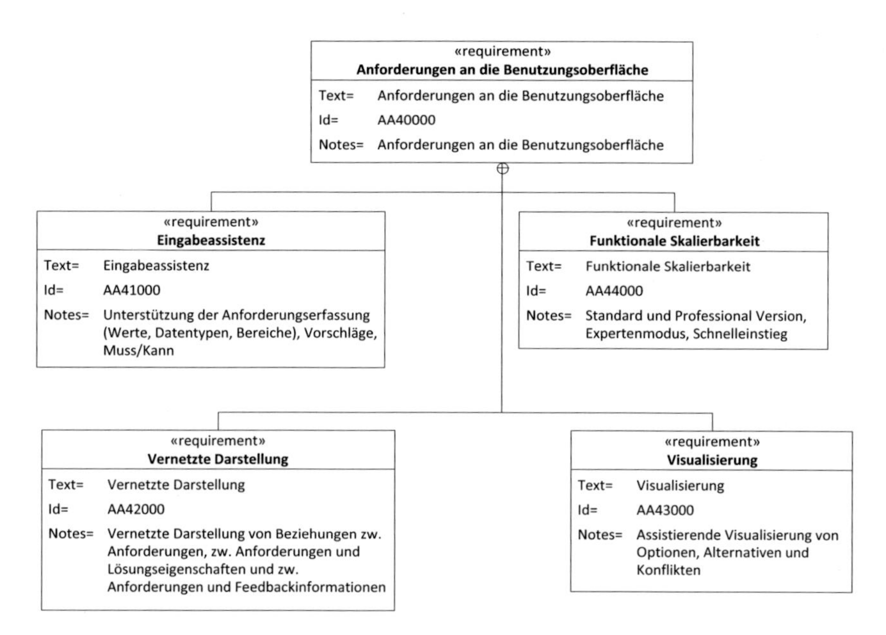

Abbildung 4-13: Anforderungsmodell Benutzungsoberfläche

Das Datenmodell des Anforderungsmodellierers

Das wichtigste vom Anforderungsmodellierer zu verwaltende Datenobjekt ist die *Anforderung* (engl. *Requirement*) selbst (vgl. Abbildung 4-14). Für jede Anforderung müssen allgemeine Attribute wie z. B. Name, Beschreibung, eindeutiger Kenner (*Id*), Priorität, Versionsnummer, Anlage- und Änderungsdatum etc. hinterlegt werden können. Darüber hinaus muss die Anforderung das DIALOG-Objekt referenzieren, auf das sie sich bezieht. Hervorzuheben ist dabei, dass sich Anforderungen nicht nur auf die zu realisierende Lösung beziehen müssen, sondern auch die spätere Umgebung des Produkts oder prozess- bzw. projektbezogene Aspekte wie z. B. Lieferzeiten näher beschreiben können.

Anhand des Objekts, auf das sie sich beziehen, können sich Anforderungen auch hinsichtlich ihres *Abstraktionsgrads* unterscheiden: Anforderungen, die sich auf ein abstraktes Produkt oder eine Produktgruppe beziehen, sind dem Stammdatenbereich zuzuschreiben und werden als Anforderungsvorlagen eingesetzt, die einem Vertriebsmitarbeiter als Checkliste beim Abfragen der Kundenwünsche bzw. bei der Vorauswahl eines bestimmten Produkts dienen. Projektspezifische Anforderungen wiederum beschreiben die Wünsche eines bestimmten Kunden und beziehen sich auf eine konkrete Lösung bzw. auf ein konkretes Produkt. Sie können instanziierte Anforderungsvorlagen sein, es muss jedoch auch möglich sein, Anforderungen, die keiner Anforderungsvorlage zugeordnet sind, zu spezifizieren.

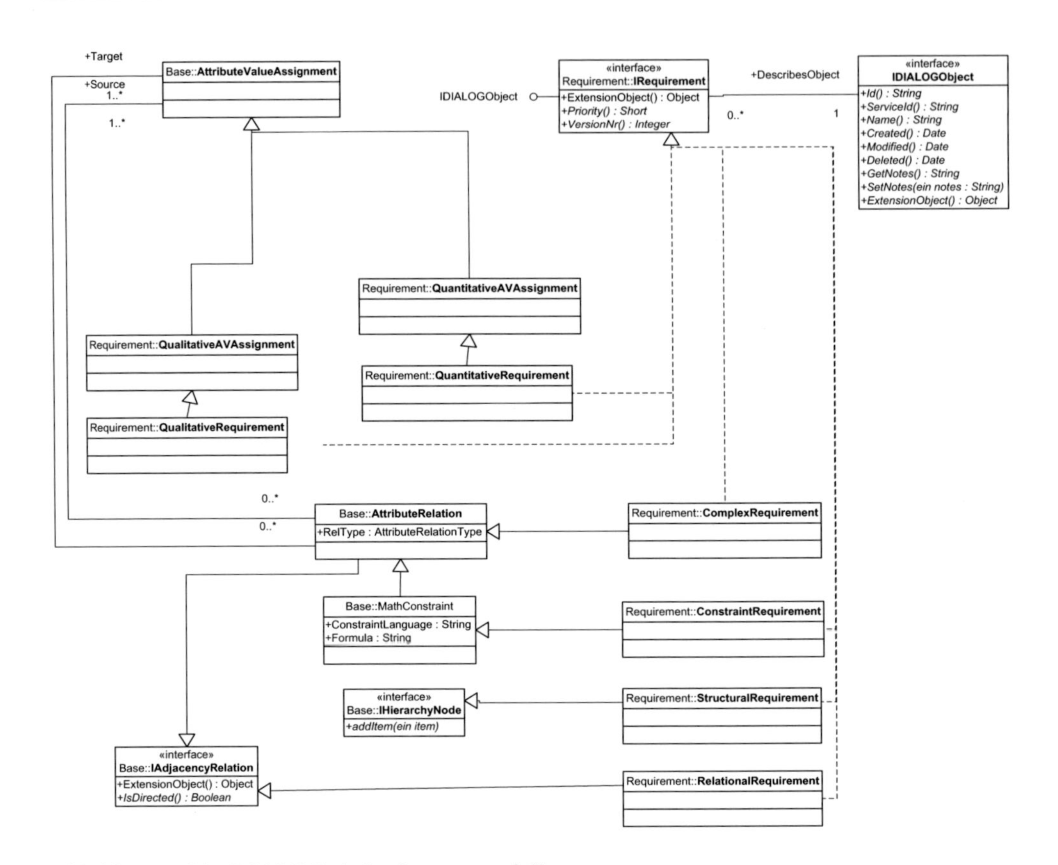

Abbildung 4-14: DIALOG-Anforderungsmodell

Anforderungen lassen sich in folgende Gruppen unterteilen:

- *Quantitative Anforderungen* (*QuantitativeRequirement*) beziehen sich auf ein einziges Merkmal und legen dessen Wert mittels Bereichsangaben fest (z. B. Festplattengröße 300 GB bis 500 GB). Sie enthalten zusätzlich die Attribute Mindestwert (*MinValue*), Maximalwert (*MaxValue*) und optimaler Wert (*OptimalValue*).
- *Qualitative Anforderungen* (*QualitativeRequirement*) beziehen sich auch auf ein einziges Merkmal und legen dessen Wert umgangssprachlich ohne genaue Quantifizierung fest (z. B. Festplattengröße = groß).
- *Komplexe Anforderungen* (*ComplexRequirement*) sind Anforderungen, die notwendige Zusammenhänge zwischen Merkmalen spezifizieren. Sie legen fest, dass Eigenschaftswerte voneinander abhängen. Eine spezielle Art von komplexen Anforderungen sind *Mathematische Constraints* (*ConstraintRequirement*), die den Zusammenhang zwischen den Eigenschaftswerten mathematisch beschreiben. Sie enthalten zusätzlich die Formel, die den mathematischen Zusammenhang beschreibt, und den Namen der Sprache, in der die Formel verfasst wurde bzw. den Namen des Constraint Solvers, der die Formel interpretieren kann.

- *Strukturelle Anforderungen* (*StructuralRequirement*) sind Anforderungen, die spezifizieren, dass bestimmte Artefakte Teil der Lösung sein sollen, z. B. dass eine bestimmte Festplatte Teil der Produktkonfiguration sein soll.
- *Beziehungsanforderungen* (*RelationalRequirement*) sind Anforderungen, die festlegen, dass zwischen Artefakten der Lösung bestimmte Beziehungen gelten sollen.

Mindestens genauso wichtig wie die Anforderungen selbst sind deren Vernetzungen untereinander. Hierfür stehen verschiedene Arten von Beziehungen zur Verfügung (vgl. Abbildung 4-15). Einerseits sollen Anforderungen strukturiert werden können: Dies ist mit Hilfe von *Anforderungsgruppen* (*ReqGroup*) möglich, die den Aufbau einer hierarchischen Struktur erlauben. Hiermit lassen sich auch Anforderungsbibliotheken abbilden.

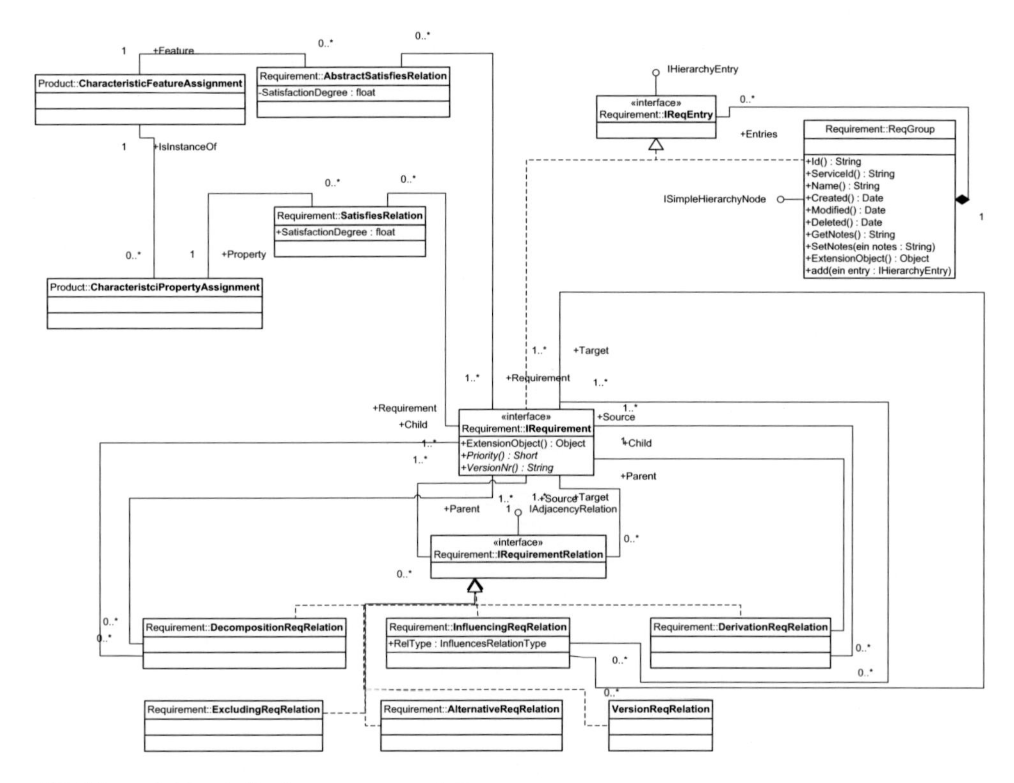

Abbildung 4-15: Anforderungsnetzmodell

Andererseits sollen Anforderungen untereinander in Beziehung gesetzt werden können. Hierfür gibt es eine allgemeine *Anforderungsbeziehung* (engl. *Requirement Relation*), mit deren Hilfe jegliche Art von Beziehung abgebildet werden kann. Darüber hinaus stehen noch folgende spezielle Anforderungsrelationen zur Verfügung:

- *Zerlegungsbeziehung* (*DecompositionReqRelation*): Hiermit lassen sich Anforderungen zerlegen. Die zerlegte Anforderung ist erst erfüllt, wenn die ihr untergeordneten Anforderungen erfüllt sind.

- *Ableitungsbeziehung* (*DerivationReqRelation*): Hiermit kann festgehalten werden, dass eine Anforderung eine genauere Spezifikation einer anderen Anforderung ist.
- *Beeinflussungsbeziehung* (*InfluencingReqRelation*): Diese Beziehungsart ermöglicht es zu dokumentieren, dass bestimmte Anforderungen nicht unabhängig voneinander sind. Zusätzlich kann über das Attribut *RelType* festgehalten werden, ob es sich um konkurrierende oder sich gegenseitig unterstützende Anforderungen handelt.
- *Alternativenbeziehung* (*AlternativeReqRelation*): Hiermit lässt sich spezifizieren, dass es sich um alternativ zu erfüllende Anforderungen handelt.
- *Versionierungsbeziehung* (*VersionReqRelation*): Diese Beziehungsart hält fest, dass eine Anforderung eine Version einer anderen ist, also durch Änderungen aus einer anderen Anforderung hervorgegangen ist.
- *Widerspruchsbeziehung* (*ExcludingReqRelation*): Hiermit lässt sich dokumentieren, dass zwei oder mehrere Anforderungen zueinander im Widerspruch stehen. Dies bedeutet, dass es keine Lösung gibt, die diese Anforderungsmenge erfüllen kann.

Neben den Beziehungen zwischen Anforderungen sei an dieser Stelle natürlich noch die *Erfüllungsbeziehung* (*SatisfiesRelation*) erwähnt, die zur Verfügung gestellt wird, um Anforderungen mit Lösungseigenschaften, die diese Anforderungen erfüllen, zu verknüpfen.

Funktionen des Anforderungsmodellierers

Die Funktionen des Anforderungsmodellierers lassen sich grob in zwei Bereiche gliedern: Verwaltung von Anforderungen und Anforderungsnetzen sowie Sicherstellung der Konsistenz der Anforderungsmenge bzw. der Produktkonfiguration. Diese Aufteilung spiegelt sich auch an der Schnittstelle des Anforderungsmodellierers wider, die aus zwei Web-Services besteht: *RMService* (engl. Requirement Management Service) und *CCService* (engl. Consistency Checker Service). Im Folgenden werden die beiden Web-Services näher beschrieben.

Anforderungsverwaltungsdienst (RMService)

Der Anforderungsverwaltungsdienst ist für die Verwaltung von Anforderungen und Anforderungsnetzen verantwortlich. Neben einer Suchfunktionalität, die die Selektion von Anforderungen bzw. Anforderungsbeziehungen nach verschiedenen Kriterien ermöglicht, stellt er Funktionen zur Verfügung, die das Hinzufügen, Verändern, Löschen und Gruppieren von Anforderungen bzw. Anforderungsbeziehungen erlauben (Abbildung 4-16). Zur Sicherung der Nachvollziehbarkeit von Anforderungsänderungen wird zudem festgehalten, wer welche Anforderung zu welchem Zeitpunkt geändert hat. Außerdem werden bei Änderungsoperationen die alten Anforderungen nicht überschrieben, sondern versioniert.

Requirement::**RMService**
+AddRequirement(ein req : IRequirement, ein user : IAccessEntry) +UpdateRequirement(ein req : IRequirement, ein user : IAccessEntry) +DeleteRequirement(ein reqID : string, ein user : IAccessEntry) +GetRequirements(ein request : XElement, ein user : IAccessEntry) : RequirementsList +AddReqRelation(ein reqRel : IRequirementRelation, ein user : IAccessEntry) +UpdateReqRelation(ein req : IRequirementRelation, ein user : IAccessEntry) +DeleteReqRel(ein reqRelID : string, ein user : IAccessEntry) +GetReqRelations(ein request : XElement, ein user : IAccessEntry) : ReqRelationsList +AddReqGroup(ein reqGroup : ReqGroup, ein user : IAccessEntry) +UpdateReqGroup(ein reqGroup : ReqGroup, ein user : IAccessEntry) +DeleteReqGroup(ein reqGroupID : string, ein user : IAccessEntry) +GetReqGroups(ein request : XElement, ein user : IAccessEntry) : ReqGroupList +AddReqToGroup(ein reqID : string, ein reqGroupID : string, ein user : IAccessEntry) +DeleteReqFromGroup(ein reqID : string, ein reqGroupID : string, ein user : IAccessEntry)

Abbildung 4-16: Schnittstelle des Anforderungsverwaltungsdienstes (RMService)

Konsistenzprüfungsdienst (CCService)

Der Konsistenzprüfungsdienst soll die Konsistenz einer Anforderungsmenge bzw. der gesamten Produktkonfiguration sicherstellen, indem die in der Wissensbasis hinterlegten Regeln auf ihre Anwendbarkeit hin überprüft werden. Der Aufrufer des Dienstes kann jedoch entscheiden, ob die Einhaltung aller anwendbaren Regeln oder nur die Einhaltung einer bestimmten *Regelart* überprüft werden soll (vgl. Abbildung 4-17). Dabei werden drei Arten von Regeln unterschieden: *Validierungsregeln* (ValidationRules), *Berechnungsregeln* (CalculationRules) und *Erzeugungsregeln* (GenerationRules). *Validierungsregeln* sind reine Prüfregeln, die die Produktkonfiguration nicht verändern, während *Berechnungsregeln* nur die Werte einzelner (abgeleiteter) Eigenschaften oder Anforderungen modifizieren. *Erzeugungsregeln* hingegen können umfangreiche Änderungen der Produktkonfiguration oder der Anforderungsmenge zur Folge haben.

Requirement::**CCService**
+ApplyAllRules(ein productID : string, ein user : IAccessEntry) : CheckResultList +ApplyAllValidationRules(ein productID : string, ein user : IAccessEntry) : CheckResultList +ApplyAllCalculationRules(ein productID : string, ein user : IAccessEntry) : CheckResultList +ApplyAllGenerationRules(ein productID : string, ein user : IAccessEntry) : CheckResultList +StartConsistencySession(ein productID : string, ein user : IAccessEntry) : CheckResultList +CheckConsistency(ein rootProductID : string, ein updatedObjectID : string, ein updatedObjectType : string, ein user : IAccessEntry) : CheckResultList +FinishConsistencySession(ein productID : string, ein user : IAccessEntry) : CheckResultList

Base::CheckResult
-ruleID : string -productID : string -message : string -justificationIDs : stringList -objectID : string -objectType : string -ChangedValues : GenericAttributeList -Action : int

Abbildung 4-17: Schnittstelle des Konsistenzprüfungsdienstes (CCService)

Wird die Konsistenzprüfung einer Produktkonfiguration angefordert, müssen erst alle für die Konsistenzprüfung benötigten Daten gesammelt werden (vgl. Abbildung 4-18). Diese sind:

- die Anforderungsmenge und die Struktur der Produktkonfiguration, die überprüft werden soll,
- das abstrakte Produkt (die Produktvorlage), dem die Produktkonfiguration zugeordnet ist,
- die Regeln, die für dieses abstrakte Produkt hinterlegt wurden.

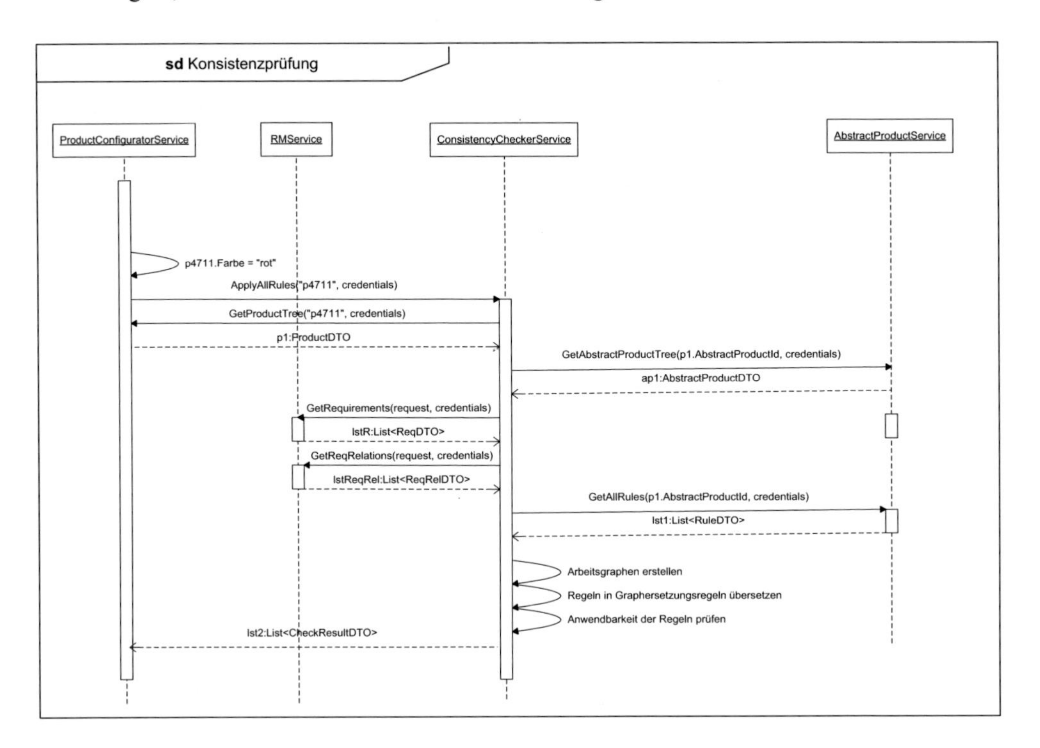

Abbildung 4-18: Ablauf einer Konsistenzprüfung

Sind alle benötigten Daten vorhanden, kommt der in Abschnitt 3.2 beschriebene *Regelbasierte Graphen-Manipulator (RGM)* zum Einsatz (vgl. Abbildung 3-9):

Die Anforderungen und die Struktur der aktuellen Produktkonfiguration bzw. des abstrakten Produkts werden dazu genutzt, einen typisierten, gerichteten Graphen zu erstellen, der die Struktur des Produkts und die Beziehungen zwischen den Produktbauteilen, technischen Parametern und Anforderungen widerspiegelt. Die für das abstrakte Produkt hinterlegten Regeln werden anhand ihrer Priorität sortiert und dann in Graphmuster (Graphersetzungsregeln) der Graphersetzungssprache *GrGen.NET* (vgl. [JaBK-2010, Geiß-2006]) übersetzt. Anschließend wird die Anwendbarkeit der Graphersetzungsregeln auf dem zuvor konstruierten Arbeitsgraphen überprüft.

Werden Regeln gefunden, die für die aktuelle Produktkonfiguration anwendbar sind, so wird eine Liste der potenziellen Regelanwendungsergebnisse (*CheckResult*, vgl. Abbildung 4-17) zurückgeliefert.

Ein Regelanwendungsergebnis enthält dabei den eindeutigen Kenner der anwendbaren Regel, den eindeutigen Kenner der Produktkonfiguration und einen Meldungstext. Außerdem enthält das Attribut *JustificationIDs* die Liste der DIALOG-Objekt-Kenner, die die Regel erst anwendbar machen. Dies sind diejenigen DIALOG-Objekte, die von der Regelbedingung (*Wenn*-Teil) referenziert werden. Die restlichen Attribute der Klasse *CheckResult* dokumentieren die vom Rumpf der Regel (*Dann*-Teil) vorgeschlagenen Modelländerungen: Das Attribut *Action* spezifiziert hierbei, ob das Hinzufügen, Ändern oder Löschen eines Modellelements vorgeschlagen wird, während die Attribute *objectID* und *objectType* das DIALOG-Objekt beschreiben, auf das sich die Änderung bezieht. Zu beachten ist hierbei, dass die Konsistenzprüfungsfunktionen nicht direkt Änderungen an der Produktkonfiguration oder an der Anforderungsmenge vornehmen, sondern lediglich dokumentieren, welche Änderungen von den Regeln vorgeschlagen werden. Es liegt im Ermessen des Aufrufers dieses Dienstes, ob er diese Lösungsvorschläge annimmt oder verwirft.

In Abbildung 4-18 ist der Ablauf einer Konsistenzprüfung für die Methode *ApplyAllRules* des Konsistenzprüfungsdienstes dargestellt. Hierbei ist klar ersichtlich, dass diese Methode einen hohen Kommunikationsaufwand hat, um sich die benötigten Daten von den anderen Diensten der DIALOG-Integrationsplattform (ProductService, AbstractProductService, RMService) zu besorgen. Sie sollte deshalb auch nur dann zum Einsatz kommen, wenn keine fortlaufende Prüfung der Konsistenz einer Produktkonfiguration angestrebt wird. Für den Fall, dass ein Produktkonfigurator bei jeder vorgenommenen Änderung gleich eine Konsistenzprüfung durchführen möchte, bietet der Konsistenzprüfungsdienst die Möglichkeit der Eröffnung einer *Konsistenzprüfungssitzung* (engl. *ConsistencyCheckerSession*) an. In diesem Fall werden die komplette Struktur der Produktkonfiguration und des abstrakten Produkts samt Anforderungsmenge und Regeln nur einmal zu Beginn der Konsistenzprüfungssitzung abgerufen und für die Dauer der Sitzung gespeichert. Wird eine Änderung an der Produktkonfiguration vorgenommen, so wird beim Aufruf der Methode *CheckConsistency* der Identifikator und der Typ des geänderten DIALOG-Objekts übergeben, so dass der Konsistenzprüfungsdienst gezielt nur die veränderten Objekte abrufen und aktualisieren kann, bevor die Konsistenzprüfung erneut angestoßen wird. Dadurch vermindert sich der Kommunikationsaufwand erheblich.

Die beiden hier vorgestellten Dienste *Anforderungsverwaltungsdienst* und *Konsistenzprüfungsdienst* wurden in Form von Web-Services implementiert und lassen sich nahtlos in die DIALOG-Referenzarchitektur (vgl. Abbildung 4-4) integrieren. Während mit dem Anforderungsverwaltungsdienst ein wichtiger Baustein zur Sicherung der Nachvollziehbarkeit eines Produktentstehungsprozesses zur Verfügung gestellt wird, ist mit dem Konsistenzprüfungsdienst ein Werkzeug vorhanden, das sowohl den Kunden als auch den Hersteller bei der Präzisierung der Anforderungsmenge bzw. der Vervollständigung der Produktkonfiguration – unter Verwendung von Erfahrungswissen in Form von Regeln – unterstützen kann.

4.3 Modellierung der Produktstruktur mit dem Business Editor

Viktor Schubert, Hendro Wicaksono, Kiril Aleksandrov

Für die Individualisierung komplexer variantenreicher Produkte bedarf es in erster Hinsicht der Bereitstellung einer geeigneten varianten- und individualisierungsgerechten Produktstrukturierung. So kann die durch die Individualisierung erhöhte Produktkomplexität beherrschbar gemacht werden, die aus einer Vielzahl von Komponenten und deren Freiheitsgrade, in Bezug auf ihre Merkmalsausprägungen sowie ihrer fertigungsorientierten und funktionalen Zuordnung, resultiert. Die Produktstruktur spiegelt in der Regel „die Zusammensetzung eines Erzeugnisses, bestehend aus Komponenten und Baugruppen sowie deren Strukturbeziehungen, wider“ [Schu-2005].

In der Praxis kommen Produktstrukturen häufig als Stücklisten vor, die entsprechend ihres Einsatzes im Produktentstehungsprozess eine vertriebs-, konstruktions- oder fertigungsorientierte Sicht auf das Produkt darstellen. Letztere dient als Ordnungsschema in ERP- oder PPS-Systemen, aus denen wiederum die Stücklisten erstellt werden. Stücklisten sind tabellenartige Verzeichnisse aller Komponenten, Systeme, Baugruppen und Einzelteile, die in das Produkt eingehen [EiSt-2009]. Durch PDM/PLM-Systeme werden Produktstrukturen, als ein meistens aus M-CAD Systemen generiertes Ordnungsschema, schon vorgegeben [EiSt-2009], die ihrerseits die weiteren, über die Produktlebensphasen hinweg benötigten unterschiedlichen Sichten und Konfigurationen verwalten [Arno-2005].

Um die Herstellersicht auf das Produkt im Rahmen einer Kundeninteraktion, wie sie in der Angebotsphase vorzufinden ist, in geeigneter Wiese zu modellieren, wird jedoch eine Produktgliederung vorgenommen, die die Produktstruktur auf wesentliche Produktkomponenten reduziert, die für die kundenindividuelle Anpassung relevant sind. Dadurch wird jedoch nur ein „Bestandteil der gesamten Produktstruktur“ betrachtet, der „unternehmensweit einheitlich gehandhabt werden muss, (und) … bis auf verschiedene Sichten möglichst konstant bleiben“ sollte [Shic-2002, S. 107]. Diese so im Voraus definierte Gliederung, dient fortan als eine Art Maximalstückliste, sozusagen als Gerüst zur weiteren Aufgliederung und Beschreibung kundenspezifischer Produktausprägungen. Dafür sind, neben optionalen und frei spezifizierbaren Strukturen und Komponenten, Konfigurationslogiken nötig, die eine automatische und konsistente Ableitung auftragsspezifischer Stücklisten erlauben. Ein Beispiel hierfür sind die von Zagel beschriebenen regelbasierten Variantenstücklisten [Zage-2006], die jedoch im Sinne der vollständigen Erfüllung der individuellen Kundenbedürfnisse bei Bedarf weiter ausgearbeitet werden müssen.

Für eine praktikable Bereitstellung der Herstellersicht sowie des neben der hier betrachteten Produktstrukturierung erweiterten Produktmodells des DIALOG-Ansatzes, wurde der DIALOG Business-Editor entwickelt, der auch eine geeignete IT-Unterstützung zum Aufbau und zur Nutzung der erzielten Wissensbasis zur Harmonisierung der Hersteller- und Kundensicht bietet (vgl. Abschnitt 3.4). In der DIALOG-Methodik wird ein produktinstanzbasierter PLM-Ansatz [Abra-2008] verfolgt, der das Produktmodell um den Produktnutzungskontext erweitert und diese in den Mittelpunkt des Kunden-Hersteller Dialogs stellt [PaRO-2010].

Für den Anwender steht durch den DIALOG Business-Editor ein Modellierungs- und Analysewerkzeug zur Verfügung, das die Modelle der erweiterten Produktsicht sowie die im Zusammenhang mit der Anforderungsvalidierung zum Einsatz kommende feedbackunterstützte Wissensbasis verwaltet.

Funktional wird der DIALOG Business-Editor in drei Einheiten eingeteilt: der *Product Manager* zur Modellierung der Herstellersicht, der *Context Manager* zur Modellierung der nutzungsorientierten Kundensicht sowie der *Feedback-Manager* zum Anlegen und Analysieren von strukturierten Feedback-Informationen. In diesem Abschnitt werden die beiden ersten Funktionseinheiten näher betrachtet, die schließlich zur Erstellung und Verwaltung der Wissensbasis benutzt werden. Dies erfolgt nach einem vordefinierten Bearbeitungsschema aus folgenden fünf Schritten:

- Modellierung der Herstellersicht im *Product-Manager*
  1. Definition der Typen von abstrakten Produkten und Produktteilen, ihre Zuordnung zu Hierarchien und Spezifikation ihrer wesentlichen Attribute
  2. Strukturelle Definition von abstrakten Produkten
  3. Anlegen von Konstruktionsregeln
- Modellierung der Kundensicht im *Context-Manager*
  4. Definition abstrakter Kontexttypen, Kundenprofiltypen sowie Anforderungstypen und ihre Zuordnung in das anforderungsbezogene Beziehungssystem (ABW)
  5. Anlegen von anforderungsbezogenen Beziehungsregeln (ABW-Regeln)

Im Folgenden sollen die wesentlichen Funktionen zur Modellierung der Produktstruktur im Sinne der Bereitstellung der Herstellersicht beschrieben werden. Ferner wird kurz auf die Modellierung der Kundensicht sowie auf die prototypische Realisierung des Business Editors insgesamt und seine Integration in die Unternehmenswelt eingegangen.

Modellierung der Herstellersicht

Der *Product-Manager* ermöglicht die Erstellung, Modifizierung und Verwaltung aller Elemente und deren Beziehungen zueinander, die die Produktgliederung aus Herstellersicht definieren. Der *Product-Manager* besteht aus drei getrennten Editoren: *SubType-Editor*, *AbstractStructure-Editor* und *Construction-Rule-Editor*.

Bei der Modellierung einer varianten- und individualisierungsgerechten Produktstruktur spielen zunächst die relevanten Lösungskomponenten und ihre Hierarchien eine wichtige Rolle. Dafür bedarf es neben der Strukturbeziehung, auch Bestandsbeziehung genannt (x besteht aus den Elementen $x_1, x_2, \ldots x_n$; *(hat-ein-Beziehung*, engl. *has-a relationship))* ebenfalls einer Abstraktionsbeziehung (x_i gehört zu Klasse y_i,; (*ist-ein-Beziehung*, engl. *is-a relationship*)) [Fran-2002]. Die Abstraktionsbeziehung wird innerhalb der DIALOG-Lösung durch das sogenannte *SubType* Modell abgedeckt, in dem die einzelnen Produkte, Baugruppen und Teile in Form einer Produktbibliothek als Taxonomie geordnet werden, um die Produktstrukturierung zu unterstützen. In Abbildung 4-19 ist hierzu ein Ausschnitt des vereinfachten Datenmodells dargestellt.

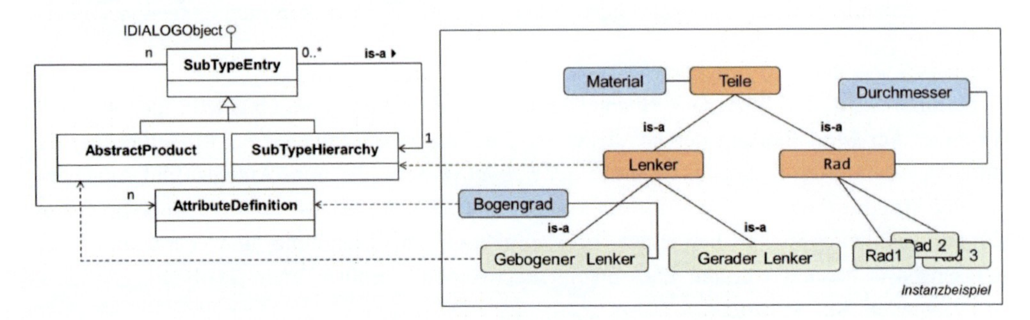

Abbildung 4-19: Vereinfachte Darstellung des SubType-Datenmodells

Der Taxonomiebaum klassifiziert die Produkte und Produktkomponenten nach Ähnlichkeit ihrer Merkmale. *SubTypeHierarchy* (STH) - Knoten in der Taxonomie repräsentieren Produktkomponenten, die ähnliche Merkmale haben. Merkmale werden durch *Attribute*-Knoten über den Attribute-Definition-Assistenten modelliert.

Alle Attribute, die in einer STH definiert sind, werden von allen Knoten in den unteren Hierarchien vererbt. Auf unterster Hierarchieebene des Taxonomiebaums befinden sich abstrakte Produkte, sogenannte *AbstractProduct*-Elemente (AP). Abstrakte Produkte stellen eine Art Produktschablone dar, die durch die Produktkonfiguration instanziiert wird. Ein AP erbt alle Attribute (Merkmale) von seiner übergeordneten STH, deren Attributwerte (Merkmalswerte) durch den *Produktkonfigurator* spezifiziert werden (vgl. Abschnitt 5.1). Die so erstellten Abstraktionsbeziehungen zwischen den Elementen, dienen neben der Produktgliederung auch der späteren Ähnlichkeitsbewertung in Folge der Anpassung von Lösungen. Ein entsprechendes Beispiel ist in Abbildung 4-19 dargestellt.

Im *SubType-Editor* werden alle existierenden Elemente eines Produktes definiert und geordnet. Die Erstellung der Bestandsbeziehungen wird über den *AbstractStructure-Editor* abgedeckt. Jede zusammengesetzte Produktkomponente (Baugruppe) wird hierbei durch ein Tupel *AbstractProduct-AbstractStructure* definiert (vgl. Abbildung 4-20). Über die abstrakte Struktur werden sowohl logische als auch konstruktive Komponentenstrukturen festgelegt. Eine *AbstractStructure (*AS) ist über mehreren *AbstractStructureItem* (ASI) mit ihren Produktkomponenten verbunden. ASI kapseln dabei zusätzliche Informationen über die Beziehung, wie die Position oder die zugelassene Anzahl jeder Produktkomponente in der Struktur. So hat die Produktstruktur eines Fahrrads beispielsweise als ASI vier Positionen, die jeweils die Produktkomponenten Sattel, Fahrradrahmen und zwei jeweils über eine ASI verbundene Räder enthalten. Der Fahrradrahmen besitzt als Baugruppe eine eigene Struktur, die wiederum aus einer Gabel und einem Lenker besteht.

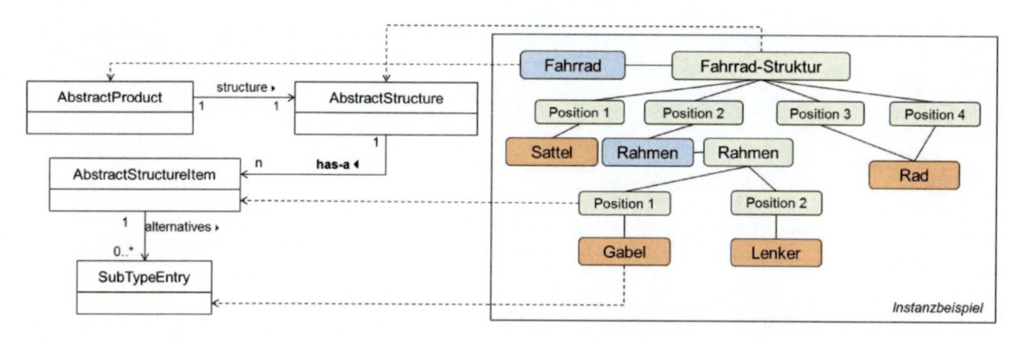

Abbildung 4-20: Vereinfachte Darstellung des AbstractStructure-Datenmodells

Durch den *SubType-Editor* und *AbstractStructure-Editor* lässt sich eine Produktstruktur vollständig beschreiben. So können kundenindividuelle Produkte auf der Entstehungsebene nach zwei Kriterien unterschieden werden [EiSt-2001]:

- *Strukturvarianten* markieren strukturelle bzw. konstruktive Unterschiede. Beispielsweise kann im Baukasten „Fahrradlenker“ ein „Lenkerbügel“ A, B oder C vorkommen. In den Stücklisten der Fahrradvarianten unterscheiden sich demnach die Positionsnummern des „Lenkerbügels“
- *Teilevarianten* markieren Unterschiede in der Ausprägung strukturgleicher Teile, beispielsweise durch Farbe, Material oder Bedruckung. So kann ein Lenkerbügel aus Aluminium, Stahl oder einer Legierung bestehen, oder sich nur im Lack unterscheiden.

Abbildung 4-21 stellt die grafische Oberfläche des *AbstractStructure-Editor* im *Produkt-Manager* dar. Im Bereich B werden alle Produktkomponenten in Form von STHs oder APs angezeigt. Der Bereich C zeigt die Palette des graphischen Editors und Bereich A eine weitere Sicht auf die bereits definierte Struktur.

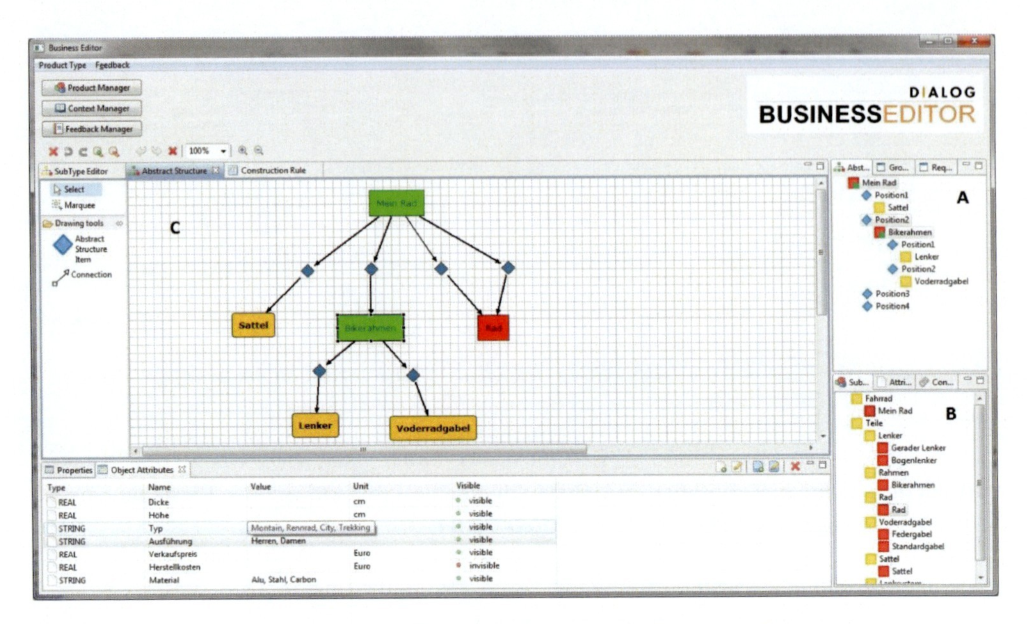

Abbildung 4-21: Anlegen einer Produktstruktur im AbstractStructure-Editor

Zur Ableitung von Produkten aus der so gewonnen Maxmalsicht der Produktstruktur bedarf es neben der Modellierung der Strukturabhängigkeiten der Berücksichtigung weiterer herstellungsbedingter Anforderungen, die durch die sog. Konstruktionsregeln im *Construction-Rule-Editor* angelegt und verwaltet werden.

In Abbildung 4-22 wird die graphische Oberfläche des Editors veranschaulicht. Die grafische Darstellung des Regel-Editors ist eine wertvolle Hilfe bei der Regeldefinition sowie bei Änderungen und Erweiterungen, da komplexe Regelwerke überschaubarer werden.

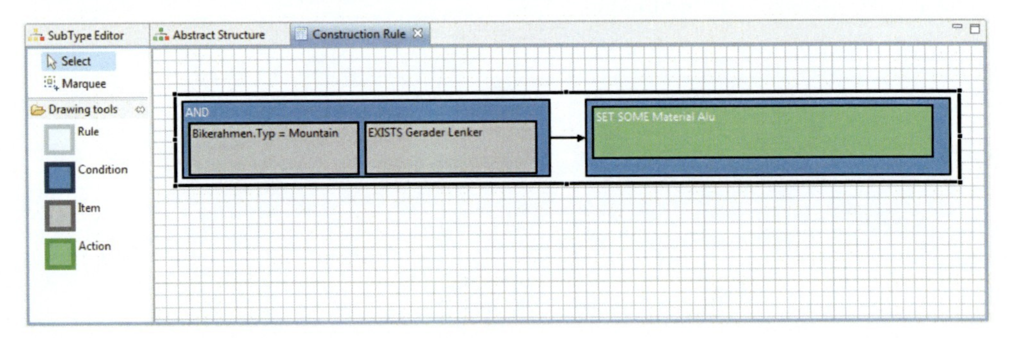

Abbildung 4-22: Modellierung einer Regel im ConstructionRule-Editor

Die im *ConstructionRule-Editor* modellierten Regeln beziehen sich jeweils auf ein abstraktes Produkt, die nach dem Wenn-Dann-Prinzip aufgebaut werden und Abhängigkeiten zwischen den Produktkomponenten darstellen. Eine vereinfachte Darstellung des Datenmodells der Regeln ist in Abbildung 4-23 zu sehen. Bedingungen (engl. *condition*) und Aktionen (engl.

action) können mehrere Elemente (eng *items*) enthalten. Dies bedeutet, dass die Anzahl von Bedingungen, Aktionen und Regeln nicht beschränkt ist. Die Regeln bilden die Grundlage für den in Abschnitt 4.2 vorgestellten Konsistenzprüfungsdienst (CCService).

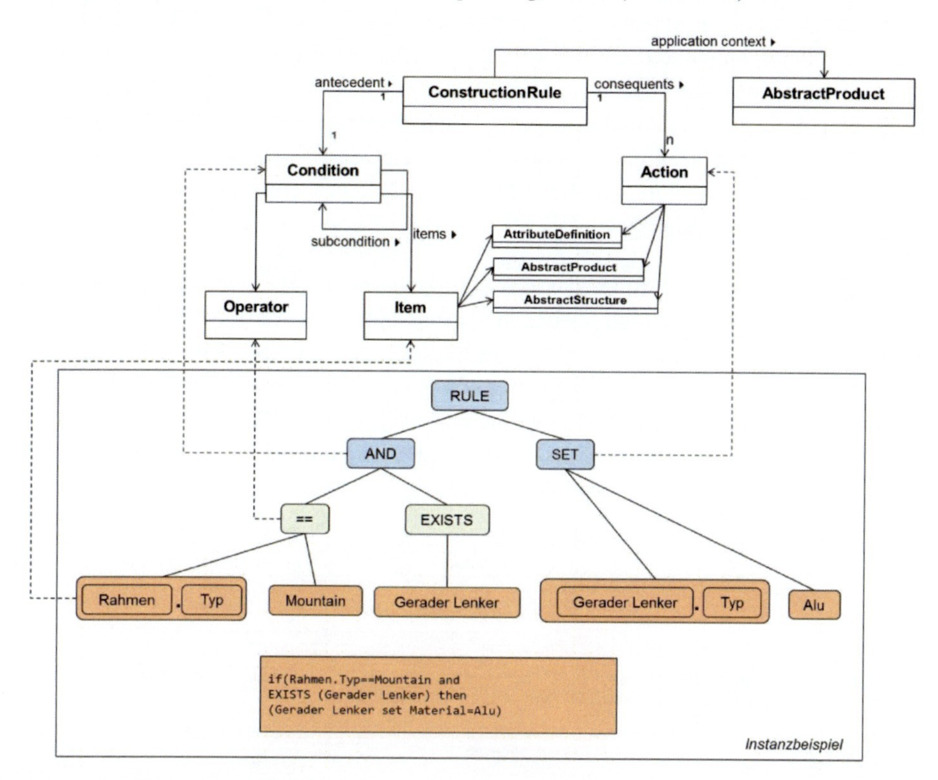

Abbildung 4-23: Vereinfachte Darstellung des Rule-Datenmodells

Die so erstellte Herstellersicht auf das Produkt, bestehend aus abstrakter Produktstruktur, Taxonomie und Konfigurationsregel, wird den weiteren DIALOG-Lösungsbausteinen über den sogenannten „*AbstractProduct-Service*“ zur Verfügung gestellt.

Modellierung der Kundensicht

Die Funktion des *Context-Managers* besteht im Modellieren und Verwalten der Wissensbasis in Bezug auf die Kundensicht. Hierzu werden in erster Hinsicht situative Abhängigkeiten und Merkmale des Produktnutzungskontextes sowie anforderungsrelevante Informationen zum Kunden- und Marktprofil abgebildet. Ähnlich wie der *Product Manager* besteht der *Context-Manager* aus den vier Subkomponenten: *Customer Editor*, *Context Editor, Requirement Editor* und *ABW-Rule-Editor*.

Durch diese im Sinne eines integrierten Anforderungsmanagements erweiterte Produktmodellierung wird eine Harmonisierung der Hersteller- und Kundensicht auf Basis eines anforderungsbezogenen Beziehungswissens (ABW) angestrebt (vgl. Abschnitt 3.4). Dazu werden Anforderungstypen, sogenannte *RequirementType*-Objekte (RT) definiert, die auf das Anforderungsmodell des Anforderungsmanagement referenzieren (vgl. Abschnitt 4.2) und durch eine Anforderungsbibliotheken hierarchisch geordnet werden. Die *RequirementType*-Objekte beschreiben diejenigen Anforderungstypen, die das Wissen bezüglich der Erfüllung von Kundenanforderungen in Abhängigkeit zu den sie beeinflussenden Produkt-, Kontext- und Kundenprofileigenschaften kapseln. Dieses Strukturwissen wird als Ontologie modelliert und ermöglicht eine anforderungsbezogene Navigation bei der Spezifikation der Kundenwünsche in der schon definiert ist, welche Soll-Eigenschaften eines Kontext- oder Produkt-Objektes zu einem Anforderungstyp gehören. Abbildung 4-24 zeigt einen vereinfachten Ausschnitt des Datenmodells bezogen auf die im ABW-Modell enthaltenen Objekte *CustomerProfilType*, *ContextType* und *RequirementType*.

Zuletzt wird durch die ABW-Rules das Beziehungswissen zur Harmonisierung der Kunden- und Herstellersicht vervollständigt. Dabei werden die durch das ABW-Modell schon abgebildeten Abhängigkeiten um weitere funktionale Bedingungen erweitert. Der *ABW-Rule-Editor* ist dabei ähnlich aufgebaut wie der *Construction-Rule-Editor*. Seine Auswertungen erfolgen hierbei auf Basis von semantischen Technologien (OWL und SWRL), die über ein regel- und fallbasiertes System (vgl. Abschnitt 3.4) zur Konfiguration von Produkten im Rahmen der Angebotsbearbeitung genutzt werden [Wica-2011].

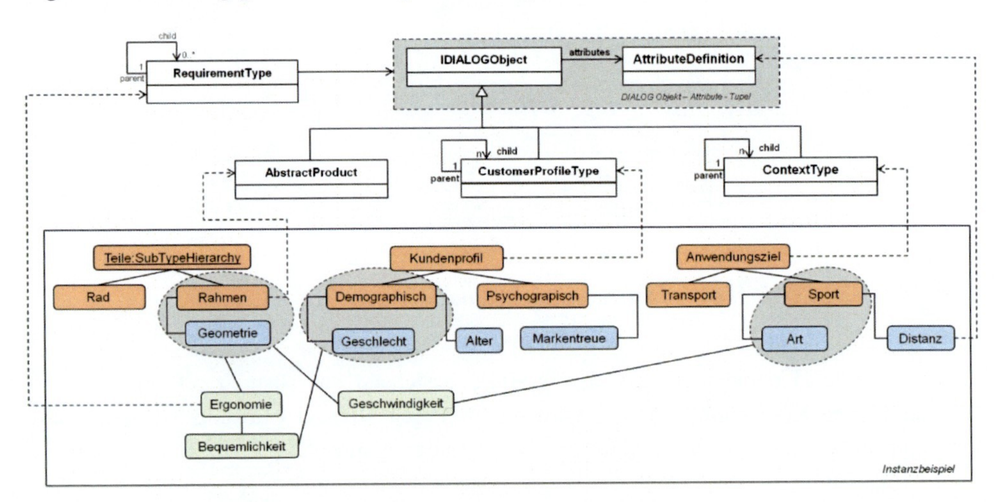

Abbildung 4-24: Vereinfachte Darstellung des ABW-Modells

Architektur und Integration des Business-Editors

Der Business-Editor ist als ein komponentenbasiertes Rahmenwerk [SzGM-2005] und als drei-Schichten-Softwarearchitektur in Java entwickelt worden. Die Komponenten des DIALOG *Business-Editors* sind in den drei Ebenen Datenebene, Logikebene und Präsentationsebene geordnet (vgl. Abbildung 4-25).

Die Integration des *Business-Editors* mit den weiteren DIALOG-Lösungsbausteinen erfolgt über die angebotenen Dienste, wie den *AbstractProdukt-Service, Feedback-Service* und *Recommender-Service*. Über die Integrationsplattform werden diese Services in die DIALOG-

Lösungsbausteine wie den *Produktkonfigurator* und den *Servicemanager* eingebunden (vgl. Abschnitt 4.1), durch die sich ein Produkt darstellen und konfigurieren, aber auch Feedback erfassen lässt (vgl. Abschnitt 5.1). Durch geeignete Schnittstellen zu anderen Systemen (PDM/ERP/CRM) erlaubt der *Business-Editor* zudem Geschäftsinformationen in die DIALOG-„Welt“ zu übertragen und damit die DIALOG-Methodik effektiv anzuwenden.

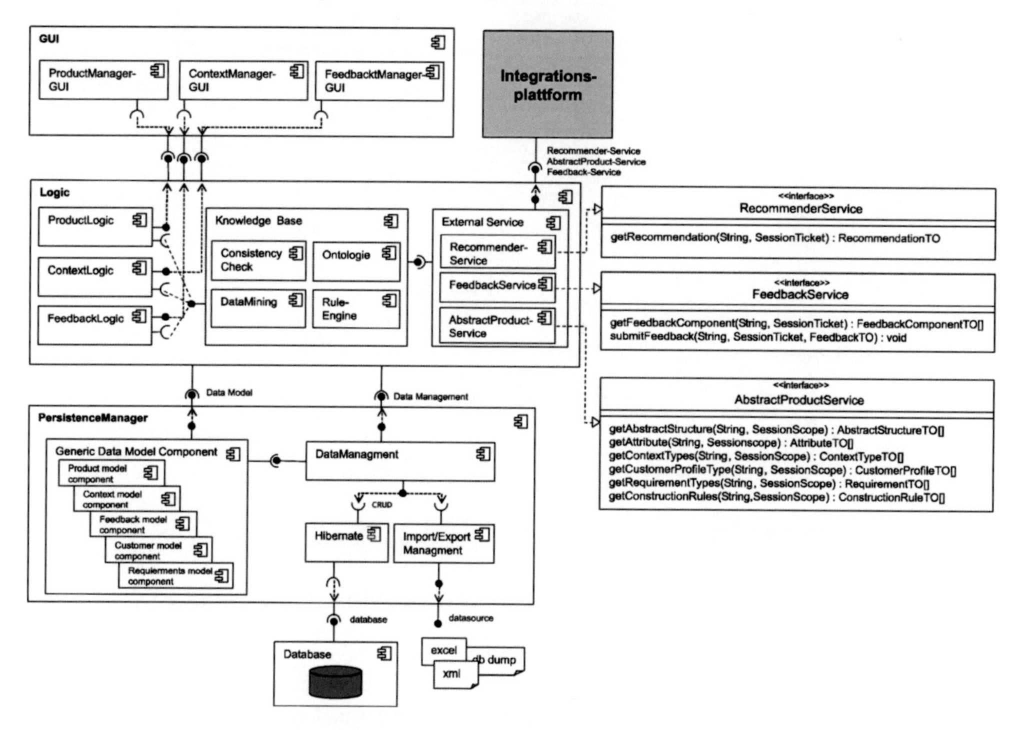

Abbildung 4-25: Software-Architektur des DIALOG Business-Editors

Um die DIALOG-Methodik zu steuern und die Aktualisierung der Wissensbasis sicherzustellen, ist eine intensive Abstimmung mit Know-how-Trägern und Entscheidern erforderlich, die über die gesamte Wertschöpfungskette verteilt sind. Da innerhalb eines Unternehmens selten Einzelpersonen über diese Sicht verfügen, muss der *Business-Editor* den Bedürfnissen unterschiedlicher Zielgruppen gerecht werden. So ist neben dem Produktmanagement, als verantwortliche Stelle, die Entwicklung sowie ebenfalls das Marketing (CRM) zu berücksichtigen. Letztere verfolgen die Erfassung des Kundenwissens, das über den *Business-Editor* formalisiert wird und das Produktmodell um die Kundensicht erweitert. Hierfür wird ebenfalls die Koordinierung der Aktivitäten der Vertriebs- und Servicemitarbeiter, hinsichtlich der Definition und Erfassung von Feedback-Informationen aus der Nutzungsphase durch den *Business-Editor* abgesichert. Seitens der Entwicklung und des Produktmanagements erfolgt die Bereitstellung der Herstellersicht und somit die Erfassung und Modellierung der technischen Anforderungen an das erweiterte Produktmodell. Auch hierfür dient die Erfassung und Analyse technisch relevanter Feedbackinformationen aus der Produktnutzungsphase, zur

Erweiterung der Wissensbasis. Abbildung 4-26 veranschaulicht die Einbettung des *Business-Editors* im Unternehmen.

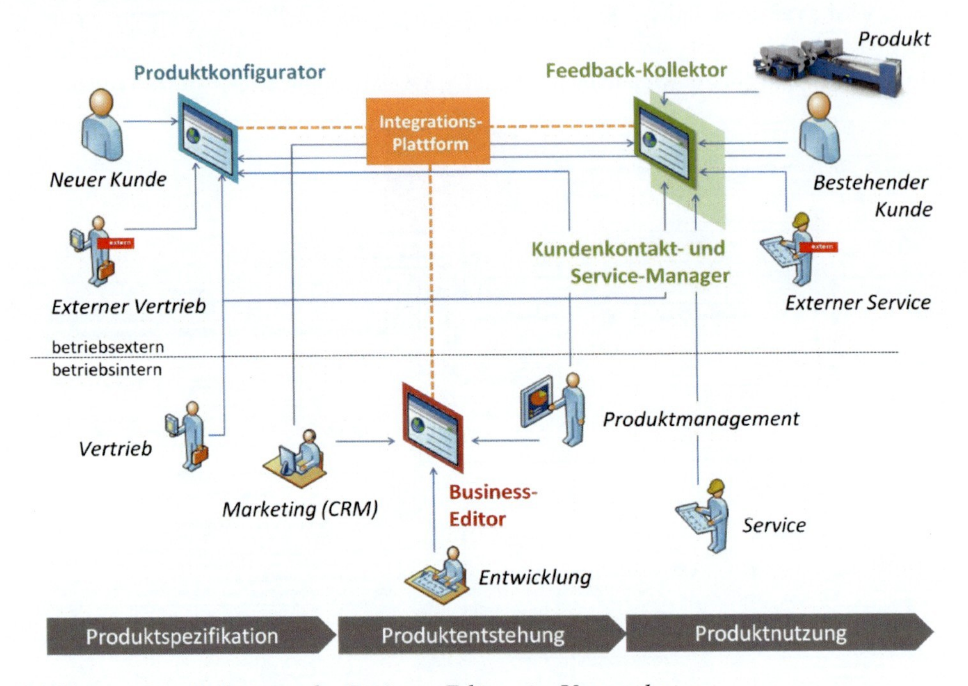

Abbildung 4-26: Einbettung des Business-Editors im Unternehmen

Der *Business-Editor* ist somit als Instrument für Wissensingenieure anzusehen, die betriebsinternes Know-how aus drei unterschiedlichen Funktionsbereichen sowie betriebsexternes Wissen integrieren und verfügbar machen, um Kunden einen kontinuierlichen und optimalen Nutzen durch kundenindividuelle Produkte anbieten und sichern zu können.

4.4 Konfigurationssysteme für komplexe Maschinen und Anlagen

Uwe Lesta, Martin Meyer zum Alten Borgloh, Klaus Wagner

Problemstellungen, bei denen aus einer Menge parameterbehafteter Objekte eine Auswahl und Aggregation von Objekten derart durchgeführt werden soll, dass vorgegebene Bedingungen (Constraints) erfüllt werden, beschreiben allgemeine Konfigurationsprobleme [John-2002]. Übertragen auf die Bestimmung eines Produkts wird nach dieser Definition bei der Produktkonfiguration das Produkt allein durch eine Kombination von bereits bekannten Komponenten festgelegt. Davon zu unterscheiden sind die Produktparametrierung, bei der bestimmte Eigenschaften des Produkts geeignet zu parametrieren sind, sowie die Produktauslegung, bei der häufig komplexe Berechnungen zur Bestimmung der erforderlichen Produktstruktur und deren Eigenschaften herangezogen werden [Brin-2011].

Eine weitere Unterscheidung kann anhand des Konfigurationsprozesses getroffen werden. Bei der interaktiven Konfiguration kann ein Anwender in der Regel für mehrere Eigenschaften nacheinander je einen gültigen Wert auswählen und damit die mögliche Ergebnismenge einschränken. Für den Dialog mit dem Anwender ist es wünschenswert, die Berechnungszeit der gültigen Wertemengen unter einer Sekunde zu halten.

Im Gegensatz dazu werden bei der Batch-Konfiguration alle gewünschten Eigenschaften und Komponenten festgelegt und dann der Konfigurator gestartet. Diese Vorgehensweise ist bei sich wiederholenden, zeitintensiven Berechnungen vorteilhaft. Allerdings verlangt sie vom Anwender genaue Kenntnis von den Eigenschaften und deren möglichen Wertebereichen. Unverträgliche Angaben werden erst durch den Konfigurator erkannt und führen zu keinem Ergebnis, bestenfalls zu einer Fehlermeldung wo ein Widerspruch vorliegt.

Konfigurationsarten

Im Folgenden wird eine Auswahl von Methoden zum Konfigurieren vorgestellt. Die vorgestellten Methoden unterscheiden sich wesentlich sowohl in der Art der Modellierung als auch in der Art wie Konfigurationsentscheidungen getroffen werden. Der Einsatz dieser Problemlösungsmethoden in ihrer reinen Form ist eher selten zu finden, dagegen bietet sich häufig eine Kombination der Methoden an.

Regelbasiertes Konfigurieren

Das Grundprinzip für regelbasiertes Konfigurieren ist die Formulierung von Wissen in Form von Regeln, bestehend aus Bedingungs- und Aktionsteil. Regelbasierte Systeme für die Konfiguration verwenden üblicherweise einen vorwärtsverkettenden, also datenorientierten Schlussfolgerungsalgorithmus. Bei der Spezifikation des für die Konfiguration benötigten Wissens steht das Wissen der Fachexperten im Vordergrund. Durch die Verkettung der aufgestellten Regeln wird der Problemlösungsweg eines Experten nachgebildet. Die Vor- bzw. Nachteile dieser Art der Konfiguration stellen sich wie folgt dar:

Vorteile	o Natürliche Formulierung von Expertenwissen als Situations-Aktions-Regeln. o Verständlicher und flexibler Formalismus. o Bei entsprechendem Kodierungsaufwand kann eine ausreichende Erklärungskomponente implementiert werden. Diese teilt dem Anwender mit, warum bestimmte Komponenten und / oder deren Eigenschaften mit ihren Wertebereichseinschränkungen nötig beziehungsweise unmöglich sind.
Nachteile	o Eine explizite Repräsentation des Problems im Sinne einer modellbasierten Problembeschreibung existiert nicht. o Das Domänen- und Kontrollwissen ist in einer Wissensbasis vermengt, wobei das Wissen einer Problementität über viele Regeln verteilt sein kann. Letzteres erschwert extrem die Pflege der Wissensbasis. o Es gibt keine standardisierte Semantik für Regelsysteme.

Strukturbasiertes Konfigurieren

Für die strukturbasierte Konfiguration eindeutig zu bestimmende Objekte mit ihren Eigenschaften (Domänenobjekte) werden häufig in taxonomischen Hierarchien beschrieben. Kompositionelle Abhängigkeiten zwischen den Objekten werden in Zerlegungshierarchien als Und-Oder-Baum beschrieben. Eine solche Begriffshierarchie beschreibt generisch die Menge der möglichen Lösungen (Konfigurationen), die der Konfigurationsprozess bis zum Erreichen der Lösungskonfiguration schrittweise einschränken soll. Beim strukturbasierten Konfigurieren orientiert sich der Problemlösungsvorgang an der Struktur des Domänenmodells. Die Begriffshierarchien können auch als Feature-Modelle betrachtet werden. (Feature-Oriented Domain Analysis (FODA) [Kyo-1990]). Auch für das strukturbasierte Konfigurieren können Vor- und Nachteile benannt werden.

Vorteile	o Der graphische Formalismus ist meist sehr intuitiv. o Komponenten und deren Relationen sind aus dem Graphen ablesbar und verhelfen zu guten Strukturierungsmöglichkeiten. o Eine Kombination mit anderen Modellen ist, auch separat für jeden Knoten, möglich.
Nachteile	o Die graphische Darstellung ist für große Strukturen meist ungeeignet. o Meist nur in Kombination mit anderen Konfigurationsarten sinnvoll einsetzbar (Beschreibung zusätzlicher Restriktionen). o Für die algorithmische Auswertung ist häufig eine Übersetzung in Textform erforderlich.

Constraint-basiertes Konfigurieren

Ein weiterer modellbasierter Ansatz ist die Konfiguration mittels Constraints (Zwangsbedingungen). Dabei werden, weitestgehend deklarativ, die Zusammenhänge bezüglich der Existenz von möglichen Produktkomponenten und deren Eigenschaften als Relationen beschrieben. Dies erfolgt in Form von logischen Ausdrücken bzw. Gleichungen, den Constraints. Der Problemlösungsprozess wird wesentlich durch einen sogenannten Constraint-Solver vorangetrieben, welcher die Konsistenz des Modells sicherstellt. Bei der Konfiguration spezifiziert der Anwender die Produkteigenschaften durch Einschränkung von Komponenten und deren Eigenschaftswerten. Diese Einschränkungen werden durch den Constraint-Solver im Modell propagiert und damit der Suchraum im Modell verkleinert. Für die Modellierung muss sich das Konfigurationsproblem in eine Menge von grundlegenden, atomaren Auswahlmöglichkeiten zerlegen lassen. Vor- und Nachteile des Constraint-basierten Konfigurierens sind:

Vorteile	o Es existiert ein etablierter, deklarativer Formalismus. o Viele, gut erforschte, Solver-Algorithmen sind verfügbar. o In hierarchischen Varianten wird die Modularisierung gut unterstützt.
Nachteile	o Der Preis für die klare Trennung von Problembeschreibung und dessen Lösungsweg ist ein hoher Rechenaufwand, wenngleich dieser im Vergleich zur *generate-and-test Vorgehensweise* deutlich geringer ausfällt. o Die Strukturierung ist oftmals wenig intuitiv, da sie durch die Auswahl der Relationen bestimmt wird.

Ressourcenorientiertes Konfigurieren

Der ressourcenorientierte Ansatz basiert auf einem Domänenmodell, bei dem Beziehungen zwischen Komponenten durch den Austausch von Ressourcen (abstrakten Leistungen) beschrieben werden. Dabei wird von dem Prinzip ausgegangen, dass eine Komponente eine Menge von Ressourcen konsumiert bzw. produziert (z. B. Batterie hat Spannung). Der Problemlösungsprozess beruht auf initialen Ressourcenforderungen als Aufgabenstellung, die sukzessive in einem iterativen Prozess durch Hinzunahme weiterer Komponenten ausgeglichen werden (Bilanzierung). Dafür müssen für alle Ressourcen ausreichend Produzenten vorhanden sein, um die Anforderungen der Konsumenten zu erfüllen. Vor- und Nachteile dieser Vorgehensweise stellen sich wie folgt dar:

Vorteile	o Gute Kombinierbarkeit mit anderen Ansätzen (z. B. Regelsystemen). o Hoher Informationsgehalt des Modells, da Ursachen für Ausschlüsse und Abhängigkeiten detailliert im Modell festgehalten werden.
Nachteile	o Hoher Modellierungsaufwand, da alle Ressourcen und Funktionalitäten herausgearbeitet werden müssen. o Hierarchisch strukturierte Domänen lassen sich nur umständlich über Ressourcen modellieren. o Die benötigten Schlussfolgerungsalgorithmen sind noch unzureichend erforscht.

Fallbasiertes Konfigurieren

Beim fallbasierten Konfigurieren werden bereits erstellte Konfigurationen in einer Fallbibliothek konserviert und zur späteren Lösung von ähnlichen Konfigurationsaufgaben herangezogen. Wesentliche Schritte sind dabei die Auswahl eines ähnlichen Falls sowie die Übernahme und Anpassung einer Lösung an die aktuelle Aufgabenstellung. Dieser Schlussfolgerungsmechanismus wird in der Fachliteratur „Fallbasiertes Schließen" beziehungsweise *Cased-based reasoning* (CBR) genannt [Stol-1999]. Als Vor- bzw. Nachteile des fallbasierten Konfigurierens können angesehen werden:

Vorteile	o Geeignet für Verkaufsunterstützung und Support (Call Center).
Nachteile	o Meist ist es extrem schwer für die entsprechende Domäne ein Ähnlichkeitsmaß zu definieren. o Meist werden keine wirklich neuen Lösungen gefunden, da diese immer auf alten, möglicherweise minderwertigen, Lösungen beruhen. o Eine mögliche Erklärungskomponente kann lediglich auf ähnliche Fälle hinweisen.

Produkt- und Konfigurationswissen

Bei der Konfiguration eines Produktes soll aus dem bestehenden Wissen die Frage beantwortet werden, ob ein den Anwenderspezifikationen entsprechendes Produkt realisierbar ist und aus welchen Teilen dieses besteht. Das dafür benötigte Wissen muss in geeigneter Form notiert und effiziert ausgewertet werden (Schlussfolgerungsalgorithmus). Bei der Repräsentation des Wissens muss bedacht werden, dass das Produktwissen einer hohen Änderungsrate unterliegt. Daher sollte das Produktwissen in einer leicht erlernbaren, intuitiv verständlichen Modellierungssprache vorliegen. In diesem Abschnitt wird das Wissen in folgende drei Bereiche unterteilt:

- o Das Spezifikationswissen beinhaltet eine oder mehrere auf die Anwendergruppen zugeschnittene Sprachen (Vokabular), um damit eine spezielle Sicht auf die Komponenten des Produkts und dessen Eigenschaften zur Verfügung zu stellen. Durch diese Abstraktionsschicht lassen sich ebenfalls länderspezifische Einstellungen (Millimeter oder Inch) und Sprachanpassungen (Farbe oder Color) implementieren. Ebenfalls kann damit eine gefilterte Sicht auf die Produktkonfiguration bereitgestellt werden, welche Details verdeckt oder zu übergeordneten Parametern zusammenfasst. Beispielsweise könnte die Endkundenansicht eines PC-Konfigurators fragen, ob ein Server oder ein Gamer-PC ausgelegt werden soll und damit die Möglichkeiten für Grafikkarten, Netzteile und Festplatten entsprechend einschränken. Auf das Spezifikationswissen kann ggf. verzichtet werden, wenn der Anwender über hinreichendes technisches Produktwissen verfügt oder das Produkt aus einer überschaubaren Anzahl von Komponenten besteht.
- o Für das Produktwissen gilt es eine (formale) Sprache zu finden, die einerseits ausdrucksstark ist, um alle konfigurationsrelevanten Eigenschaften des Produktes zu beschreiben,

andererseits soll die Sprache einfach erlernbar, entscheidbar und effizient auswertbar sein. Dieser offensichtliche Widerspruch lässt sich zum Teil durch die Verwendung mehrerer Sprachen mildern. Beispielsweise könnte eine grafische Sprache wie UML oder aber auf Textbasis eine EBNF Grammatik die Struktur des Produkts beschreiben [KarB-2008, S. 181 ff.] und die Relationen von Produkteigenschaften werden mittels algebraischen oder logischen Termen definiert. Als formale Sprache zur Wissensrepräsentation wurden Beschreibungslogiken (description logic) [Baad-2003] entwickelt. In Verbindung mit dem „Semantik Web“ ist die standardisierte Beschreibungssprache OWL bekannt geworden. Entscheidender Nachteil dieser Konzeptsprachen ist, dass bei hinreichender Ausdrucksmächtigkeit der Schlussfolgerungsalgorithmus unentscheidbar und exponentiell langsam wird. Das Produktwissen lässt sich auch mit dynamischer Aussagenlogik, Modallogik, Prädikatenlogik oder Constraintlogik vollständig beschreiben.

- Das Konfigurationswissen enthält die Informationen über den Konfigurationsprozess. Die Prozessschritte müssen dem Anwender vermittelt werden, damit dieser in der Lage ist seine Anforderungen an das Produkt zu spezifizieren, eine Strategie auszuwählen, um unspezifizierte Produkteigenschaften automatisch auszuprägen, und gegebenenfalls Konflikte aufzulösen. Ein großer Teil des Konfigurationswissens ist in den Schlussfolgerungsalgorithmen des Konfigurators enthalten. Beim regelbasierten Konfigurieren werden oft Teile des Konfigurationswissens mit dem Produktwissen in einer Wissensbasis vermengt. Das gilt nur, wenn die Konfigurationsart ein explizites Modell der möglichen Produkte erfordert.

Aufbau des Produktkonfigurators

Um dem Wunsch der Projektpartner im Rahmen des Forschungsprojektes nach einem expliziten Produktmodell nachzukommen, wurden nur Konfigurationsarten in die engere Wahl gezogen, die ein solches benötigen, obwohl in der Praxis das Produktwissen meistens nicht formal spezifiziert in den Firmen vorliegt. Ein angenehmer Nebeneffekt ist die damit verbundene Konservierung des Wissens.

Der constraintbasierte Ansatz wurde gewählt, da dieser Hierarchien besser unterstützt und der Modellierungsaufwand geringer ist als bei der ressourcenbasierten Konfiguration. Ebenfalls positiv für die Bewertung des constraintbasierten Ansatzes sind die deklarative Art der Constraints und die Existenz von leistungsfähigen Constraintsolvern.

Die Produktstruktur besteht aus Komponenten mit Attributen und wird anfangs als Und-Oder-Baum in Textform beschrieben. Zusätzliche Einschränkungen (Constraints) können zwischen Komponenten bzw. Attributen definiert werden. Diese Beschreibung aller möglichen Produkte, das Problembeschreibungsmodell (PBM), wird mit dem Compiler *ProConfComp* in ein Problemlösungsmodell (PLM) übersetzt (siehe Abbildung 4-27). Bei der Übersetzung finden Prüfungen statt. Beispielsweise müssen Komponentennamen im gesamten Modell eindeutig sein. Die Konfiguration des Produktes, die Problemlösung (PL) wird vom Anwender mit dem Programm *ProConf* durch Spezifikation von Komponenten und deren Attributen erzeugt. Dadurch werden unerwünschte Produktvarianten ausgeschlossen.

Eine wesentliche Aufgabe des Konfigurators *ProConf* ist es, eine vom Anwender getroffene Entscheidung wieder rückgängig machen zu können. Da die möglichen Produkte im PLM durch die Spezifikationen des Anwenders nur eingeschränkt werden können, müssen alle vom Anwender eingegebenen Einschränkungen bis auf die zu löschende an eine neue Instanz des PLM gesendet werden.

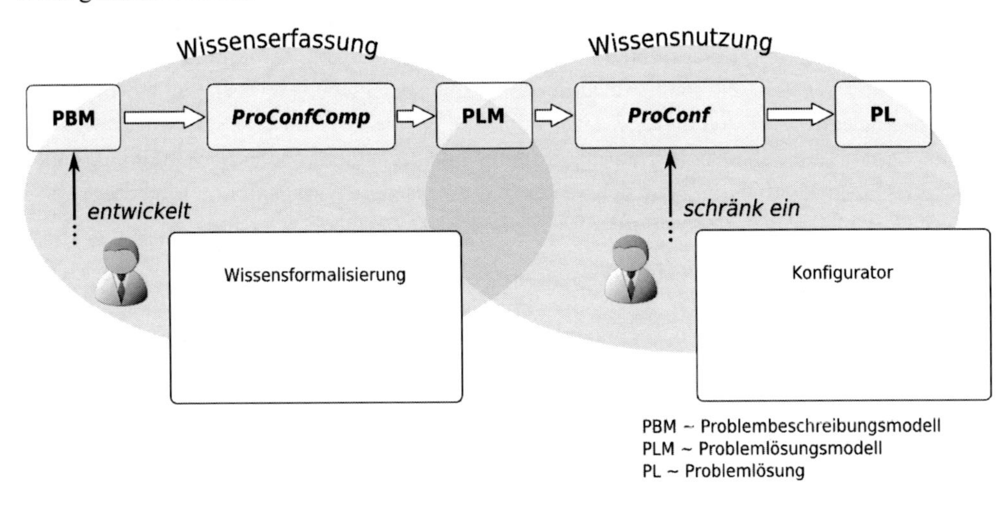

Abbildung 4-27: Einsatz der ProConf-Komponenten im Gesamtprozess

Die Repräsentation der Produktstruktur in Textform verursachte bei den Industriepartnern Akzeptanzprobleme. Daher wurde eine domänenspezifische Sprache (DSL) geschaffen, die die Eingabe der Produktstruktur in grafischer Form erlaubt. Durch die grafische Darstellung der Strukturen vereinfachte sich die Kommunikation mit den Fachexperten deutlich.

Wissenserfassungskomponente

Zur Beschreibung der Produkttaxonomie wurde eine grafische Sprache auf Basis des Visual Studio Visualization & Modeling SDK (VMSDK) entwickelt. Im Java Umfeld würde das Eclipse Modeling Framework (EMF) und das Graphical Editing Framework (GEF) eingesetzt werden. Das entwickelte Werkzeug (*ProConfCreate*) wurde in die Microsoft Visual Studio Isolated Shell integriert und kann somit einfach verteilt werden. Die einzelnen „Werkzeugkästen“ und deren Aufgaben werden in Abbildung 4-28 kurz beschrieben.

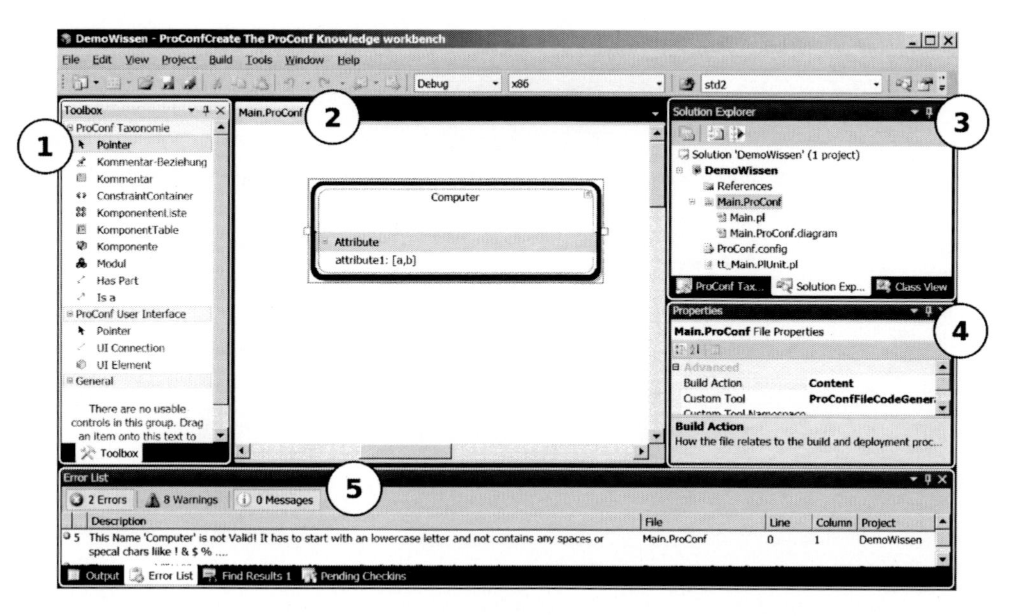

Abbildung 4-28: Wissenserfassungskomponente ProConfCreate als Entwicklungsumgebung

- **Toolbox (1)**. In diesem Fenster befinden sich die Werkzeuge, die mit der Maus in das Diagramm gezogen werden können, beziehungsweise mit deren Hilfe Komponenten im Diagramm verbunden werden können.
- **Diagramm bzw. Texteditor (2)**. Hier wird die Taxonomie grafisch modelliert oder einzelne Komponenten zur Bearbeitung selektiert.
- **Solution Explorer (3)**. In diesem Fenster werden die Dateien des Projektes verwaltet. Zu beachten ist, dass sich unter der Datei *Wissen.ProConf* weitere abhängige Dateien befinden, unter anderem die erzeugte Wissensdatei *Wissen.pl*.
- **Properties (4)**. Hier werden alle Eigenschaften eines Objektes dargestellt und können geändert werden.
- **Error List (5)**. Wenn Fehler auftreten bzw. gefunden werden, z. B. beim Validieren des Modells, so werden diese hier aufgeführt. Durch Doppel-Klick auf einen Fehler wird das entsprechende Objekt selektiert, um dem Anwender die Quelle des Fehlers zu zeigen und die Fehlerkorrektur zu erleichtern.

Modellierung der Taxonomie

Das Modell der Produkttaxonomie besteht im Wesentlichen aus dem Und-Oder-Baum der Komponenten mit ihren Attributen. Die Komponenten werden mit der Maus von der Toolbox in das Diagramm gezogen und entsprechend benannt. Danach können die Komponenten mit dem Werkzeug `has_part` der Toolbox und-verknüpft bzw. mit dem Werkzeug `is_a` exklusive-oder-verknüpft werden. Dies erfolgt, indem das entsprechende Werkzeug in der Toolbox angeklickt wird, auf der Vater-Komponente die Maus-Taste gedrückt wird, zur Kind-Komponente gezogen und dort wieder losgelassen wird. Wenn ein Teil nur optional vorhanden sein soll, muss die Eigenschaft *Is Optional* der `has_part` Beziehung auf *True* gesetzt werden.

Eine weiteres wesentliches Element sind Attribute. Diese können zu einer Komponente hinzugefügt werden, indem aus dem Kontextmenü *Add new Attribute*, auf dem Wort *Attribute* der Komponente, ausgewählt wird. Nach dem Anlegen eines Attributes ist ein geeigneter Name zu vergeben. Desweiteren muss der Typ des Attributes sowie seine mögliche Wertemenge im Properties Fenster angegeben werden. Folgende Typen sind möglich:

- *Enum* Eine einfache Werteaufzählung.
- *Int* Eine ganze Zahl, deren Wert zur Markierung keines Wertes *MAXINT* ist.
- *Int0* Eine ganze Zahl, deren Wert zur Markierung keines Wertes 0 ist.

Die unterschiedlichen *int* Typen sind von Bedeutung, wenn es Constraints gibt, die mit grösser bzw. kleiner auf diese Attribute wirken. Bei diesen Typen kann jeweils 0 bzw. *MAXINT* nicht verwendet werden. Weiterhin muss eine Menge von möglichen Werten bei *PossibleValues* angegeben werden. Bei *enum* ist dies eine durch Komma getrennte Liste von Namen oder Zahlen. Bei *int* und *int0* es eine Zahl oder ein Wertebereich, z. B. 1..5 V 10.

Für den Vater eines sogenannten Spezialisierung-Clusters kann ein Attribut als abstrakt gekennzeichnet sein, wenn es in allen Kindern implementiert ist. Das führt zu implizierten Constraints, die die Existenz der Kinder im PLM davon abhängig macht, ob es noch gültige Werte in deren Attributen gibt.

In Abbildung 4-29 ist das Beispielwissen gezeigt, in welchem die Komponente `pc` aus den Teilen `case` (`has_part`) und `power_supply` (`has_part`) besteht, sowie optional die Komponente `cool_illumination` (optional `has_part`) haben kann. Die Komponente `power_supply` muss durch eine der Komponenten `ps200w`, `ps250w` oder `ps400w` (`is_a`) ausgeprägt werden.

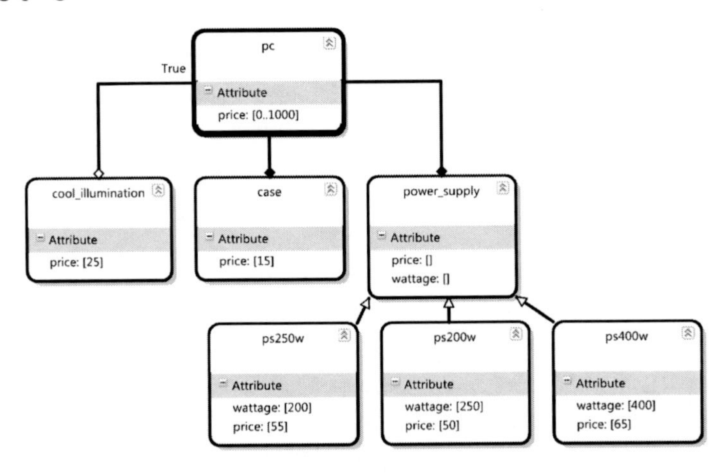

Abbildung 4-29: Darstellung der Produkttaxonomie für einen Computer (Beispiel)

Modellierungsaspekte

Der Aufbau eines Modells des Produktwissens ist eine anspruchsvolle Aufgabe. Dafür sollte das Produktwissen vollständig verfügbar sowie frei von Widersprüchen und Redundanzen sein. Die Herausforderung besteht nun darin, ein Modell zu finden, das vom Wissensingenieur lesbar ist und in dem sich zusätzliche Einschränkungen gut einfügen lassen. Dabei muss auch auf eine effiziente Auswertung des Modells durch den Constraintsolver geachtet werden.

Als Beispiel sollen Handhabungsautomaten (HA) an einer Produktionslinie positioniert werden. Würde für jede Position eine Komponente mit dem Attribut für den Handhabungsautomat modelliert werden, so könnte durch Constraints einfach beschrieben werden, dass an Position 2 kein Automat stehen darf (pos2.ha = 0). In diesem Modell wäre es hingegen aufwendig zu definieren, dass Handhabung 1 vor Handhabung 2 stehen muss (pos1.ha = 1 $\wedge$ (pos2.ha = 2 $\vee$ pos3.ha = 2) $\vee$ pos2.ha = 1 $\wedge$ pos3.ha = 2)). Würde hingegen für jeden Handhabungsautomat eine Komponente mit dem Attribut Position definiert, so könnte mit ha1.pos < ha2.pos einfach ausgedrückt werden, dass Handhabung 1 vor Handhabung 2 stehen soll. Um in diesem Modell jedoch zu beschreiben, dass an Position 2 kein Automat stehen darf, müsste diese Position an jedem Handhabungsautomaten gelöscht werden (ha1.pos != 2 $\wedge$ ha2.pos != 2 $\wedge$ ha3.pos != 2 $\wedge$ ...).

In der Praxis hat sich für die Modellierung des Produktwissens der in Abbildung 4-30 dargestellte iterative Prozess entwickelt.

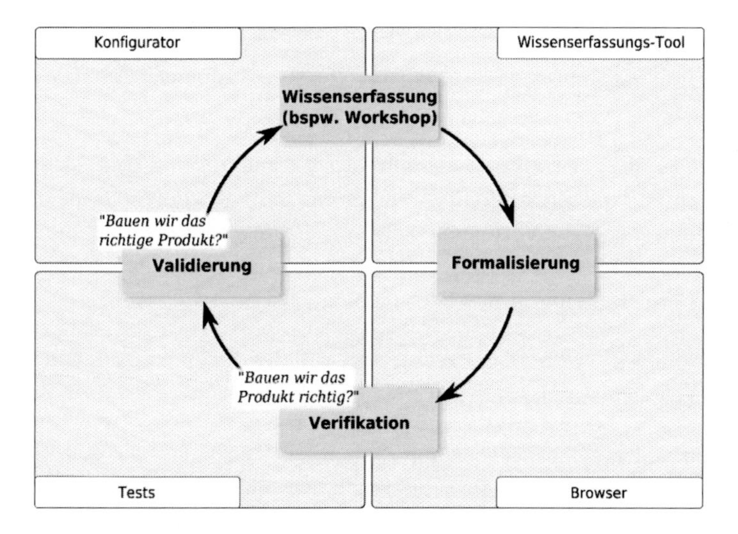

Abbildung 4-30: Iterativer Modellierungsprozess des Produktwissens

Dabei werden in jedem Durchlauf mit den Fachexperten in einem Workshop die erreichten Ergebnisse validiert, sowie neues Produktwissen formalisiert. Für die Modellierung sollte erst die Struktur festgelegt und dann die zusätzlichen Abhängigkeiten eingefügt werden. Dabei ist auf eine strikte Trennung von Produktwissen und Spezifikationswissen zu achten. Danach werden Ausprägungsstrategien definiert, automatische Tests geschrieben, Fehler gesucht und der Konfigurationsdialog durch Ausprägung des Spezifikationswissens mit Texten und Bilden gestaltet.

Architektur und Schnittstellen

Der *ProConf*-Konfigurator lädt als Basis eine durch *ProConfCreate* erzeugte Wissensdatei und erlaubt einem Anwender durch Eingrenzen der Lösung eine Konfiguration entsprechend seiner Wünsche zu erstellen.

Bei der Entwicklung des *ProConf*-Konfigurators wurde großer Wert auf einen modularen Aufbau und eine universelle Einsetzbarkeit gelegt. Das Programmsystem wurde als Framework konzipiert, wobei die einzelnen Module flexibel kombiniert und an verschiedene Einsatzszenarien angepasst werden können.

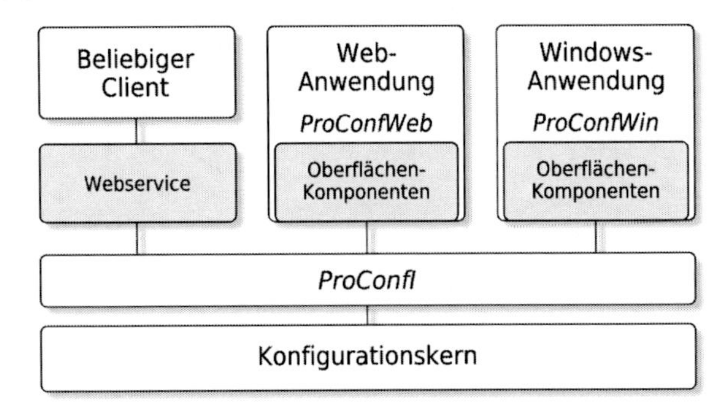

Abbildung 4-31: Schematische Darstellung der ProConf Module (Architektur)

Der eigentliche Konfigurationskern liegt unter der gesamten Architektur. Der Konfigurationskern wird gekapselt von einem Modul, welches das Interface *ProConfI* als eine objektorientierte Abstraktionsebene zur Verfügung stellt. *ProConfI* macht die objektorientierte Struktur als ViewModel verfügbar, was eine einfache Anbindung an eine MVVM (Model View ViewModel) orientierte Benutzeroberfläche ermöglicht.

Auf dem Konfigurator setzt z. B. ein Webservice auf, der die Funktionalität des Konfigurators für beliebige Webclients zugänglich macht.

Es stehen verschiedene Oberflächenkomponenten zur Verfügung, die den Zustand der Wissenselemente anzeigen, dem Benutzer die Änderung ermöglichen und sich automatisch bei Zustandsänderung aktualisieren. Die Oberflächenkomponenten sind in der Lage, folgende interaktiven Elemente darzustellen:

- Die Hierarchie der Produkttaxonomie oder beliebige Sub-Bäume,
- Attribute der Wissenskomponenten,
- die Liste der Strategien und
- die Eingaben des Benutzers, mit der Möglichkeit diese zu ändern oder zurückzusetzen.

Die Oberflächenkomponenten stehen sowohl in einer Online- als auch einer Offline-Version zur Verfügung. Dadurch können mit relativ einfachen Mitteln sowohl Windows- als auch Webanwendungen erstellt werden. Durch die Verwendung plattformübergreifender Entwicklungs- und Laufzeitumgebungen zur Implementierung von Microsoft .NET-Umgebungen auf anderen Plattformen, ist auch eine Erweiterung des Einsatzbereiches von ProConf grundsätzlich vorstellbar.

Neben den offenen Programmierschnittstellen stellt *ProConf* eine XML-Schnittstelle zur Verfügung, die mit Hilfe von individuellen XSLT-Dateien an beliebige Systeme angepasst werden kann.

Mit unterschiedlichen Projektpartnern konnte die Integration in andere Systeme während des Projektes erprobt werden. Für eine Integration in die von der Firma INTENSIO entwickelten hochdynamischen Oberflächen wurden die Funktionen von ProConf über Webservices bereitgestellt. Die Firma DUALIS hingegen hat für die Integration in einen Windows-Client die Schnittstellen-Klassen sowie WPF-Oberflächen-Controls verwendet. Mit Hilfe der über XSLT-Skripte anpassbaren Ausgabemöglichkeiten einer Konfiguration als XML-Datei wurde die Anbindung an 3DCreate (vgl. Abschnitt 5.3) und ProConfCalc realisiert. Es ist auch eine Anbindung an CAD-Systeme denkbar. Dies erfordert jedoch derzeit noch weitere Anpassung von CAD-Systemen, um einen teilautomatisierten Zusammenbau von CAD-Modellen zu realisieren. Ansätze hierzu werden im Abschnitt 4.6 vorgestellt.

Erreichte Ergebnisse

Mit *ProConf* steht ein auch für KMU gut geeignetes und von betriebswirtschaftlichen und produktionssteuernden Systemen unabhängiges Konfigurationssystem zur Verfügung. *ProConfCreate* stellt die Basis zum Aufbau und zur Pflege des Wissens dar. Angebote können fachlich abgesichert und schnell im Internet oder auf PCs und Laptops erstellt werden. Die Möglichkeit der Integration z. B. in einen Online-Shop ist prinzipiell gegeben, auch Mehrsprachigkeit ist vorgesehen. Dank der offenen Architektur sind zukünftig auch Lösungen für andere Betriebssysteme und mobile Plattformen vorstellbar.

Ein Schwerpunkt bei der Entwicklung von *ProConf* war es, ein Wissenserfassungssystem zu schaffen, dass es dem Anwender ermöglicht sein Fachwissen grafisch und übersichtlich selbst aufbauen zu können. Damit sind die Anwender unabhängig von Dienstleistern und sparen Folgekosten.

In *ProConf* werden alle Komponenten einer Produktlinie mit ihren Attributen beschrieben. Informationen aus den verschiedenen Unternehmensbereichen wie Konstruktion, Produktion und Vertrieb werden sowohl konfigurations- als auch prozessorientiert zusammengeführt.

Darüber hinaus bietet *ProConf* mit XML eine universelle Schnittstelle zu ERP- und CRM-Systemen sowie eine animierte grafische 3D Darstellung des Konfigurationsergebnisses über 3D Create. Eine Schnittstelle zu CAD Systemen wurde im Rahmen des Forschungsprojektes gemeinsam mit dem IK der TU Braunschweig exemplarisch realisiert.

Für den Anwender steht das Windowssystem *ProConfWin* oder die Weblösung *ProConfWeb* zur Verfügung. Beide Systeme arbeiten mit der gleichen Wissensbasis. Die Konfiguration erfolgt, indem der Anwender in einer Baumstruktur Komponenten und Attributwerte auswählt und damit die Lösungsmenge eingeschränkt wird. Für unterschiedliche Anwendergruppen können im Konfigurator verschiedene Sichten dargestellt werden. Der Konstrukteur wird die technische Sicht bevorzugen und z. B. eine Taktfrequenz wählen, während der Endkunde oder Vertriebsmitarbeiter eine Sicht mit Bezug auf die geplante Anwendung oder den Nutzen vorziehen wird.

Das Ergebnis des Konfigurationsprozesses kann eine Material- oder Bauteilliste sein, die alle Komponenten für ein realisierbares Produkt enthält.

Für die zum Einsatz von ProConf benötigten Komponenten (*ProConfCreate*, *ProConfComp* und *ProConfWin*) stehen Installationsroutinen zur Verfügung, die auf dem System eventuell noch fehlende Komponenten automatisch installieren.

Einsatz

Produktkonfiguratoren werden insbesondere bei beratungsintensiven komplexen und erklärungsbedürftigen Produkten z. B. im Maschinenbau oder bei elektrotechnischen Anlagen eingesetzt und entlasten damit den Vertrieb, garantieren produzierbare Anlagen und dienen damit auch der Qualitätssicherung. Anwender von Konfigurationssystemen sind:

- Produktentwickler und Konstrukteure von komplexer Anlagen und Maschinen.
- Im Vertrieb werden Konfiguratoren zur Angebotserstellung sowohl im Innen- als auch Außendienst eingesetzt. Schnell und fehlerfrei können entsprechend den Kundenwünschen Produkte zusammengestellt werden.
- Kunden und Interessenten nutzen Konfigurationssysteme um selbst ein auf ihre Bedürfnisse zugeschnittenes System zusammenzustellen und ggf. einen Bestellprozess auszulösen.
- Online Produktkonfigurationssysteme richten sich insbesondere an Endkunden. Sie konfigurieren im Internet das gewünschte Produkt und lösen ggf. die Bestellung aus.

Unternehmensnutzen

- Konservierung des firmeninternen Fachwissens, das oft auf wenige Mitarbeiter im Unternehmen beschränkt ist. Personalausfälle und das Ausscheiden langjähriger Wissensträger fallen damit nicht mehr so sehr ins Gewicht.
- Verringerung des Zeitbedarfs bei der Erstellung von kundenspezifischen Angeboten.
- Schnellere Reaktion auf individuelle Kundenanforderungen auch bei Änderungen der Anforderung.
- Unabhängig vom Kenntnisstand des Anwenders werden fachlich korrekte und vollständige Angebote erstellt.
- Kostenersparnis, da Fehlbestellungen und Reklamationen vermieden werden.

- Visualisierung des Konfigurationsergebnisses.

Erläuterung von Funktionen und Vorgehensweise am Beispiel der Firma DESMA (vgl. Abschnitt 5.3)

Im Rahmen des Projekts wurde für den Projektpartner DESMA ein Konfigurationssystem mit folgenden Leistungsmerkmalen erstellt:

- Konfiguration einer Schuhmaschine des Typs D 522.
- Implementierung je eines Wissensteils für das technische Produktwissen (Konstruktionssicht) und für das kaufmännische Wissen (Vertriebssicht).
- Implementierung einer Sicht für den Vertrieb.
- Realisierung verschiedener Strategien für die Vervollständigung der Konfiguration.
- Integration von Tests.
- Export einer Liste mit Vertriebsmaterialien (VMAT).
- Übergabe der Konfiguration an ein Simulations- und Visualisierungssystem, (3DCreate).
- Übergabe der Konfiguration an ein Kalkulationssystem.

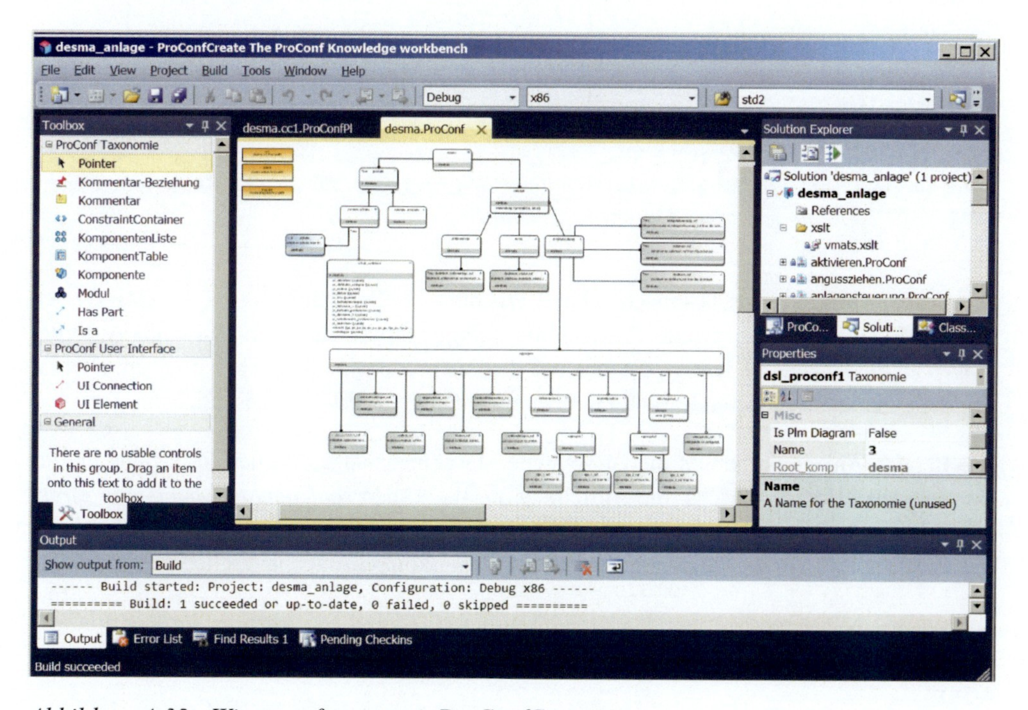

Abbildung 4-32: Wissenserfassung mit ProConfCreate

Die Wissenserfassung erfolgte zu einem großen Teil grafisch mit *ProConfCreate* (vgl. Abbildung 4-32). Das Wissen ist modular aufgebaut und in mehr als zwanzig Teilgrafiken unterteilt. Im oben stehenden Bild ist die oberste Ebene der gesamten Wissensbasis für den ausgewählten Anlagentyp im Werkzeug *ProConfCreate* zu sehen.

Um die erstellte Grafik sind die Arbeitsbereiche angeordnet: Toolbox, Projektmappe, Eigenschaftenfenster und Ausgabefenster (vgl. Abbildung 4-28 und Abbildung 4-32).

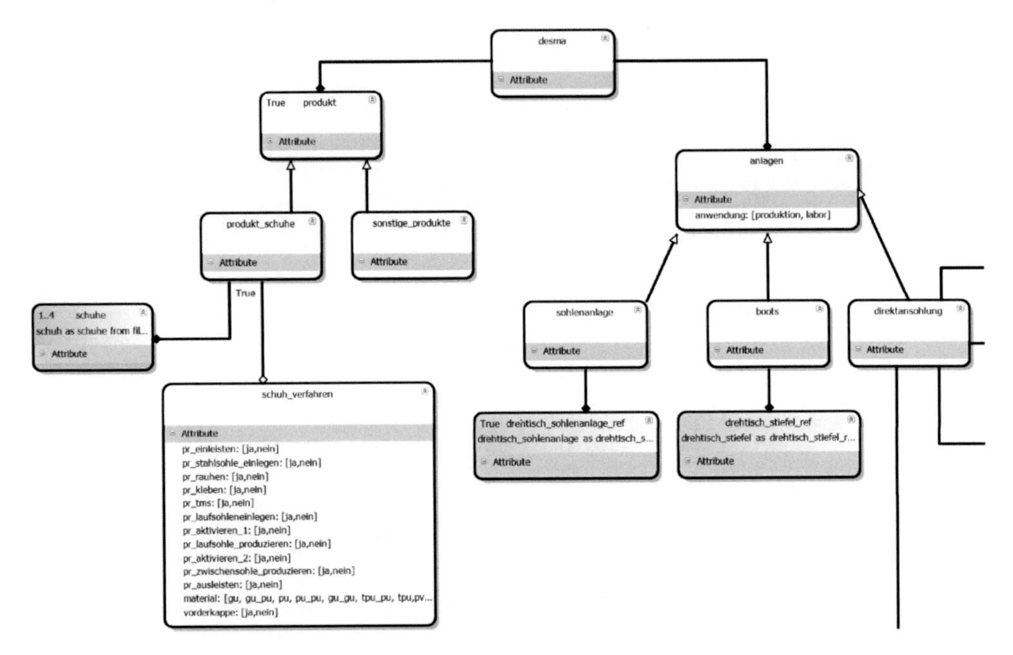

Abbildung 4-33: Darstellung der obersten logischen Ebene des für eine DESMA-Anlage modellierten Wissens (Ausschnitt)

Die Struktur des Wissens lässt sich schnell erkennen (siehe Abbildung 4-33). Das Wissen gliedert sich in die beiden Zweige *Produkt* und *Anlagen*. Im Zweig *Produkt* sind die Anforderungen an die Anlage modelliert, die sich aus dem zu produzierenden Schuh ergeben. Hier ist vor allem der zu produzierende Schuh mit den notwendigen Verfahren beschrieben.

Der Bereich Anlage beschreibt die tatsächliche Maschinenanlage, mit der die Schuhe produziert werden. Hier ist zunächst die Aufteilung auf die Typen *sohlenanlage*, *boots* und *direktansohlung* durch Spezialisierung erkennbar, wobei die Komponente *direktansohlung* durch verschiedene `has_part`-Beziehungen weiter in Unterkomponenten untergliedert wurde.

Nach dem Übersetzten des Wissens kann direkt aus *ProConfCreate* heraus der Konfigurator mit dem geladenen Wissen gestartet werden, um das Ergebnis zu prüfen (siehe Abbildung 4-34).

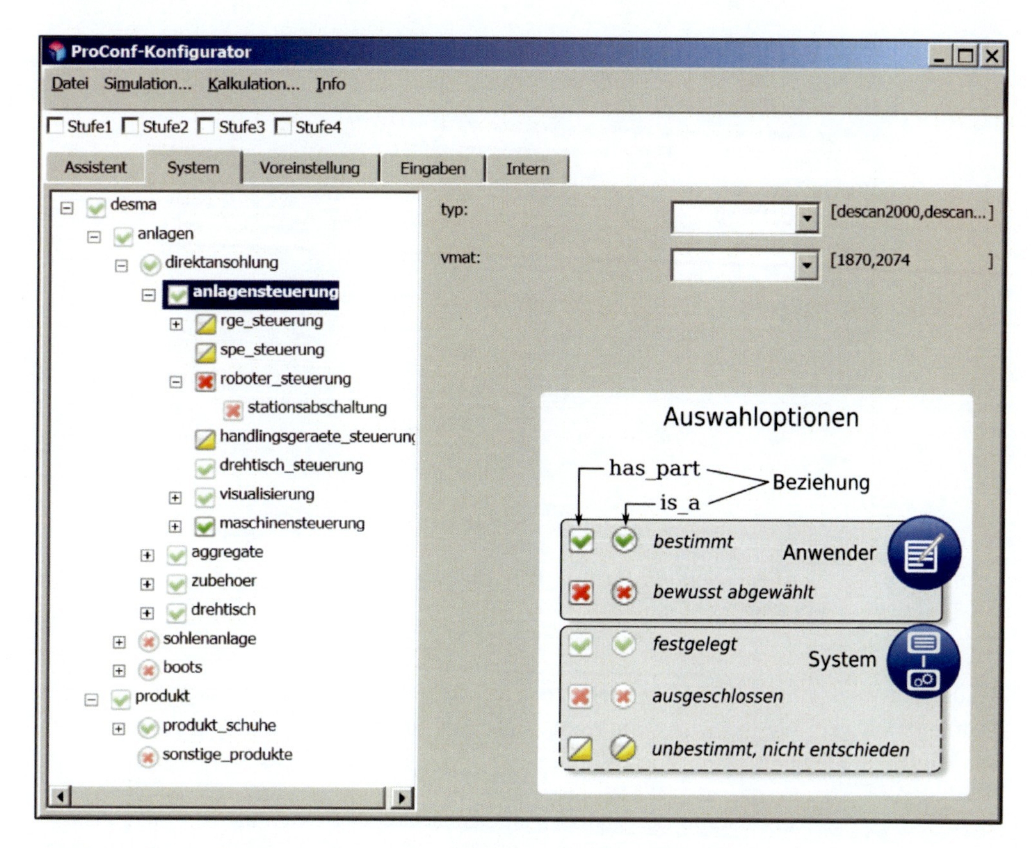

Abbildung 4-34: Konfiguration mit ProConfWin, Arbeit auf dem Reiter „System" in der technischen Sicht der Anlage; Bedeutung der Auswahloptionen

Die eigentliche Konfiguration erfolgt, indem der Anwender Einschränkungen im Baum vornimmt (siehe Auswahloptionen in Abbildung 4-34). Die Schaltflächen im Baum werden aus den Beziehungen `is_a` und `has_part` abgeleitet. Die runden Optionsflächen repräsentieren das exklusive „Oder" der `is_a`-Beziehungen. Das heißt, es muss genau ein Element auf einer Ebene ausgewählt werden. Die eckigen Auswahlflächen entsprechen den has_part-Beziehungen und können unabhängig voneinander gewählt werden, es sei denn es sind Constraints vorhanden, die weitere Abhängigkeiten realisieren.

Der Konfigurator zeigt auf der Registerkarte *System* das Problemlösungsmodell des Wissens an. Die in *ProConfCreate* erstellte Struktur kann hier in der Hierarchie auf der linken Seite wiedergefunden werden. Die sich aus der Struktur ergebenden impliziten Constraints wirken sich bei Benutzereingaben unmittelbar aus.

Auf der Karteikarte *Assistent* (siehe Abbildung 4-35) befinden sich viele der Anlagenparameter aus dem Anlagenmodell in einer nach Vertriebskriterien gegliederten Zusammenstellung und bildet damit die Vertriebssicht. Die Eingabe- und Auswahlfelder sind hierbei direkt in das Anlagenmodell hinein verknüpft. Jeder Parameter kann in der Sicht oder auch in der Anlage gesetzt, geprüft und verändert werden.

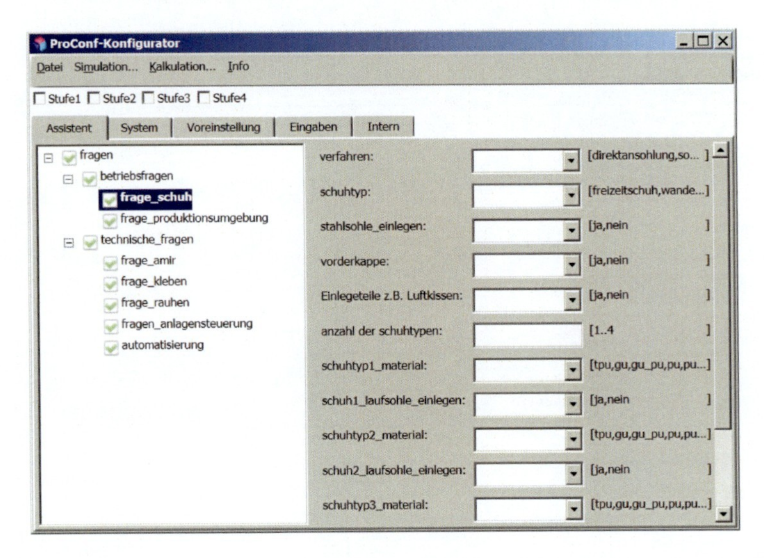

Abbildung 4-35: Konfiguration mit ProConfWin, Arbeit auf dem Reiter „Assistent" in der Vertriebssicht

Bei den Auswahlen Stufe 1 bis 4 können verschiedene Strategien der Vervollständigung einer Konfiguration gewählt werden, wenn vom Anwender nicht alle Auswahlen vorgenommen wurden. Die Strategien sind im Wissen hinterlegt.

Die Übergabe des Konfigurationsergebnisses an das nachgelagerte Simulations- und Visualisierungssystem erfolgt aus *ProConfWin*. In Abbildung 4-36 ist eine konfigurierte DESMA Schuhmaschine mit 24 Positionen am Rundtisch mit 3DCreate dargestellt.

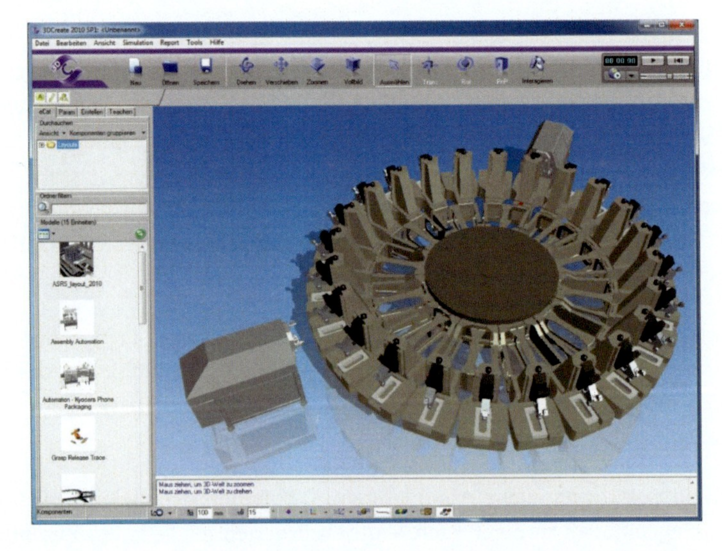

Abbildung 4-36: Visualisierung des Konfigurationsergebnisses mit 3DCreate

In Abbildung 4-37 ist die Kalkulationsmaske aus ProConf dargestellt. Mit ProConfCalc ist eine Kalkulation auf Artikel- Positions- und Gewerkebene mit Auf-und Abschlägen möglich. Als Ergebnis wird ein formatiertes Angebot, in dem auch Fotos der Baugruppen (VMAT) mit aufgenommen werden können, ausgegeben. Die VMAT mit den Leistungstexten und Preisen sind in einer Datenbank hinterlegt.

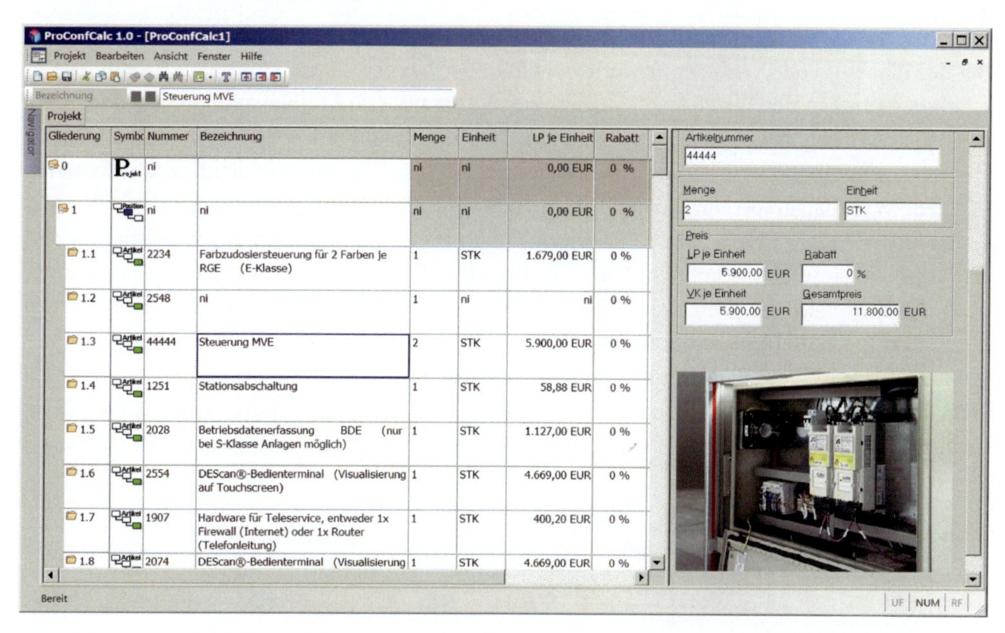

Abbildung 4-37: Kalkulation mit ProConfCalc

Zusammenfassung und Ausblick

Mit *ProConf* ist ein leistungsfähiges, praxistaugliches Konfigurationssystem für kleine bis mittlere Problemgrößen entstanden, das auch schon außerhalb des KOMSOLV-Projektes produktiv eingesetzt wird. Durch die grafische Modellierung der Produktstruktur wurde die Akzeptanz erhöht und die Kommunikation mit den Fachexperten wesentlich verbessert. Die Modellierung des Produktwissens wird durch die entwickelten Werkzeuge (Tests, Wissensbrowser, Konsistenzprüfungen) unterstützt.

Um die Wissenserfassung noch weiter zu erleichtern sind weitere Werkzeuge wünschenswert, beispielsweise zum Auffinden von Widersprüchen ($A < B \wedge B < A$) sowie dem Finden von Redundanzen ($A < 7 \wedge A < 5$). Da kein Königsweg zum besten Produktmodell existiert, bleibt das Modell ein partielles Abbild der Realität, das auf den Zweck der Konfiguration zugeschnitten werden muss.

4.5 Gezielte Beeinflussung von Produkteigenschaften durch rechnerische Optimierung

Sven Pullwitt, Heike Wilson und Evelin Dietrich

Ausgangssituation

Bei der Planung von Prozessen in der Fertigung oder bei der Optimierung von Produkteigenschaften gibt es in der Regel eine Vielzahl von Varianten und Freiheitsgraden, aus denen die günstigste Lösung ausgewählt werden muss. Insbesondere bei komplexeren Prozessen mit einer Vielzahl möglicher Parameterkombinationen sowie mehrerer gegenläufiger Zielkriterien (Kosten, Wirkungsgrad, Durchlaufzeit u. ä.) ist eine manuelle Optimierung praktisch nicht mehr durchführbar. Eine weitere Schwierigkeit in einem realistischen Optimierungsmodell sind die vielen nichtlinearen Abhängigkeiten der Konstruktionsparameter untereinander, deren Einflüsse auf das Gesamtergebnis der Optimierung nur schwer vorhersehbar sind. Bei bis zu drei Parametern kann der Suchraum noch in einer Grafik dargestellt werden. Bei einer größeren Anzahl von Parametern reicht das menschliche Vorstellungsvermögen oder ein einfacher Suchalgorithmus nicht mehr aus, um alle Parameterkombinationen sinnvoll zu durchsuchen und eine optimale Parameterkombination zu finden.

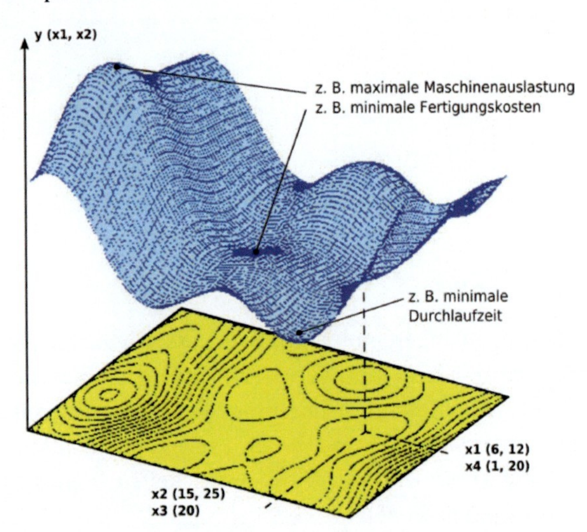

Abbildung 4-38: Beispiel eines nichtlinearen Suchraums

In der Praxis können schnell Optimierungsprobleme mit bis zu 10 Parametern auftreten. Anhand dieses einfachen dreidimensionalen Beispiels kann man die Komplexität von noch größeren mehrdimensionalen Suchräumen erahnen.

Um solch ein Optimierungsproblem lösen zu können, muss ein abstraktes mathematisches Modell des realen Optimierungsproblems gefunden werden, das den realen Prozess hinreichend genau beschreibt. Mit Hilfe dieses mathematischen Modelles kann der Ablauf des Prozesses mithilfe eines Rechners nachgebildet und Experimente durchgeführt werden. Das

Finden einer mathematischen Beschreibung eines Optimierungsproblems ist aber in der Praxis meistens eine schwierige und aufwändige Arbeit. Wenn keine mathematische Beschreibung des realen Problems bekannt ist, kann auch eine Abbildung mithilfe von rechnergestützten Simulationsmodellen erfolgen.

Durch die simulative und/oder mathematische Modellierung ist die Abbildung beliebiger Prozesse möglich. Somit kann jeder Prozess auch rechnergestützt analysiert und optimiert werden.

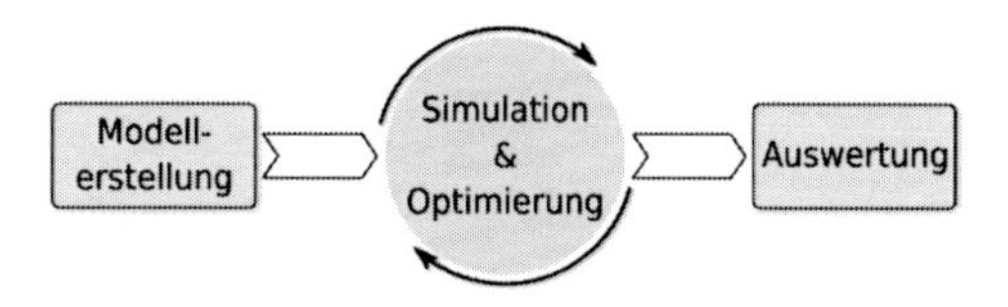

Abbildung 4-39: Durchführung von Optimierungsuntersuchungen

Ein Optimierungsmodell besteht aus Optimierungsparametern, Randbedingungen und Zielkriterien. Je nach eingesetzten Optimierungsverfahren wird das Optimierungsmodell in iterativen Schritten bewertet. Bei jeder Bewertung werden neue Optimierungsparameter ermittelt, im Optimierungsmodell eingesetzt, und das Modell neu berechnet. Das Optimierungsverfahren sucht im Optimierungsverlauf eine Wertebelegung für die Optimierungsparameter, so dass die Zielkriterien ein Minimum oder Maximum annehmen. Randbedingungen beschreiben dabei den erlaubten Bereich für die Optimierungsparameter. Wenn das Optimierungsmodell in Form eines nichtlinearen Gleichungssystems vorliegt, können die Berechnungen der Zielkriterien in Abhängigkeit der Optimierungsvariablen durch Gleichungen vorgegeben werden. Die Randbedingungen dieses Gleichungssystems werden durch Ungleichungen definiert.

Wenn das nichtlineare Gleichungssystem durch einen Solver berechnet wird, läuft ein iterativer Optimierungsprozess als Zusammenspiel zwischen diesem Solver und dem Optimierer ab:

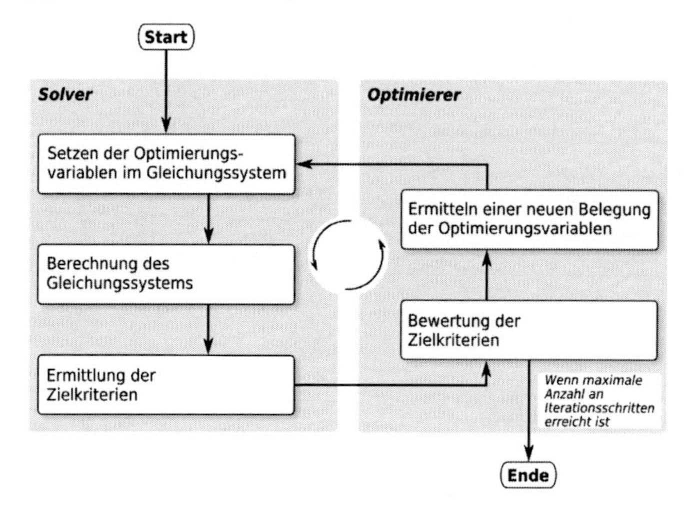

Abbildung 4-40: Optimierung von nichtlinearen Gleichungssystemen

KOMSOLV-Optimierungsprototyp

Aufbauend auf den Erfahrungen der Dualis GmbH in der Simulation und Optimierung wurde als Basis für den KOMSOLV-Optimierungsprototyp die Softwarelösung ISSOP genutzt. ISSOP ist ein Werkzeug, das den gesamten Bereich der Modellerstellung und -validierung, der Durchführung von Simulationsexperimenten, der Planung und Realisierung von Optimierungsläufen und der grafischen / tabellarischen Auswertung der Ergebnisse beinhaltet.

Herzstück der ISSOP-Architektur ist die universelle Parameterschnittstelle, die ein formales Optimierungsmodell so aufbereitet, dass unterschiedlichste Optimierungsverfahren für jedes Optimierungsproblem genutzt werden können. Folgende Optimierungsstrategien sind in ISSOP integriert:

- Komponentenweise Enumeration (CENUM)
- Diskretes Gradienten-Verfahren (DISOPT)
- Evolutionsstrategie (EVOL)
- Monte-Carlo-Verfahren (SIMCARLO)
- Genetischer Algorithmus (SIMGEN)
- Schwellwertalgorithmus (THRESHACC)
- Quaderverfahren (QUADLS)

Die ISSOP-Architektur ist modular aufgebaut und wurde im Rahmen des Projektes um spezifische Module erweitert.

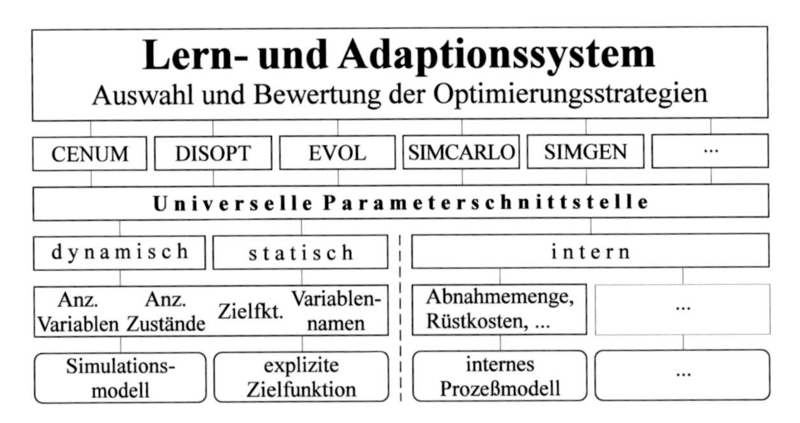

Abbildung 4-41: Schematische Darstellung der ISSOP-Softwarearchitektur

Der Lernprozess arbeitet so, dass er die Strategie auswählt, die bisher am erfolgreichsten bei der Lösung von Problemen war, und dieser eine bestimmte Zeit zum Arbeiten gibt. Nach Ablauf dieser Zeit werden die Ergebnisse bewertet und in einer Lernmatrix gespeichert. Danach bekommt die zweitbeste Strategie die Chance, bessere Werte zu errechnen, die auch wieder bewertet und gespeichert werden. Ein Praktiker möchte am liebsten nur mit einer Strategie auskommen, die alle vorkommenden Aufgaben zu lösen vermag und gleichzeitig möglichst geringen Aufwand erfordert. Ein so universelles Optimierungsverfahren wurde bisher noch nicht entwickelt. In der einschlägigen Literatur wird angezweifelt, dass es jemals ein solches universelles Optimierungsverfahren geben wird.

Eine Lernstrategie soll eingesetzt werden, um adaptiv unter den zur Verfügung stehenden Optimierungsverfahren das „beste" bezüglich einer Gütefunktion zu bevorzugen. Die vorgeschlagene Lernstrategie ist besonders dann geeignet, wenn die zur Verfügung stehenden Algorithmen die konkrete Optimierungsaufgabe unterschiedlich gut bzgl. der Gütefunktion lösen. Dann nämlich erhöht die Lernstrategie die relative Rechenzeit für die „guten" Algorithmen, während die „schlechten" kaum noch arbeiten. Auf diese Weise erfolgt eine gute Auslastung der zur Verfügung stehenden Rechenzeit.

Der Vorteil liegt aber eigentlich vor allem in der automatisierten Auswahl bzw. Bevorzugung der besseren Algorithmen. Die Effizienz des besten Einzelverfahrens kann dabei natürlich nicht erreicht werden. Wohl aber ist ein Kompromiss zwischen dem Aufwand der expertenunterstützten Vorauswahl einer guten Strategie zu einer konkreten Optimierungsaufgabe und einer weitgehenden Automatisierung dieser Teilaufgabe des Optimierungsprozesses gefunden.

Umsetzung / Realisierung

Die ISSOP Klassenbibliotheken wurden im Rahmen des KOMSOLV-Projektes in eine kundenspezifische Softwarelösung für die Industriepartner integriert. Die Definition der Variablen, Zielkriterien (min./max. Untersuchungen) und Restriktionen wurde dabei aus anderen IT-Systemen gezogen.

Beim Industriepartner DESMA war der Optimierungsansatz auf die Konfiguration einer Anlage mithilfe eines Simulationsmodells ausgelegt (vgl. Abschnitt 5.3). So wurde kein statischer Optimierungsansatz mit einem Solver, sondern ein Optimierungsansatz mit einem 3D-Create Simulationsmodell vorgeschlagen.

Im Rahmen eines vorgelagerten Arbeitspaketes wurde durch Dualis gemeinsam mit SBS und dem IK ein grafischer Prototyp erstellt, der eine mögliche Integration eines 3D-Create Simulationsmodells und des Konfigurators von SBS enthielt.

Anhand dieses Prototypens wurden machbare Schnittstellen zwischen Dualis und SBS erprobt und es konnte die zukünftige Integration der Komponenten der beteiligten Softwarehäuser gezeigt werden. Durch die Arbeit mit dem erstellten Konfigurationswissen von MKN und DESMA konnten wichtige Funktionen auf Ergonomie und Effizienz geprüft werden.

Dieser Prototyp wurde den Industriepartnern präsentiert und so konnte vorab wichtiges Feedback eingesammelt werden, das in das Redesign des Prototypens für die abschließende Implementierung einfloss.

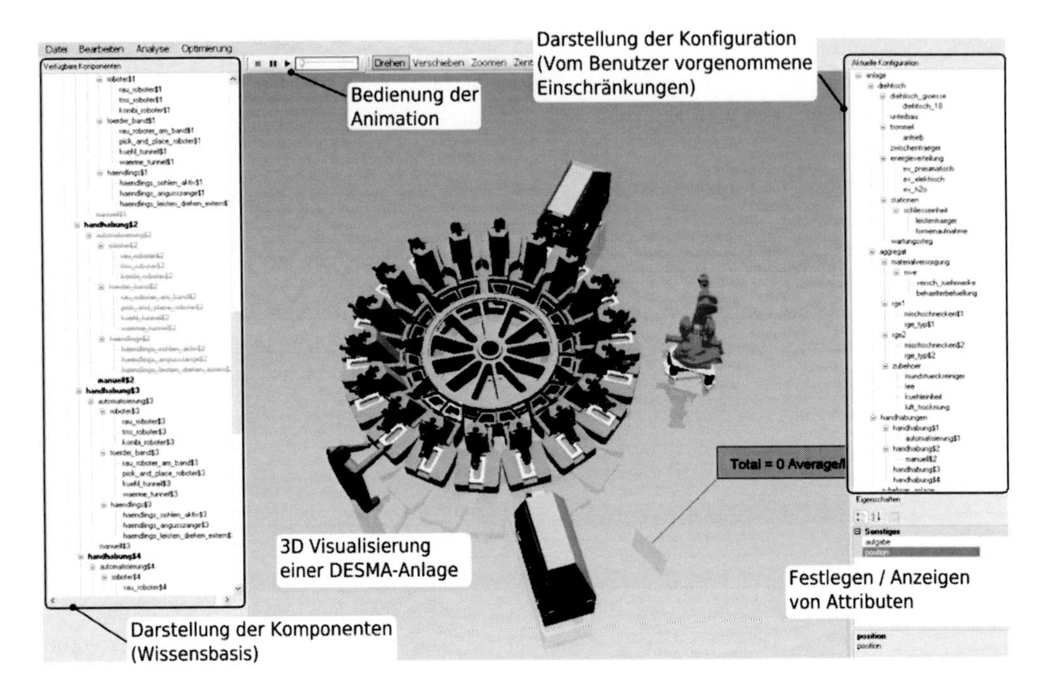

Abbildung 4-42: Prototyp der Benutzungsoberfläche für eine Verknüpfung von Konfiguration und 3D Visualisierung

Gemeinsam mit DESMA wurde die bestehende Simulationsbibliothek der Komponenten weiterentwickelt und ein konfigurierbares 3D-Create Anlagenlayout einer DESMA-Anlage erstellt. Dieses Layout hat Freiheitsgrade in den Komponenten, die in der Anlage eingesetzt und vom Optimierer variiert werden. So kann eine hinsichtlich des Durchsatzes möglichst optimale Konfiguration vorgeschlagen werden.

Beim Industriepartner KSB wurde eine Kopplung mit einem Solver für das Gleichungssystem zur Auslegung wichtiger Komponenten des Produktes als der vielversprechendste Optimierungsansatz identifiziert. Ein Testfall mit einem statischen Gleichungssystem zur Optimierung der Masse eines großen Bauteils des Produktes und des Wirkungsgrades einer Hochdruck-Mantelgehäusepumpe wurde vorab erfolgreich in einem vorgelagerten Arbeitspaket getestet. Dieses nichtlineare Gleichungssystem wurde vom IK auf der Basis von KSB-Daten entwickelt und als prinzipielle Basis für Testläufe genutzt. Anhand dieses Beispiels konnten die zu erwartenden Laufzeiten und die Qualität des Optimierungsansatzes bewertet werden und ein Architekturvorschlag abgeleitet werden.

Da KSB die Auslegungsberechnungen unter anderem mit dem Programm Mathcad der Firma PTC vornimmt, wurde eine Schnittstelle zwischen der ISSOP-Klassenbibliothek und Mathcad-Modelldateien erstellt. In diesen Dateien sind die Berechnung der Zielkriterien und Restriktionen mithilfe komplexer zusammenhängender Gleichungen und Ungleichungen definiert. Diese bestehen aus arithmetischen und logischen Operatoren sowie grundlegenden Funktionen aus der Trigonometrie und Logik. Wenn der Mathcad-Nutzer die Zielkriterien und

Restriktionen kennzeichnet, können die Mathcad-Modelle in identische ISSOP-Modelle übersetzt und anschließend optimiert werden.

Bei KSB wurde erfolgreich ein praxisnahes Optimierungsbeispiel aus der realen Projektierung eingestellt. Optimiert werden sollte die Masse des Gehäuses einer Hochdruck-Mantelgehäusepumpe. Variiert wurde der Außendurchmesser des Gehäuses. Die Zielfunktion in diesem Beispiel war sehr einfach aufgebaut. Kompliziert wurde es durch über 14 geometrische oder druckrelevante Restriktionen, die bei der Optimierung beachtet werden mussten. Nach der erfolgreichen Erstellung eines Optimierungsmodells über das in Abbildung 4-43 dargestellte Vorgehen konnten die sieben unterschiedlichen Optimierungsstrategien getestet werden. Es zeigte sich, dass das diskrete Gradienten-Verfahren (DISOPT) für dieses Optimierungsproblem die besten Ergebnisse in der kürzesten Zeit liefert.

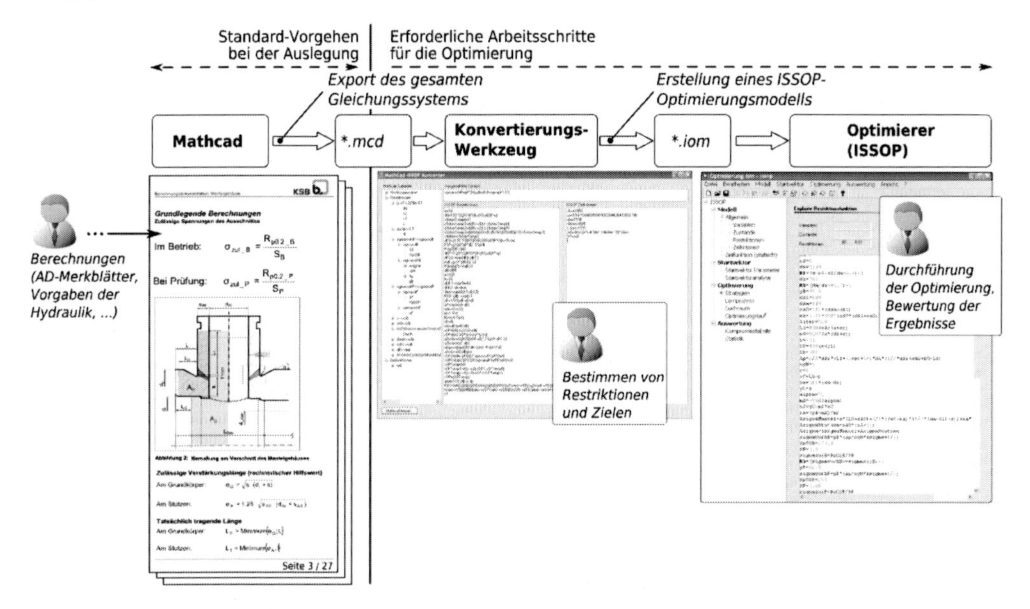

Abbildung 4-43: Verwendung der in Mathcad durchgeführten Berechnungen für die Optimierung

Für die Verwendung der Ergebnisse in den weiteren Prozessschritten ist es erforderlich die Parameter an generische parametrische CAD-Modelle zu übergeben. Die Lösungsansätze sind im Abschnitt 4.6 beschrieben. Somit kann die Integration der Optimierung in den Gesamtprozess erfolgen und ein Beitrag für eine durchgängige Rechnerunterstützung in der Konzeption, Auslegung und Gestaltung der Mantelgehäusepumpen geleistet werden.

4.6 Wissensbasierte Produktgestaltung mit 3D-CAD-Parametrik

Hans-Joachim Franke und Eiko Türck

Inzwischen, Stand 2011, sind in den meisten Unternehmen leistungsfähige 3D-CAD-Systeme eingeführt, z. B. CATIA (DASSAULT SYSTEMES), Creo (PTC, ehemals Pro/ENGINEER) oder NX (Siemens PLM Software). Dennoch werden bisher, vor allem in KMU, nicht alle technologischen Möglichkeiten der Systeme zur Wissensintegration und zu einer Teilautomatisierung genutzt.

Obwohl bereits in der Richtlinie VDI 2209 zur 3D-Modellierung „intelligente Entwurfselemente" (Abbildung 4-44) vorgeschlagen und beschrieben wurden, haben viele Unternehmen noch Nachholbedarf bei der Nutzung solcher verbesserter wissensbasierter Methoden.

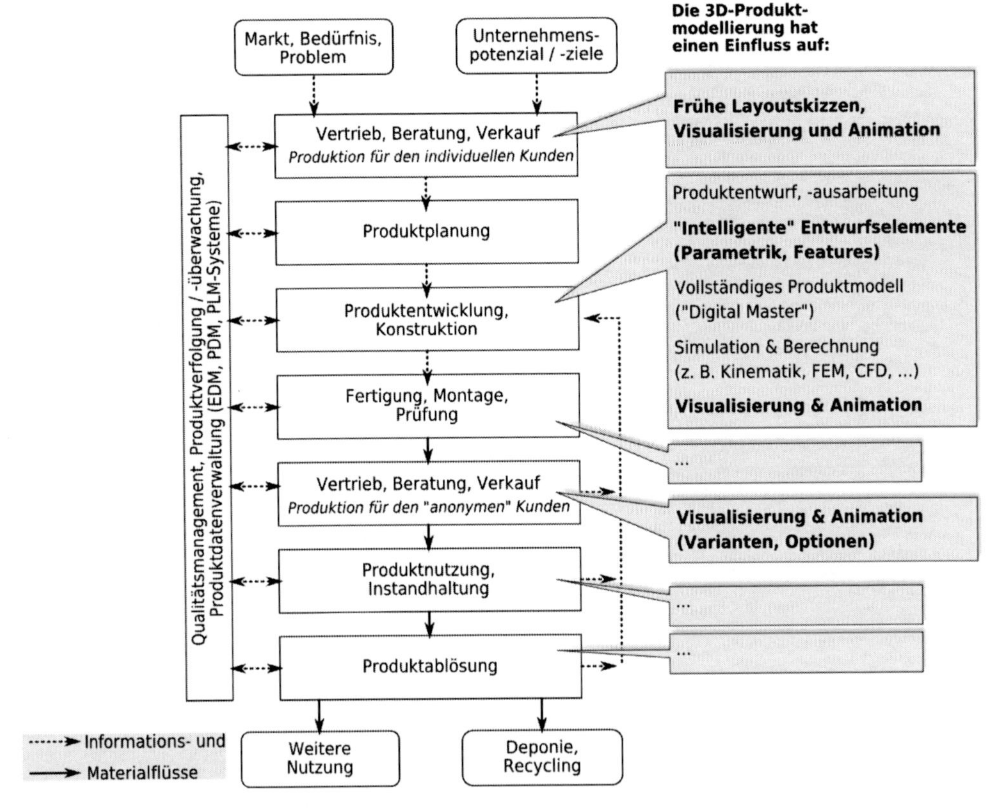

Abbildung 4-44: Zuordnung der für das Projekt relevanten Einflüsse der 3D-Produktmodellierung zu den Lebenslaufphasen technischer Produkte nach [VDI-2209]

Seit Anfang der 90iger Jahre beschäftigte sich das IK der TU Braunschweig mit der Integration von Wissen in CAD-Systeme [Weig-1991, Boew-1993, Pete-1997, Kick-1995 und Fisc-1997]. Alle diese Arbeiten benötigten für das abgebildete Wissen spezifische vom CAD-

System unabhängige Programmierung. Das CAD-System war lediglich die Zeichenmaschine des intelligenten externen Systems, wobei allerdings mit einem erheblichen problemspezifischen Schnittstellenaufwand CAD-Eingaben in Berechnungen rückgekoppelt werden konnten.

Erst ab Mitte der 90iger Jahre standen jedoch systemseitig Werkzeuge zur Verfügung, die eine unmittelbare Kopplung von Konstruktionswissen mit CAD-Modellen ermöglichten.

SCHULZ [Schz-1996] beschrieb 1996 intelligente wissenstragende Features, sog. „Gadgets", die ein flexibles konzeptionelles Gestalten auf der Ebene von Maschinenelementen, Berechnungswissen, technologischen Regeln sowie Normen und Anordnungswissen ermöglichten. Das Anordnungswissen beschreibt, welche Anschlussgeometrie zu den Nachbarelementen erforderlich ist.

DÖLLNER zeigte 1997 produktspezifisch [Doel-1997], wie man berechnungsgesteuert (Verbrennung, Strömung, Wärmeübergang und Festigkeit) sehr viel zielgerichteter und schneller einen Zylinderkopf eines Verbrennungsmotors entwickeln kann.

BREY bewies 2002 [Brey-2002], das neuere CAD-Systeme geeignet sind, Regelwissen für Konfiguration und Gestaltung zumindest über Schnittstellen zu integrieren, und damit eine gewisse Teilautomatisierung zu erreichen.

ALEXANDRESCU zeigte 2010 [Alex-2010], vgl. Abschnitt 3.3 (*IKSolve*), dass mit Standardwerkzeugen, z. B. XML-Editoren und verfügbaren APIs der CAD-Systeme eine relativ allgemeingültige Methodik zur rechnerunterstützten Einbindung und Auswertung von Konstruktionswissen entwickelt werden kann.

Stellvertretend für zahlreiche weitere Arbeiten, die ähnliche Lösungsansätze verfolgen, werden hier lediglich die Arbeiten genannt, die am Institut für Konstruktionstechnik an der TU Braunschweig entstanden sind.

Im hier beschriebenen Projekt KOMSOLV werden komplexe Produkte beschrieben, deren Konzepte grundsätzlich bekannt sind und die „lediglich" angepasst werden müssen. Grundsätzlich wäre daher ein „parametrisches Gesamtprodukt" denkbar. Die Realität ist jedoch, dass ein solches „parametrisches Gesamtprodukt" weder widerspruchsfrei erstellbar noch fehlerfrei manipulierbar wäre. Daher müssen entsprechend den produktstrukturellen Ebenen auch entsprechende Ebenen der parametrischen Modelle erzeugt werden, die über geeignete Constraints verknüpft sind, z. B. Anordnungen und Orientierungen, Abmessungen, Leistungen usw.

CAD-Modellierungs-Strategien

Bei einer erzeugnisorientierten Modellierung wird das CAD-Modell ausgehend von dem gesamten Produkt gestaltet. Die einzelnen Bauteile werden im Prozess nach und nach detailliert. Bei einer bauteilorientierten Vorgehensweise stellen einzelne Bauteile den Ausgangspunkt der Modellierung dar. Die bereits detailliert modellierten Bauteile werden nach und nach in Baugruppen zusammengefügt.

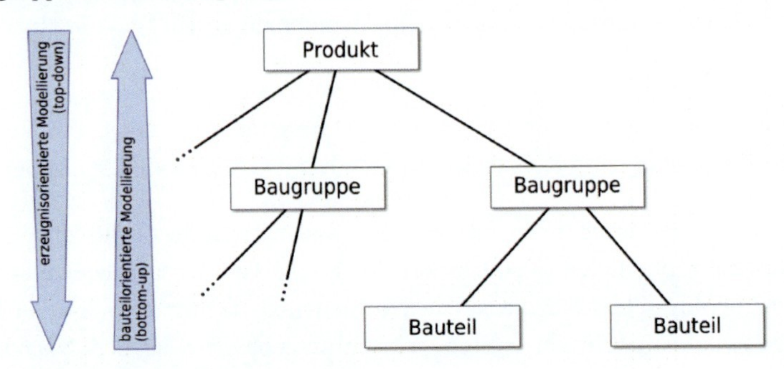

Abbildung 4-45: Einfache Gegenüberstellung einer erzeugnis- und bauteilorientierten Modellierungsstrategie (nach VDI 2209)

CAD-Systeme, die eine parametrische Modellierung unterstützen, besitzen unterschiedliche Möglichkeiten, wie die Parametrik abgebildet werden kann. Einige Systeme unterstützen ein Vorgehen, bei dem die parametrischen Bezüge entlang der Bauteilstruktur abgearbeitet werden (siehe Abbildung 4-46), andere Systeme unterstützen eher eine Vorgehensweise, bei der die Beziehungen zwischen sämtlichen Parametern unabhängig von der Erzeugnis- oder Baugruppenstruktur repräsentiert werden (Abbildung 4-47).

Werden die parametrischen Bezüge entlang der Bauteilstruktur abgearbeitet, ist generell eine bessere Übersichtlichkeit und Strukturierbarkeit der Modellierung gegeben. Die systeminternen Programme zur Auswertung der Beziehungen können einfacher gestaltet sein. Eine solche Vorgehensweise eignet sich im Allgemeinen nur für Konstruktionen, bei denen der Aufbau und die Abhängigkeit der Parameter im Vorfeld bekannt ist und dementsprechend die Modellierung geplant werden kann. Eine weitere Bedingung ist, dass das System nicht hoch integriert ist.

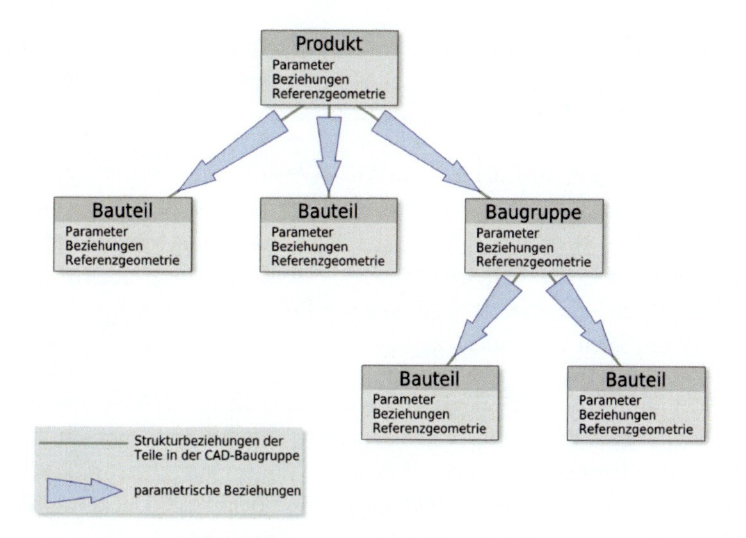

Abbildung 4-46: Schematische Darstellung für die Abarbeitung parametrischer Bezüge entlang der Erzeugnisstruktur (nach VDI 2209)

Eine prinzipiell bezogen auf den Ablauf freiere Modellierung ist möglich, wenn die Mehrzahl der parametrischen Bezüge unabhängig von der Erzeugnisstruktur verarbeitet wird. Ob bei der Modellierung eher eine top-down orientierte oder bottom-up orientierte Vorgehensweise gewählt wird, spielt nahezu keine Rolle. Den Vorteil einer freieren Modellierung erkauft man sich aber mit dem Nachteil, dass das Beziehungsgeflecht extrem komplex werden kann und damit Fehler in der Konstruktionslogik nicht ohne weiteres aufgedeckt werden können.

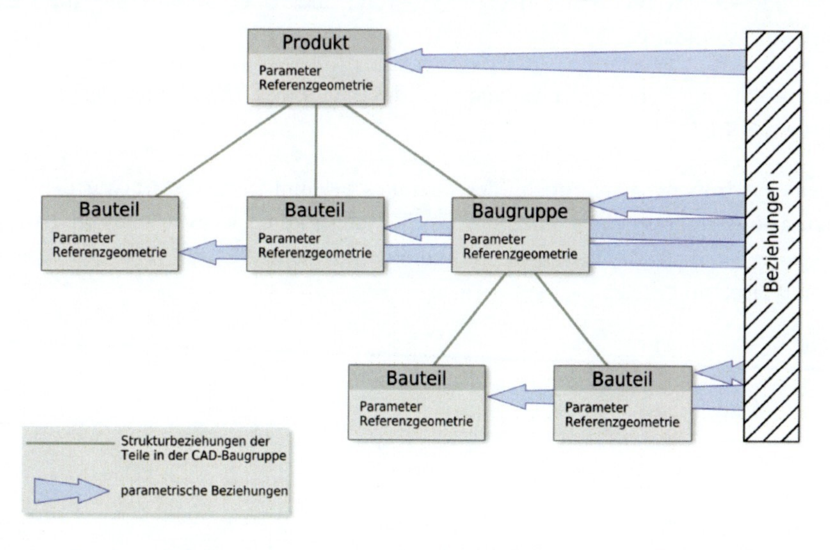

Abbildung 4-47: Beispiel für ein parametrisches System mit externer Repräsentation und Abarbeitung der Beziehungen

In Abbildung 4-47 werden die Werte der Parameter extern berechnet und mit den Bauteilen und Baugruppen verknüpft. Dies bezieht sich jedoch größtenteils nur auf physikalische, technologische und wirtschaftliche Constraints.

Geometrische Bedingungen, wie die konzentrische Ausrichtung zweier Teile oder planare Ausrichtung von Flächen sollten vorzugsweise in der CAD-Baugruppe definiert werden. Damit verteilen sich die Constraints auf die externe Repräsentation und die Strukturbeziehungen im CAD-Modell, was für sich wieder eine gewisse Erhöhung der Modellkomplexität bedeutet. Dies ist jedoch bei hinreichend komplexen Produkten im Interesse einer hinreichenden Kontrollierbarkeit nicht zu vermeiden.

Am Beispiel des im Abschnitt 3.3 eingeführten Druckbehälters soll vereinfacht die Variante einer externen Repräsentation der Beziehungen gezeigt werden. In einem einfachen Fall sind die Beziehungen aller Parameter in einem Tabellendokument aufgelistet und werden mit den einzelnen Bauteilen verknüpft (siehe Abbildung 4-49). Damit der Deckel zu dem zylindrischen Gehäuse passt, muss der Außendurchmesser der Zentrierung des Deckels in der Tabelle mit dem Innendurchmesser des Rezess am Gehäuse gleich gesetzt werden. Fehlende Parameter oder Kreisschlüsse in den Beziehungen können bei dieser Vorgehensweise nicht automatisch erkannt werden.

Ein derartiges Tabellendokument kann beispielsweise von dem zuvor (vgl. Abschnitt 3.3) beschriebenen System *IKSolve* erzeugt werden. Andere Möglichkeiten bieten Mathematikprogramme, z. B. Mathcad (PTC) oder aber Excel (Microsoft), vgl. Abschnitt 5.5.

Aus dem wissenstragenden System, i. Allg. einem Konfigurator, z. B. *IKSolve* und *ProConf* (vgl. Abschnitt 4.4), werden nach erfolgter Auswahl und / oder Optimierung die Parameter exportiert, vgl. Abbildung 3-18.

Abbildung 4-48 zeigt den Exportmechanismus des Prototypen *IKSolve* an das parametrische CAD-System NX 6.0.

Wie bereits aus früheren Erfahrungen des Institutes bekannt [Schz-1996], war die Kopplung eines externen Wissenssystems mit dem CAD-System keineswegs trivial. In [Alex-2010] wurden einige Alternativen untersucht und mithilfe unterschiedlicher CAD-Schnittstellen und APIs prototypisch umgesetzt.

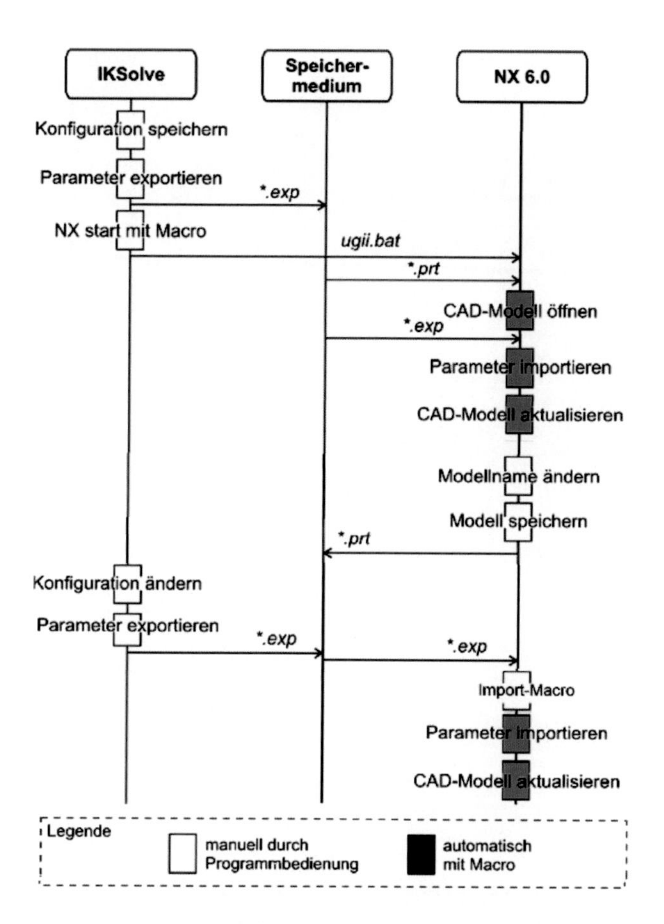

Abbildung 4-48 Parameterexport von IKSolve an das CAD-System NX; Beispiel für eine Startübergabe und eine Änderung der Konfiguration

Eine einfache direkte Kopplung zwischen Microsoft Excel und einem CAD-System für das im Abschnitt 3.3 eingeführte Beispiel des zylindrischen Druckbehälters zeigt Abbildung 4-49. Sie liefert eine anschauliche Darstellung für das in Abbildung 4-47 präsentierte Schema.

Die CAD-Systemhersteller müssen für die Kopplung wissenstragender Systeme mit CAD-Programmen unbedingt für verbesserte und stabilere intelligente Schnittstellen sorgen, damit die grundsätzlich verfügbaren Möglichkeiten Constraint-gesteuerter parametrischer CAD-Modelle erfolgreich industriell ausgenutzt werden können.

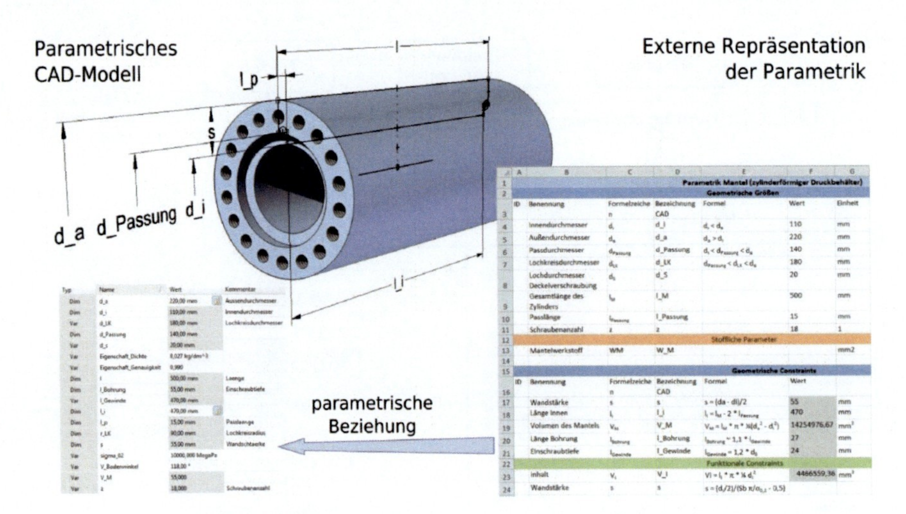

Abbildung 4-49: Realisierung der Parametrik für den zylindrischen Druckbehälter (vgl. Abschnitt 3.3)

5 Die Konzepte in der Erprobung – Industrielle Anwendungen

5.1 Anforderungsmanagement im Service-Engineering

Jürgen Mollenkopf, Viktor Schubert, Victor Thamburaj und Klaus Ullrich

Ausgangssituation | Problemstellung | Rahmenbedingungen

Die als Folge der Individualisierung und Lebenszyklusorientierung entstandene Verlagerung der Wertschöpfung auf die After-Sales Prozesse schafft einen zunehmenden Bedarf an immateriellen Leistungen, die die Verfügbarkeit und den optimalen Nutzen erworbener Sachgüter über die gesamte Produktnutzungsphase sicherstellen. Hierzu gehören produktnahe Dienstleistungen wie auch hybride Produkte [SpDe-2006]. Neben den industrienahen Dienstleistungsunternehmen, deren Angebot zu einem wesentlichen Anteil durch immaterielle Leistungen geprägt ist, sehen sich auch immer mehr Industrieunternehmen gezwungen, nicht nur ihre, sonst einseitig auf Sachleistungen orientierten, Geschäftsprozesse, die sonst einseitig auf Sachleistungen orientiert sind zu erweitern, sondern diese auch in einem modellbasierten Ansatz zu integrieren [ScGK-2006]. Hierfür sind geeignete Vorgehensmodelle, Methoden und Werkzeuge, die eine methodische und ingenieursorientierte Entwicklung und Gestaltung von Dienstleistungen erlauben, erforderlich, die als Service Engineering zusammengefasst werden und eine zunehmende Aufmerksamkeit in den Unternehmen gewinnen [BuSc-2006]. So werden auch für immaterielle sowie hybride Produkte geeignete Methoden gefordert, die bei gleichzeitiger erhöhter Kundenorientierung die Beherrschung der Komplexität im Umgang mit der internen und externen Vielfalt ermöglichen. Dienstleistungen müssen somit genauso unter dem Aspekt der Effizienz auf Basis von Modularisierungs- und Plattformstrategien konzipiert [Stau-2006], implementiert und angeboten werden, wie auch deren Effektivität durch ein ganzheitliches Anforderungsmanagement sicherzustellen ist. Auch für immaterielle Leistungen wird eine beschleunigte Abwicklung der Abstimmungsprozesse durch eine gezielte Virtualisierung der Kundensicht immer entscheidender, die eine Verkürzung von Informationswegen und Iterationsschleifen zwischen Anbieter und Kunde ermöglicht. Gleichzeitig ist eine deutliche Reduzierung von Fehlern anzustreben, indem die erfassten Kundenanforderungen in Form von steuernden Parametern durchgängig Berücksichtigung finden.

Hierfür bedarf es neuer Ansätze, mittels derer eine kontinuierliche Rückführung von Kundenanforderungen aus der Produktnutzungsphase ermöglicht wird. Aufgrund der zunehmenden Kopplung von Produkt und produktbegleitenden Dienstleistungen findet die Produktnutzungsphase als Informationsquelle eine wachsende Aufmerksamkeit [SeGB-2007, Flei-2008, Auri-2008]. In vielen Ansätzen wird das so generierte Wissen jedoch vorwiegend produktbezogen erfasst. Für die Bereitstellung einer Wissensbasis zur Harmonisierung der Kunden- und Herstellersicht, mit dem Ziel, den Aufwand für Änderungs- und Anpassungsmaßnahmen in der Angebotsphase zu reduzieren, sind die in Bezug auf die Verbesserung der Instandhaltung verwendeten Systeme nicht ausreichend und müssen um weitere Wissensquellen aus der Produktnutzungsphase erweitert werden. Dazu gilt es, vertriebs- und serviceorientierte CRM-Funktionen mit PDM/PLM-Funktionen der Engineering-Bereiche in ein lebenszyklusorientiertes Anforderungsmanagement zu vereinen, um hierdurch eine strukturierte, funktionsorientierte Dokumentation der Kundenanforderungen zu gewährleisten (vgl. Abschnitt 3.4).

Mit der iPLON GmbH und der ModellTechnik Rapid Prototyping GmbH waren im Rahmen des Projektes DIALOG zwei Unternehmen beteiligt, die für jeweils unterschiedliche Lebenszyklusphasen und Branchen hochwertige hybride Produkte anbieten und somit die Bedeutung eines integrierten Anforderungsmanagements für das Service Engineering besonders herausstellen konnten. Im Folgenden werden die anfänglichen spezifischen Problemstellungen der einzelnen Firmen vorgestellt. Ferner soll der Lösungsansatz dargestellt und anhand von Fallbeispielen die Umsetzung des DIALOG-Ansatzes im Service Engineering verdeutlicht werden.

Fallbeispiel IPLON: Hybride Produkte im Anlagenmanagement

Die iPLON GmbH in Schwäbisch Hall entwirft wegweisende Lösungen auf dem Gebiet der modellbasierten Software-Entwicklung für die Bereiche Mess-, Regelungs- und Verfahrenstechnik mit zugehörigen Algorithmen. Hierzu bietet iPLON hybride Produkte für das Anlagenmanagement an. Kernkompetenzen der Firma sind Lösungen im Bereich der Zustandsüberwachung sowie für komplexe Steuerungsprobleme auf Basis der Feldbustechnologie „Local Operating Network" (LON). Diese Komponenten werden zusammen mit IT- und Serviceleistungen der iPLON GmbH zu kundenindividuellen Leistungsbündeln zusammengefasst, die im Anlagenmanagement zum Einsatz kommen.

Für das iPLON-Team, das sich überwiegend aus Ingenieuren und Technikern zusammensetzt, steht auch bei der Entwicklung neuer hybrider Produkte das Systemdenken im Mittelpunkt. Anlagen werden dabei in ihrem Gesamtkontext und nicht losgelöst von der übrigen Infrastruktur betrachtet, was sich auch auf die Spezifikation der Leistungen auswirkt. Diese Stärke der iPLON GmbH im Kundenkontakt, sowohl im Vertrieb als auch im Service, gleichzeitig auch die technischen und situativen Rahmenbedingungen im Blickfeld zu haben und so den Kunden gezielt beraten zu können, war bisher ausschließlich erfahrenen Mitarbeitern im Heimatmarkt Deutschland vorbehalten. Die Expansion auf weitere Märkte in Europa und Indien hat die iPLON GmbH jedoch vor große Herausforderungen im Management ihres Leistungsportfolios gestellt, um Kunden jeweils optimal abgestimmte Leistungsbündel effizient und zu ihrer vollen Zufriedenheit anzubieten. Insbesondere die Komplexität der Anwendungs- und Marktanforderungen zwang das Unternehmen in CRM-Systeme zu investieren, die jedoch nicht den gewünschten Erfolg brachten.

Im Rahmen des Verbundforschungsprojektes DIALOG verfolgte deshalb die iPLON GmbH das Ziel einer verbesserten Handhabung ihrer kundenbezogenen Geschäftsprozesse für den Geschäftsbereich „Photovoltaik". Dadurch sollte einerseits neuen Vertriebsmitarbeitern sowie engen Vertriebs- und Servicepartnern erlaubt werden, das Leistungsangebot der iPLON GmbH immer für ihre Kunden optimal anpassen zu können. Andererseits sollten die Kunden selbst besser und direkter in die Prozesse zu integrieren (vgl. Abbildung 5-1)

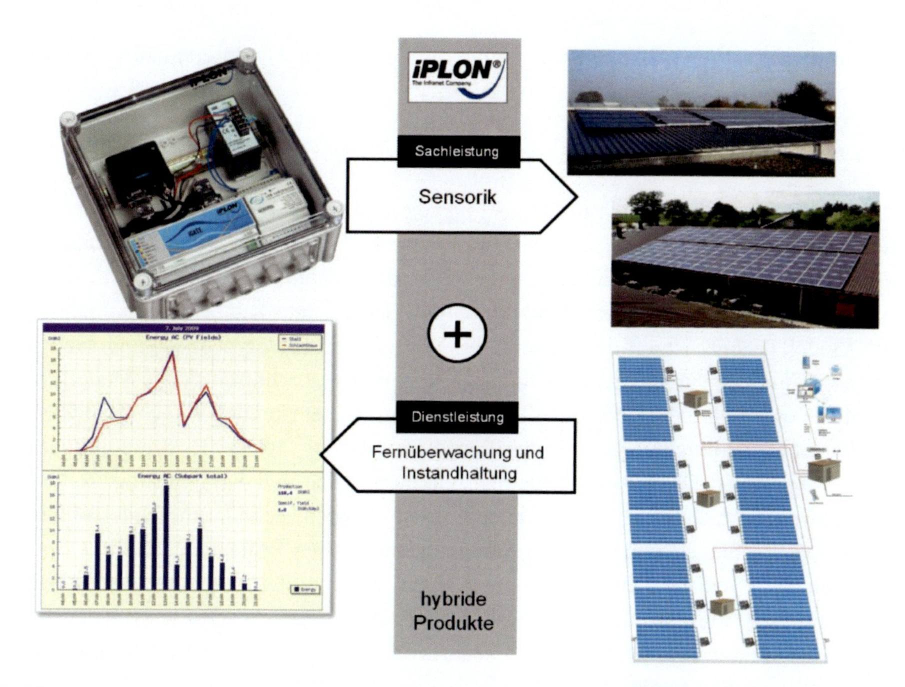

Abbildung 5-1: Hybride Produkte im Anlagenmanagement (PV-Anlagen)

Die Leistungen des Geschäftsbereichs „Photovoltaik" reichen von kleinen Anlagen für den Privatgebrauch bis zu Anlagen mit einer Nennleistung von mehreren MWp, die vorwiegend von industriellen Kunden gekauft werden. Hier belaufen sich die jährlichen Angebote auf ca. 75 Stück. Für private Anwender werden ca. 350 Angebote pro Jahr erstellt. Diese Anlagen haben meist eine Nennleistung von unter 1 MWp. Unabhängig der Anlagengröße bestehen alle Angebote aus kundenindividuellen Leistungen, mit denen Ertragswerte und Zustände einer Anlage von den Anlagenbetreibern überwacht sowie eine Fernwartung durch Rekonfiguration des Systems oder Systemupdates und Funktionalitäten für die automatische Benachrichtigung bei unerwünschten Systemzuständen betrieben werden können. Neben diesen Funktionalitäten werden zusätzliche Dienstleistungen zur Zustandsüberwachung und Instandhaltung angeboten. Das Kundenspektrum ist von privaten Personen, über Industrieunternehmen bis zu privaten und öffentlichen Anlagenbetreibern sehr breit gefächert und erfordert Erfahrungswissen aus vielen zuvor realisierten Photovoltaik-Projekten, um im Sinne einer langfristigen Kundenbeziehung während des gesamten Anlagenlebenslaufs einen kontinuierlich optimalen Service anbieten zu können. Um dieses Erfahrungswissen für bestehende wie auch neue Kunden bereitzuhalten und zu nutzen, benötigt die iPLON GmbH neuartige Methoden und Werkzeuge für ein anforderungsgetriebenes Service Engineering, das es ihr erlaubt, die vielfältigen Kundenanforderungen ihrer weltweit verteilten Kunden systematisch zu erfassen und zu verwalten sowie daraus gewonnenes Wissen für eine schnellere und effizientere Bereitstellung kundenindividueller Leistungsbündel anwendbar zu machen. Die iPLON GmbH erwartet dadurch eine Prozessverkürzung im Innendienst und damit auch eine Verkürzung der Liefer- und Bearbeitungszeiten um ca. 50-60%, die sich durch die Bereitstellung von automatisierten Abläufen und einer durchgängigen IT-Unterstützung erschließen lassen.

Fallbeispiel ModellTechnik: Hybride Produkte in der Produktentwicklung

Die ModellTechnik Rapid Protoyping GmbH ist seit über 20 Jahren anerkannter Dienstleister für die Produktentwicklung unterschiedlicher Branchen. Als Partner der Automobilindustrie, des Werkzeugbaus, der Elektroindustrie und der Medizintechnik sind ihr die Anforderungen der Fertigungsindustrie hinsichtlich Produktqualität, Service und Kundenkontaktmanagement vertraut. ModellTechnik ist auf den Bereich des Modell- und Prototypenbaus und dazugehörige Beratungs- und Ingenieursdienstleistungen spezialisiert. Technisch deckt ModellTechnik vom Formen- und Lehrenbau bis zur Kleinserienfertigung ein breites Angebotsspektrum ab und verfügt über zahlreiche Systeme des Rapid Prototyping, wie z. B. Stereolithographie, Laser Sintering, Fused Deposition Modeling, Vakuumgießen und Spin-Casting. Neben dem großen Spektrum an technischen Möglichkeiten bietet ModellTechnik eine Unterstützung für Ingenieursdienstleistungen und Beratung des Kunden in allen Projektphasen ihrer Entwicklung an. Abhängig von der Anwendung der Kunden werden die prozessbezogenen Serviceleistungen um eine Vielzahl an Fertigungsdienstleistungen ergänzt, die verschiedenste Verfahren wie das Tiefziehen, Laminieren, Niederdruckspritzen oder Fräsen zur Realisierung großer Strukturteile und Funktionsmuster beinhalten können. So werden dem Kunden immer individuelle Sach- und Dienstleistungsbündel angeboten, die ModellTechnik zu einem wichtigen Partner für industrielle Entwicklungsprojekte macht (vgl. Abbildung 5-2).

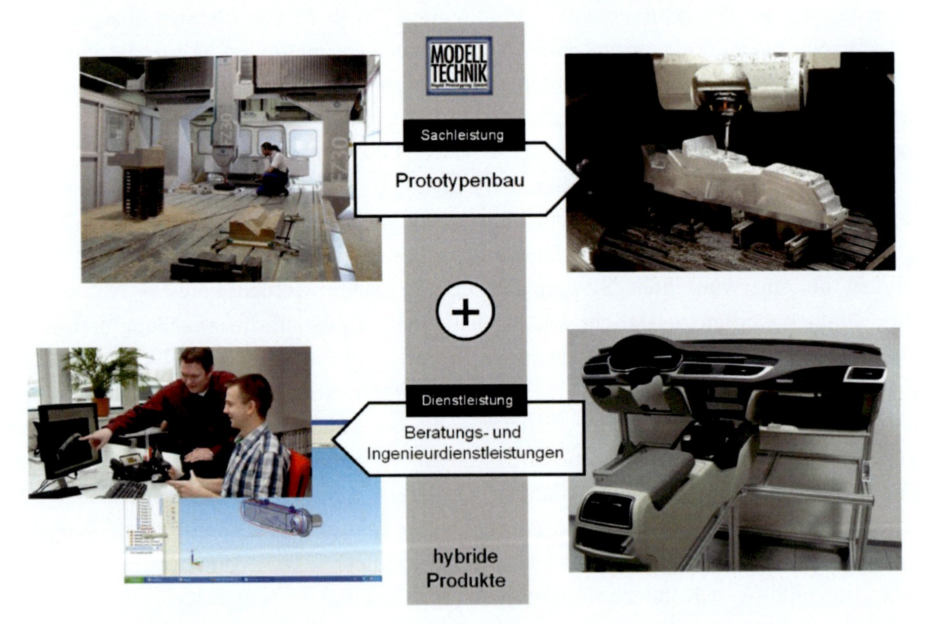

Abbildung 5-2: Hybride Produkte in der Produktentwicklung

Als innovativer Dienstleister für Kunden unterschiedlichster Branchen müssen einerseits pro Jahr tausende von Angeboten erstellt werden, andererseits ist ein intensiver Kundenkontakt für die Anforderungsspezifikation nötig, um entsprechend des Anwendungsziels die Auswahl der Werkstoffe und Fertigungsverfahren optimal berücksichtigen zu können. Während der Projekte kommt es häufig zu Änderungen, die in vielen Fällen durch eine bessere und durchgängige Kundenintegration reduziert werden könnten. Die ModellTechnik GmbH setzt hierbei Methoden des Anforderungsmanagements ein, die jedoch aufgrund der zunehmenden Verkürzung der Entwicklungsprozesse eine geeignete IT-Unterstützung verlangen, um Abhängigkeiten zwischen benötigter Technologie und vorgesehener Produktverwendung gezielter nutzbar zu machen, damit der Kunde von der Angebotsbearbeitung bis zum Projektende optimal unterstützt wird. In diesem Spannungsfeld zwischen einer schnellen Erfassung der Anforderungen für die Angebotsbearbeitung und eines verbesserten Kundenkontakt-Managements sieht ModellTechnik eine wichtige Herausforderung zur Erschließung zukünftiger Wettbewerbsvorteile.

Im Rahmen des Verbundforschungsprojektes DIALOG sollte die Bereitstellung und Abwicklung der beiden Produkte im Geschäftsbereich des Prototypenbaus durch eine stärkere Kundenintegration massiv verbessert werden. Insbesondere in der Angebotsbearbeitung sieht ModellTechnik Einsparungspotenziale, um die jährlich ca. 5.000 Angebote für kundenindividuelle Leistungsbündel durch eine geeignete IT-Unterstützung zur Anfragenspezifikation und Angebotsbearbeitung sowie zum Kundenkontaktmanagement effektiver zu bearbeiten. Auf Basis eines verbesserten Anforderungsmanagements sollen die angebotenen Leistungen besser an die kundenindividuellen Rahmenbedingungen angepasst werden. Um im Kundenkontakt auf Anfragen und Änderungen effizienter und schneller einzugehen, sieht ModellTechnik den Bedarf an Werkzeugen, die die Kostenwirkung hinsichtlich der Leistungsanpassung in Abhängigkeit zur gewünschten Anwendung und geänderten Anforderungen sichtbar macht.

Ansätze für die Problemlösung

Der Einsatz des DIALOG Frameworks erfordert, wie in Abschnitt 3.4 beschrieben, auch in Bezug auf das Service Engineering die Nutzung von erweiterten PLM-Methoden, die die Modellbasis zur Harmonisierung der Kunden- und Anbietersicht bilden. Hierzu gehören insbesondere die Modellierung eines für den Kunden verständlichen Leistungsangebotes sowie ein erweiterter modellbasierter Umgang mit den Anwendungskontexten der Kunden. Für diese Abbildung der Herstellersicht bedarf es der Modularisierung des Leistungsangebotes auf Basis abstrakter Modelle, die als Masterkonfigurationen und durch Regeln und Constraints die Ableitung einzelner Leistungsbündel ermöglichen. Für die Referenzmodellierung der Kundensicht ist ebenfalls ein leistungsbezogener und modellbasierter Umgang mit den kundenindividuellen Gegebenheiten der Produktnutzung entscheidend. Die Integration der Kunden- und Anbietersicht über ein kontinuierliches leistungsbezogenes Feedback-Management und ihrer Kopplung in das Anforderungsmanagement ermöglicht es dienstleistungsorientierten Unternehmen, die Potenziale eines integrierten Anforderungsmanagements zu erschließen.

Im Rahmen des Projektes DIALOG wurden methodische sowie systemtechnische Lösungen entwickelt, die den Firmen ein wissensbasiertes Anforderungsmanagement ermöglichen und zur Verbesserung ihrer kundenbezogenen Geschäftsprozessen beitragen. Auf methodischer Ebene steht dabei die Realisierung eines Feedback-Managements-Ansatzes im Mittelpunkt (vgl. Abbildung 5-3). Dadurch sollte es den Firmen ermöglicht werden, eine kontinuierliche Anforderungsanalyse auf Basis von Feedback-Informationen zu betreiben und daraus gewonnenes Wissen für den Dialog zwischen Kunden und Anbietern innerhalb der Kundeninteraktion (Angebotsbearbeitung oder Service) zu nutzen. Durch die DIALOG-Lösungsbausteine wurde ein effektives Feedback-Konzept aus der Sicht des Anforderungsmanagements realisiert, das Produkt-, Kunden- und Kontextwissen in einem Metadatenmodell integriert. Dabei werden die Schritte Wissenserfassung, -verarbeitung und -verwendung unterteilt. Ausgangspunkt der Wissenserfassung bildet das sogenannte Feedback-Bezugsobjekt (FBO), das durch jeden Kundenauftrag instanziiert wird und während der weiteren Produktnutzungsphase im Zentrum des Kunden-Hersteller-Dialogs steht [PaRo-2010]. Die Wissensverarbeitung findet im DIALOG Business-Editor statt, durch den anschließend ein anforderungsbezogenens Beziehungswissensmodell erstellt werden kann (vgl. Abschnitt 4.3). Auf dieser Grundlage lässt sich während der Kunden-Hersteller Interaktionen in der Angebotsphase das so formalisierte Wissen verwenden, um die Spezifikationen kundenbezogener Leistungsbündel zu unterstützen [ScWR-2011].

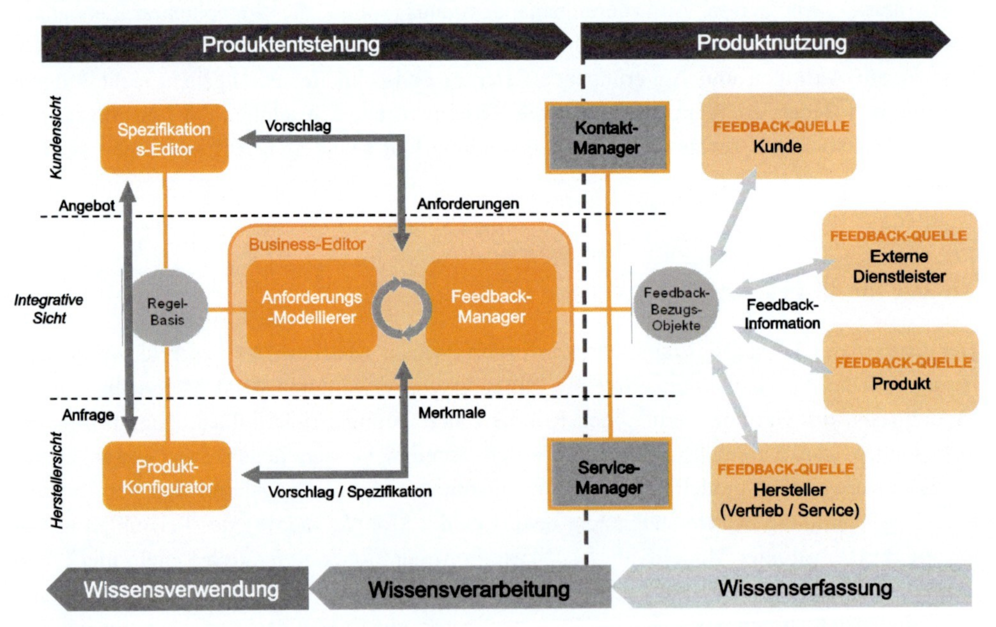

Abbildung 5-3: DIALOG-Methodik zur Erfassung und Verarbeitung von Feedback

Umsetzung | Realisierung

In beiden Unternehmen wurde zunächst die Modularisierung des Leistungsangebotes überprüft und die Referenzmodelle des Angebots- und Anwendungsspektrums über den DIALOG Business-Editor eingepflegt (vgl. Abschnitt 4.3). Da keine Anforderungsmanagementsysteme verwendet wurden, beschränkte sich die Modellierung der Anforderungen auf einen für die Harmonisierung der Sichten benötigten Teilbereich des Anforderungsmodells im Business-Editor. Durch den Business-Editor wird eine IT-unterstützte Kunden-Hersteller-Interaktion in den einzelnen Lösungsbausteinen Produktkonfiguration, Spezifikationseditor, Kundenkontaktmanger und Servicemanager ermöglicht, die über die Integrationsplattform entsprechend in die Geschäftsprozesse eingebunden sind. Im Folgenden wird anhand zweier Schwerpunkte der Einsatz der Lösungsbausteine bei den Firmen präsentiert.

Erfassung und Verarbeitung von Feedback (Fall iPLON)

Um eine laufende Überprüfung und Beherrschung der Komplexität der Kundensicht zu bewerkstelligen, hat die Firma iPLON ihr CRM um die DIALOG-Lösung erweitert und im After-Sales testweise eingesetzt. Hierdurch ist es ihr jetzt leichter möglich, Zustand und Wirkung ihrer Leistungen, aber auch Erfahrungswissen aus dem Feld über Feedback effizienter zu erfassen und dieses in regelmäßigen Abständen zu analysieren.

Für die Erfassung des Feedbacks stehen den Kunden sowie den internen und externen Servicemitarbeitern von iPLON entsprechende Funktionen in den Modulen Kundenkontaktmanager und Servicemanager bereit. Beide Lösungsbausteine erweitern als Portallösung die bestehenden Systeme um Funktionen der Feedback-Erfassung.

Der Servicemanager dient der Verwaltung und Bearbeitung kundenindividueller Aufträge. Durch die DIALOG-Lösung werden diese Instrumente um virtuelle Leistungs- und Kontextmodelle erweitert, die insbesondere die Serviceabwicklung erleichtern. So werden digitale Inbetriebnahme- oder Wartungsberichte aus den vorhandenen FBOs generiert, die es dem Servicemitarbeiter vor Ort erlauben, eigenes Feedback zu erkannten Störungen in die Dokumentation parallel aufzunehmen. Der Servicemitarbeiter kann somit mögliche Störquellen aus seiner Erfahrung heraus oder durch eine Kundenbefragung erkennen und dies durch die Auswahl und Bewertung der entsprechenden Einflussfaktoren und Kontextdaten per Feedbacktransaktion melden. Abbildung 5-4 zeigt die dafür umgesetzten einzelnen Komponenten des Servicemanagers.

Durch den Kundenkontaktmanager kann der Kunde auf die Leistung von iPLON zugreifen und in direkten Kontakt mit einem Kundenberater treten. Damit können sämtliche Interaktionen, von der Anfrageerfassung über die Angebotserstellung, bis zur Bestellung von Ersatzteilen oder Serviceanfragen digital abgewickelt werden. Für sie war in der Vergangenheit sowohl zur Erstellung der Dokumentation als auch für deren Überprüfung ein erheblicher Mehraufwand für iPLON und seine Kunden in Form manueller Arbeit notwendig. Ferner können die Kunden der iPLON GmbH durch den Kundenkontaktmanager den Zustand ihrer

Produkte und Leistungen überwachen und Störungen direkt melden. Für den Kunden ist es überaus reizvoll, somit auch ein teilweise ortsungebundenes Anlagenmanagement betreiben zu können, das eine ganzheitliche Sichtweise auf seine Anlage umfasst. Neben der Zustandsüberwachung, können somit bei Bedarf direkt kompatible Leistungen bestellt werden.

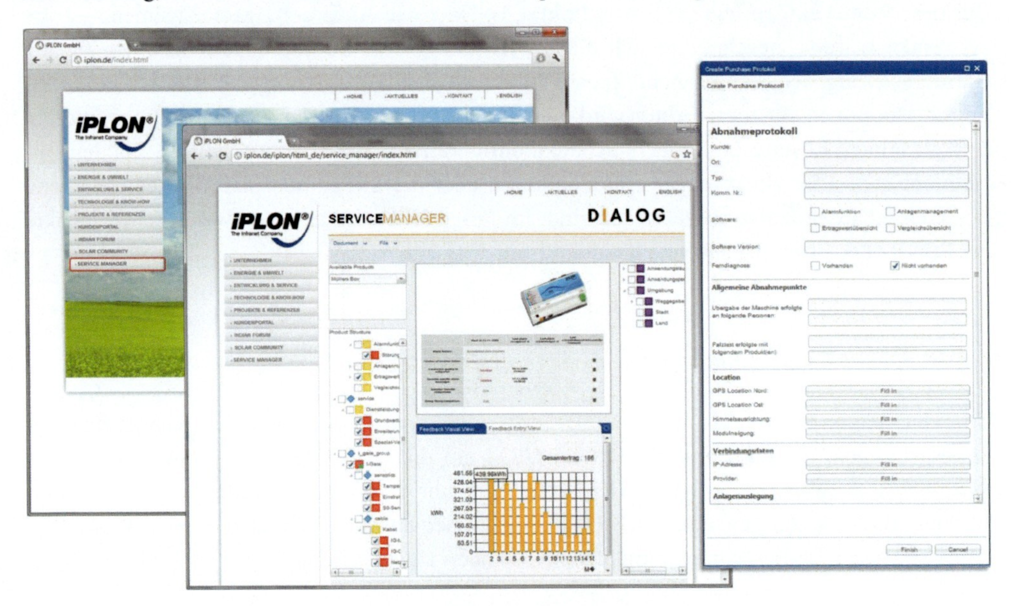

Abbildung 5-4: Feedbackerfassung im Servicemanager

Zur Feedbackanalyse stehen iPLON Werkzeuge im Feedback-Manager bereit. Dieser stellt eine weitere Sicht des Business-Editors dar (vgl. Abschnitt 4.3). Durch den Feedback-Manager kann iPLON seine Feedback-Kommunikation definieren und so bestimmen, wie, zu welchen Leistungen und welcher Typ von Feedback angefordert werden soll. Grundsätzlich werden nach der Art des Feedbacks zwei Gruppen unterschieden (vgl. Abschnitt 3.4). Aktives Feedback kann unaufgefordert vom Kunden zu jeder Zeit abgegeben werden. Typisches Beispiel sind Bewertungen (Ratings) in Folge von Beschwerden oder Fehlermeldungen (Signal) über die Sensoren. Passives Feedback hingegen wird von iPLON nach Bedarf an den Kunden zur Rückantwort verschickt. In Abbildung 5-5 wird die Benutzeroberfläche exemplarisch für die Auswertung von Feedback dargestellt. Aus dem analysierten Feedback kann iPLON das anforderungsbezogene Wissen in Form von Strukturen und Regeln (ABW) bereitstellen, das wiederum in der Angebotsbearbeitung benötigt wird.

Für iPLON ermöglicht dies, jede Kundenbeziehung leistungsbezogen zu analysieren und dadurch ihr Leistungsangebot und Kundenorientierung weiter zu verbessern.

Wissensbasierte Spezifikation (Fall ModellTechnik)

Für den Vertrieb steht der Firma ModellTechnik der DIALOG-Produktkonfigurator zur Verfügung. Dieser erfasst über einen integrierten Spezifikationseditor die Kundenanforderungen in Bezug auf die relevanten Anwendungs- und Einsatzbedingungen und generiert Konfigurationsvorschläge zur Weiterverarbeitung. So werden die Leistungen in Abhängigkeit zu den bestehenden Rahmenbedingungen und des Kundenprofils spezifiziert und damit frühzeitig abgeprüft, inwieweit die ausgewählten Komponenten auch dem späteren Einsatzbereich entsprechen [Wica-2011]. Häufig sind Detailinformationen nicht immer erkennbar und ziehen bei Vernachlässigung zusätzliche Kosten und Zeitaufwendungen nach sich. Durch die frühe Überprüfung der Anforderungen und Leistungsfunktionen während des ersten Kundenkontaktes wird die Erfolgsrate in der Angebotserstellung hierdurch stark erhöht.

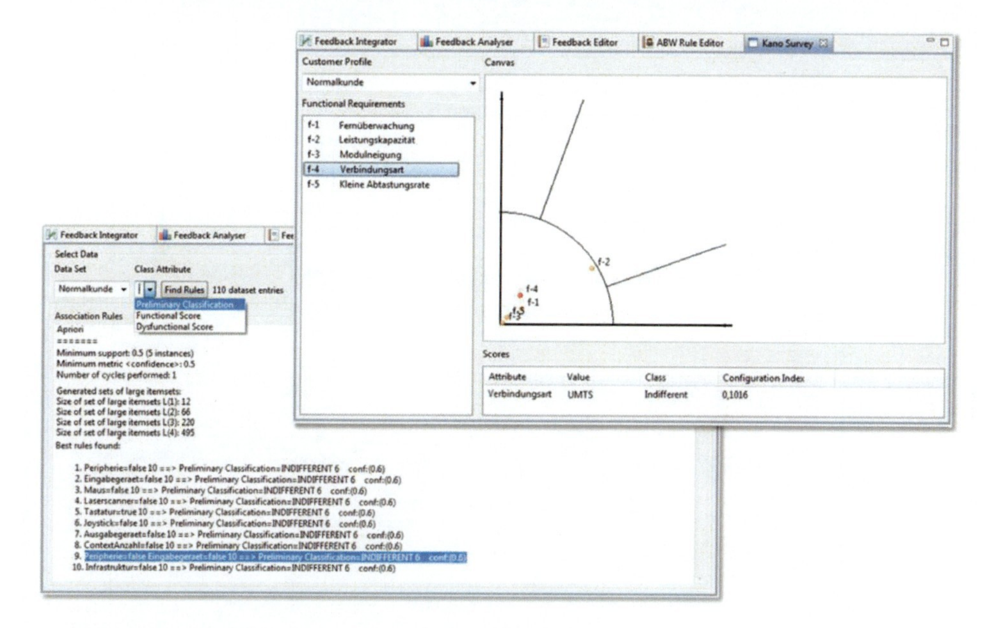

Abbildung 5-5: Feedbackauswertung im Business-Editor

ModellTechnik erhofft sich durch den Einsatz des DIALOG-Produktkonfigurators eine massive Entlastung und Verbesserung im Angebotsprozess. Auch hierbei dient der Kundenkontaktmanager dem Kunden als erste Kontaktstelle. Der Kunde formuliert seine Anfrage auf der ModellTechnik-Internetseite, auf der er über die angebotenen Funktionen des Spezifikationseditors Angaben zu Branche, zum Anwendungsziel und zu ersten wichtigen Anforderungen machen kann, um einen Leistungsvorschlag zu erhalten. Seine Angaben werden entsprechend der Wissensbasis durch dynamische Abfragen weiter konkretisiert. Diese kann der Kunde jedoch jederzeit abbrechen, um direkt ein Angebot anzufordern. Der Vertriebsmitarbeiter im Innendienst bekommt eine Information über diese Anfrage per E-Mail, gleichzeitig wird sie automatisch im ERP-System erfasst. Über den Produktkonfigurator kann der Vertriebsmitarbeiter das Angebot nach den Vorgaben des Kunden und den technischen Möglichkeiten erstellen und versenden.

Der Produktkonfigurator wurde von der Firma SGP GmbH als eine auf Portaltechnologie basierende Webanwendung entwickelt (vgl. Abbildung 5-6). Mit seiner Hilfe können die Vertriebsmitarbeiter ein im DIALOG Business-Editor modelliertes abstraktes Leistungsbündel (vgl. Abschnitt 4.3) kundenindividuell konfigurieren. Die Konfiguration eines Produkts findet nutzerbezogen statt. Deshalb muss sich der Anwender zunächst über das Login-Portlet authentifizieren. Nach erfolgreichem Login werden die Portlets zur Konfiguration freigeschaltet. Im Produktwahl-Portlet kann eine neue Produktkonfiguration erstellt werden. Über die Auswahl eines Produkttyps werden die zugeordneten abstrakten Leistungsbündel dargestellt. ModellTechnik hat hierbei sein Leistungsspektrum im Vorfeld über den Business-Editor für den Vertrieb strukturiert. Der Vertriebsmitarbeiter kann nun eine solche abstrakte Leistung auswählen und die für das Angebot gewünschte konkrete Konfiguration beginnen.

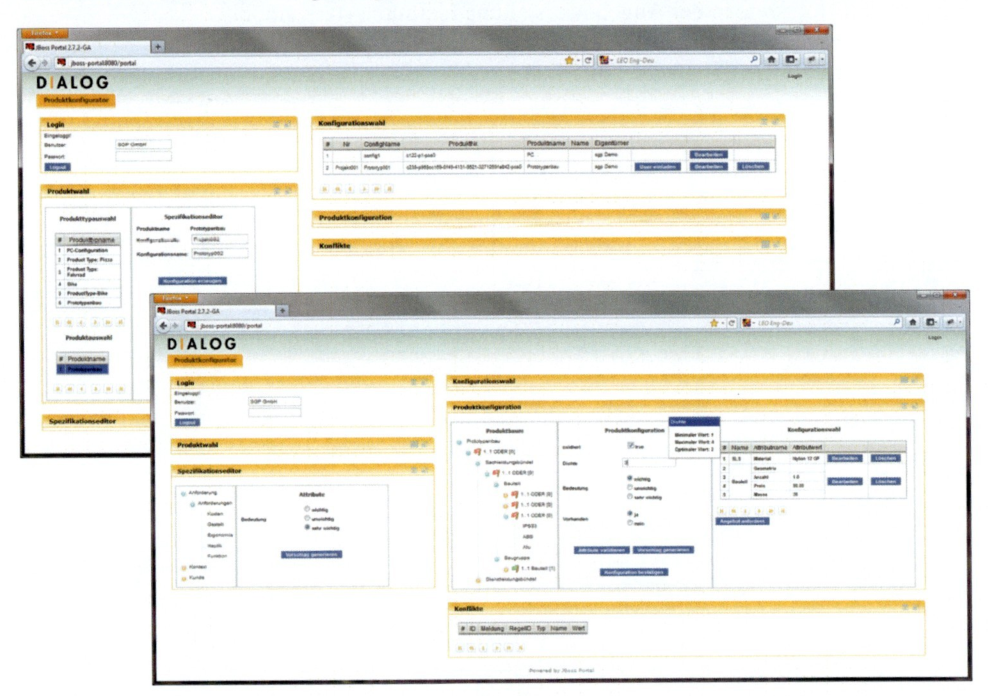

Abbildung 5-6: Erstellen, Auswählen und Konfigurieren eines Leistungsbündels im DIALOG Business-Editor

Alle bereits angelegten Konfigurationen des Vertriebsmitarbeiters werden im Konfigurationswahl-Portlet dargestellt. Hier können Konfigurationen bearbeitet oder wieder gelöscht werden. Hat der Anwender eine Konfiguration zur Bearbeitung ausgewählt, wird das konkrete Produkt im Produktkonfigurations-Portlet dargestellt. Außerdem werden weitere Spezifikationen zur Anforderung, zum Kontext und zum Kunden in das Spezifikationseditor-Portlet geladen. Sollten zu dem Zeitpunkt Konflikte vorhanden sein, werden diese in das Konflikte-Portlet geladen.

Das Produktkonfigurations-Portlet ist in drei Bereiche aufgeteilt (vgl. Abbildung 5-6). Links ist der Strukturbaum des Leistungsbündels mit sämtlichen Unterpositionen dargestellt. Ein erweitertes Ampelsystem teilt mit, welche Positionen aktuell konfigurierbar sind und welchen Status diese haben. Dabei gibt der vordere Zahlenbereich an, wie viele Produkte allgemein konfigurierbar sind (z. B. 1..2 - mindestens eins, aber maximal zwei Produkte gleichzeitig dürfen konfiguriert werden). Die hintere Zahl in eckigen Klammern gibt an, wie viele Produkte bereits konfiguriert wurden. Über die Flaggen wird dies nochmals visuell aufbereitet. Bei der Auswahl einer Leistungsposition im Baum erscheinen im mittleren Bereich die zu konfigurierenden Attribute der Leistung. Hier kann der Vertriebsmitarbeiter die konkreten Eigenschaften des Leistungsbündels nach seinen Wünschen definieren. Hilfestellung bekommt er durch Informationen in Form von Tooltips, die bei den jeweiligen Attributen sichtbar werden. Die so spezifizierten Leistungen können dann mit Hilfe der hinterlegten Regeln validiert werden. Befinden sich Konflikte in der Konfiguration, werden sie im *Konflikt-Portlet* dargestellt und die Übernahme wird abgebrochen. Andernfalls werden sie auf die rechte Seite des Portlets übernommen. Sie können nochmals bearbeitet oder wieder verworfen werden.

Falls alle Unterpositionen auf diese Art konfiguriert sind und es keine roten Flaggen mehr gibt, kann die komplette Konfiguration zur Angebotserstellung versandt werden. Fehlen aufgrund der noch nicht vollständigen Anforderungsspezifikation wichtige Daten, kann der Vertriebsmitarbeiter diese per E-Mail anfordern. Dadurch wird der Kunde erneut auf den Kundenkontaktmanager, der es ihm ermöglicht, die restlichen Anforderungen zu spezifizieren, geführt. Alternativ kann der Vertriebsmitarbeiter dies im direkten Kundengespräch über das Spezifikationseditor-Portlet des Produktkonfigurators tun.

ModellTechnik kann dadurch schneller und zuverlässiger als bisher Angaben zu Preis und Lieferzeit machen sowie ein Angebot per E-Mail versenden. Ferner erhalten die Kunden die Möglichkeit, über den Kundenkontaktmanager ihre Angebote jederzeit einzusehen und anzupassen. Ändert der Kunde seine Anforderungen, kann er seine geänderte Anfrage dem Vertrieb übermitteln. Dieser nimmt die entsprechenden Änderungen im Angebot auf, das damit automatisch versioniert und als Nachtragsangebot an den Kunden weitergeleitet wird.

Ergebnisse | Erfahrungen

Durch die strukturierte Sammlung und Auswertung von Feedback-Informationen lassen sich bereits bei der Angebotserstellung Fehler vermeiden, zeitliche Ressourcen einsparen und Lösungsalternativen einfacher ermitteln. Das Wissen über Abhängigkeiten von Anforderungen und deren gegenseitige Beeinflussung kann im Sinne eines ganzheitlichen Ansatzes dazu beitragen, Kundenanforderungen schneller und besser in geeignete Leistungsmerkmale umzusetzen. Passen beispielsweise Herstellungsart und Werkstoff nicht zusammen, wird dies bereits bei der Konfiguration des Angebotes sofort erkannt. Die hier eingesetzte Software-Unterstützung durch DIALOG bietet den Firmen eine große Hilfe. Der Abstimmungsaufwand zwischen zuständigen Bearbeitern und Kunden, der für die Spezifikation von Anlage-, Funktions- und Infrastrukturprofilen erforderlich ist, wird damit stark reduziert. Dadurch ist es den technischen Mitarbeitern möglich, sich stärker auf ihr Kerngeschäft zu konzentrieren. Durch das strukturierte Erfassen des Feedbacks aus der Inbetriebnahme oder infolge von Serviceeinsätzen während der Nutzungsphase können anforderungsbezogene Abhängigkeiten zwischen Nutzungsinformationen und Leistungen schnell erkannt werden. Dies ermöglicht es iPLON und ModellTechnik, eine kontinuierliche Verbesserung ihres kundenindividuellen Leistungsangebots und der kundenbezogenen Prozesse aufgrund planbarer Eventualitäten vorzunehmen. Sie ist insbesondere für hybride Produkte von wesentlicher Bedeutung.

5.2 Technische Angebotsklärung bei der Projektierung von Papierfalzmaschinen

Daniela Heilig-Grein und Thomas Stoll

Ausgangssituation | Problemstellung | Rahmenbedingungen

Papierfalzmaschinen der MBO Maschinenbau Oppenweiler Binder GmbH & Co. KG sind komplexe, langlebige Wirtschafts- bzw. Investitionsgüter. Komplexität und Variantenvielfalt stellen bekanntermaßen höchste Anforderungen an die Projektierung und Angebotsbearbeitung. Die Langlebigkeit der Maschinen und Aggregate fordert andererseits das Service Management und den Kundendienst heraus. Weltweite Produktionsstandorte und Serviceabteilungen machen außerdem die Implementierung aufwendiger Abstimmungsprozesse in der gesamten Unternehmensgruppe notwendig und kommen nicht ohne eine kontinuierliche Prozessverbesserung und Rationalisierung dieser Bereiche aus. Nicht zuletzt ist die kostengünstige Produktion trotz hoher Variantenvielfalt eine wesentliche Herausforderung der Zukunft.

Kundennähe auf höchstem Niveau zu praktizieren, ist Teil der Unternehmensphilosophie von MBO. Angebotsbearbeitung, Beratung, Verkauf und Service müssen deshalb konsequent am Kunden mit seinen Bedürfnissen und Anforderungen ausgerichtet sein. Eine Kunde-Hersteller-Beziehung ist langfristig nämlich nur dann erfolgreich, wenn die Bearbeitung der Anfragen zu schnellen, individuellen und qualitativ hochwertigen Angeboten führt und die Abwicklung der zugehörigen Aufträge, einschließlich aller späteren Produktserviceleistungen, zur vollsten Zufriedenheit des Kunden erfolgt. Voraussetzung hierfür ist ein transparentes und effizientes Kundenkontaktmanagement, das eine enge Zusammenarbeit der Abteilungen Vertrieb (Angebotsbearbeitung) und Kundenservice (Service Management) erfordert.

Die allgemeinen Zielsetzungen von MBO innerhalb des DIALOG-Projektes sehen deshalb eine Optimierung der Prozesse im Kundenkontakt- und Servicemanagement vor. Im Einzelnen bedeutet dies:

- Beschleunigung der Angebotsbearbeitung
  - Schnelle Auswahl der richtigen Maschinen-Grundvariante
  - Reduzierung des Projektierungsaufwandes
  - Erstellung qualitativ hochwertiger, individueller Angebote
- Verbesserung des Service Managements
  - Reduzierung der Serviceeinsätze
  - Senkung der Servicekosten
  - Rückführung von Erfahrungswissen aus der Produktnutzung und Serviceabwicklung in den Vertrieb
- Beschleunigung der Innovationszyklen bei Produktneu- und -weiterentwicklungen

Grundlage hierfür ist die Erarbeitung neuer Methoden und prototypischer Werkzeuge, die eine effiziente Kommunikation zwischen Kunde und Hersteller, eine schnelle und korrekte Abwicklung von Kundenanfragen bis hin zur Rückführung von Feedback und Erfahrungswissen aus Servicemaßnahmen unterstützen. Konkret ergeben sich folgende Handlungsbedarfe:

- Optimierung der Abstimmungsprozesse durch Verkürzung der Informationswege und Iterationsschleifen
    - Reduzierung von Medienbrüchen bei der Kommunikation zwischen MBO und potenziellen Kunden
    - Integration der vertriebs- und serviceorientierten CRM- und PDM-/PLM-Funktionen der Engineering-Bereiche
- Reduzierung von Fehlern durch durchgängige Berücksichtigung der Kundenanforderungen als steuernde Parameter
    - Ursprüngliche Kundenanforderungen müssen Schritt für Schritt weiter verfeinert, bereichsübergreifend bereitgestellt und berücksichtigt werden.
    - Kundenanforderungen müssen von Beginn an virtualisiert und auf technische Funktionen der Lösung abgebildet werden (Iterationen, SOLL-IST-Abgleich, Auflösen von Widersprüchen etc.).
- Qualitative Verbesserung der Lösungen durch systematische Nutzung von Kunden- und Mitarbeiter-Feedback
    - Kunden-Feedback muss als Anstoß für die kontinuierliche Produkt- und Prozessinnovation verstanden werden (externes Innovationspotenzial durch Kundenanforderungen).
    - Informationen aus dem Service (Wartung und Instandhaltung) müssen systematisch als Erfahrungswissen für Innovationen genutzt werden.

Aus Sicht von MBO gelingt dies durch die Kombination von Lösungsansätzen aus der Forschung mit dem Erfahrungswissen der MBO-Fachbereiche und unter Einbeziehung von Systemanbietern.

Pilotprodukt im Rahmen des Projektes

Im Rahmen des DIALOG-Projektes wurde als Pilotprodukt für das Szenario „Technische Angebotsklärung bei der Projektierung von Papierfalzmaschinen“ die in Abbildung 5-7 dargestellte MBO Taschen-Falzmaschine T 1420 Perfection ausgewählt.

Abbildung 5-7: MBO Taschen-Falzmaschine T1420 Perfection

Taschen-Falzmaschinen arbeiten nach dem sog. Taschen- bzw. Stauchfalzprinzip (vgl. Abbildung 5-8). Dabei wird der bedruckte Papierbogen von einer *Einzugswalze (1)* und einer darunterliegenden *Falzwalze (2)* in die *Falztasche* eingeführt. Er läuft bis zu einem voreingestellten *Anschlag* und stößt an. Da der Bogen gleichzeitig weitertransportiert wird, bildet sich im Raum zwischen den Walzen ein Stauch, der von zwei rotierenden *Falzwalzen (2 und 3)* erfasst und gebrochen wird. Der Falzwalzenabstand richtet sich nach der Stärke des Falzbogens. Falztaschen können geschlossen werden, wodurch ein Falzen an dieser Stelle unterbleibt.

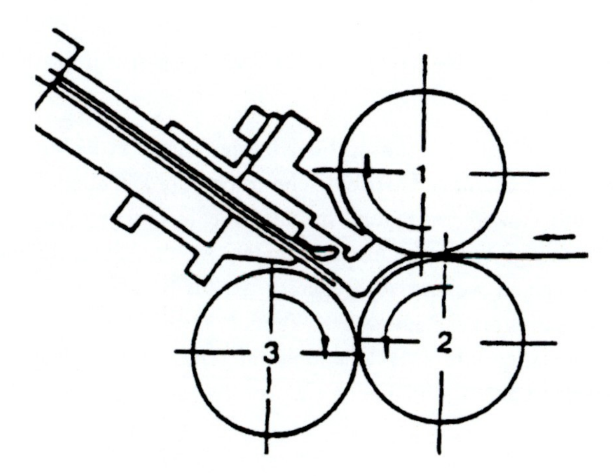

Abbildung 5-8: Taschen- bzw. Stauchfalzprinzip

Taschen-Falzmaschinen sind nach einem Baukastensystem konstruiert. Einzelne Falzaggregate lassen sich beinahe beliebig zusammenstellen. Vom grundsätzlichen Aufbau her ist die Anordnung der Aggregate schematisch in Abbildung 5-9 dargestellt. Zunächst werden bedruckte Papierbögen über sog. Anleger der eigentlichen Falzmaschine zugeführt. Typische

Anleger-Varianten sind Flachstapelanleger (*F-Anleger*), Palettenanleger (*FP-Anleger*) oder Rundstapelanleger (*R-Anleger*). Nach dem *Ausrichtetisch*, auf dem die Bögen vereinzelt und ausgerichtet werden, folgt als erstes Falzaggregat immer das *Falzwerk I*. Standard-Ausführungen einer MBO Taschen-Falzmaschine haben im Anschluss daran zwei mobile Falzaggregate (*Falzwerk II und III*). Ein Falzaggregat besteht in der Regel aus zwei bis sechs Falztaschen, die abwechselnd nach oben und unten angeordnet sind. Nach jedem Aggregat kann das verarbeitete Produkt (Papier) mit Hilfe einer sog. *Auslage* gesammelt werden. Auch bei den Auslagen kann je nach Kundenanforderung aus unterschiedlichen Varianten ausgewählt werden.

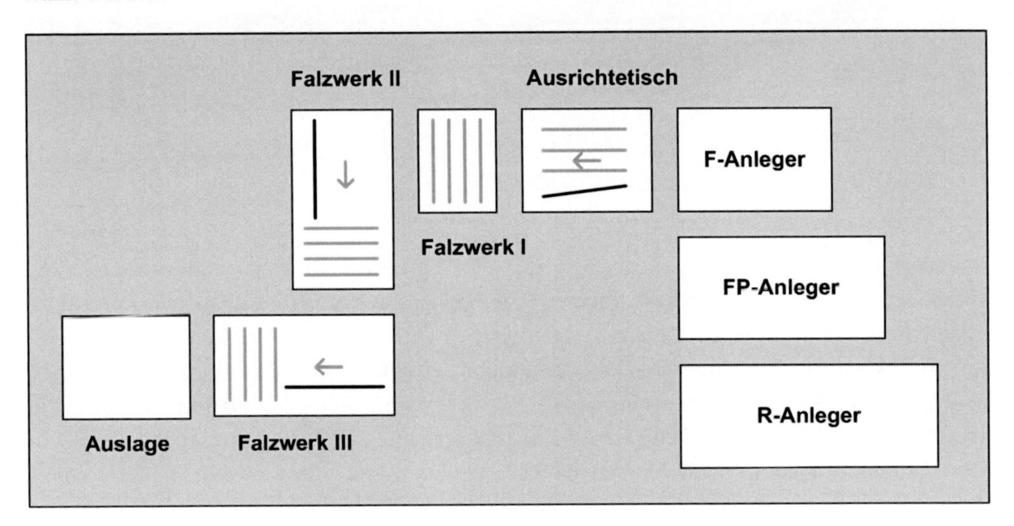

Abbildung 5-9: Anordnung der Aggregate einer MBO Taschen-Falzmaschine

Nicht im Schema dargestellt ist der Transport des Papierbogens zwischen den Falzaggregaten durch Eckförder-, Schrägband- oder Überleittische mit entsprechenden Transportwalzen oder Bändern. Sie führen die Falzbögen gegen Anschlaglineale und richten sie für die nächsten Falzungen aus. In Abhängigkeit der Anforderungen an das herzustellende Produkt sind zwischen den Falzaggregaten weitere Aggregate z. B. für Stanzen und Perforieren, Leimen und Heften oder Pressen vorzusehen. Auch können mit Hilfe sog. Zuführeinrichtungen unterschiedlichste Materialien wie z. B. CDs und ähnliches in den Materialfluss eingebracht werden. Taschen-Falzmaschinen sind leicht einzustellen und können mehrere Drucknutzen gleichzeitig verarbeiten.

Die Komplexität, die sich aus beinahe grenzenlosen Kombinations- und Interaktionsmöglichkeiten von Einzelaggregaten verschiedenster Hersteller ergibt, wird durch die Ausstattungsvarianten der Aggregate noch erhöht. Wie in Abbildung 5-10 dargestellt, kann die Standardausstattung eines Falzaggregats den Kundenanforderungen folgend durch zahlreiche Alternativ- und Zusatzausstattungen weiter angepasst werden.

Typische Zusatzausstattungen sind neben *Lärmdämmeinrichtungen* oder komfortableren Steuerungen mit *Touch Screens* insbesondere Funktionsbausteine, die ein schnelleres Umrüsten ermöglichen. Beispiele hierfür sind motorisch verstellbare *Fensterfalztaschen* oder leicht austauschbare *Messerwellenkassetten*.

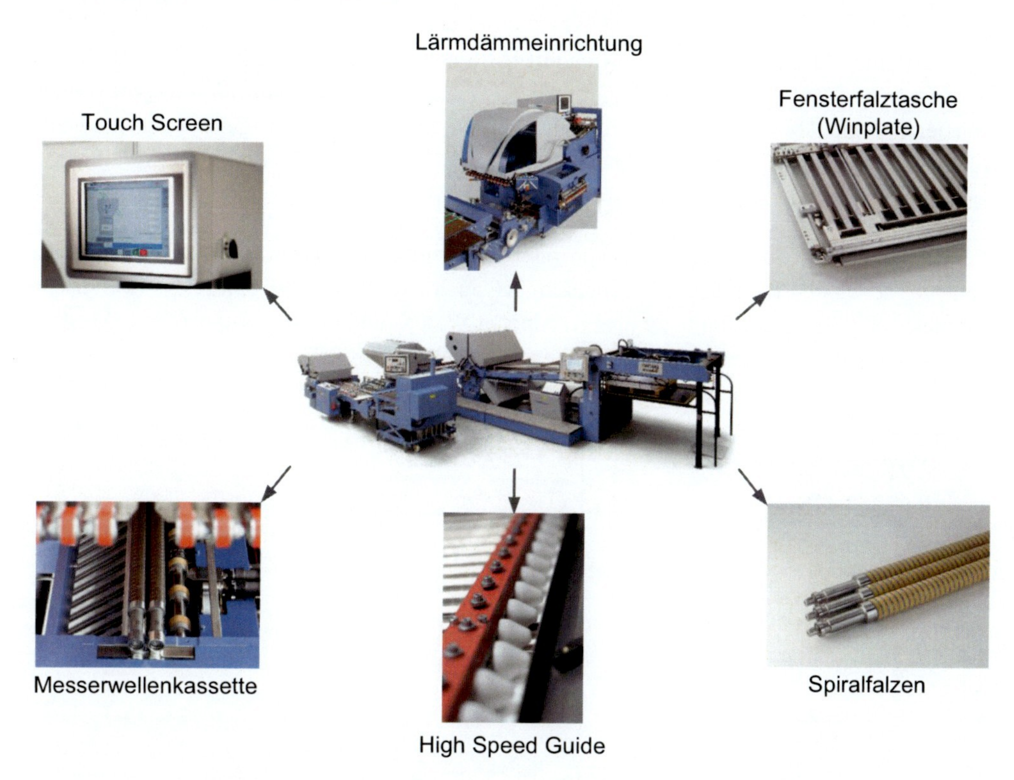

Abbildung 5-10: Alternativ- und Zusatzausstattungen einer MBO-Falzmaschine

Ansätze für die Problemlösung

Die innerhalb der MBO-Gruppe eingesetzten vertriebsunterstützenden Anwendungssysteme verwalten sämtliche Maschinenkategorien und -bautypen mit dazu kombinierbaren Falzwerken und Aggregaten. Auf Basis dieser Daten ist das Vorgehen bei der Vorkonfiguration und Projektierung heute zweistufig:

- Zunächst konfiguriert der Vertrieb mit Hilfe des sog. Vertriebsblatts die Einzelaggregate mit ihren jeweiligen Ausstattungsvarianten. Zum ersten Falzaggregat einer MBO Taschen-Falzmaschine 1420 Perfection gehören beispielsweise 120 Ausstattungs- bzw. Preislistenpositionen, aus denen im bautypspezifischen Vertriebsblatt ausgewählt werden kann. Bei Standardkonfigurationen reicht das Vertriebsblatt als Grundlage für die Angebotserstellung aus.
- Im Auftragsfall bearbeiten die Fachleute aus der Mechanik- und Elektro-Konstruktion anschließend das Maschinenblatt. Mit ca. 800 Einträgen umfasst es in unserem Beispiel die

Maximalstückliste des Falzwerks I einer T 1420. Diese sog. höheren Stücklistenpositionen sind in Ausstattungsgruppen und -kategorien unterteilt. Die Konfiguration des Maschinenblatts dient als Basis für die Auftragsbestätigung. Bei Kundenanfragen mit hohem Neuheitsgrad wird das Maschinenblatt bereits während der Projektierung erstellt.

Vertriebs- und Maschinenblatt lassen sich mit Hilfe von Parametern wie z. B. dem gewünschten *Bautyp* und *Anleger* oder der benötigten *Steuerung* und *Taschenanzahl* ein gutes Stück reduzieren (vgl. Abbildung 5-11). Für eine konsistente Anlagenkonfiguration ist es heute jedoch noch zwingend notwendig, dass Experten aus Vertrieb und Technik die verbleibenden Positionen überprüfen und weiterbearbeiten.

Die Parameter werden in hierarchischen oder netzartigen Strukturen dargestellt. An dieser Stelle sei erwähnt, dass sowohl Produkte als auch Ausstattungen zahlreiche technische Parameter über ihre Zuordnung zu übergeordneten Waren- und Produktgruppen bzw. Maschinengruppen und Bautypen automatisch zugewiesen bekommen.

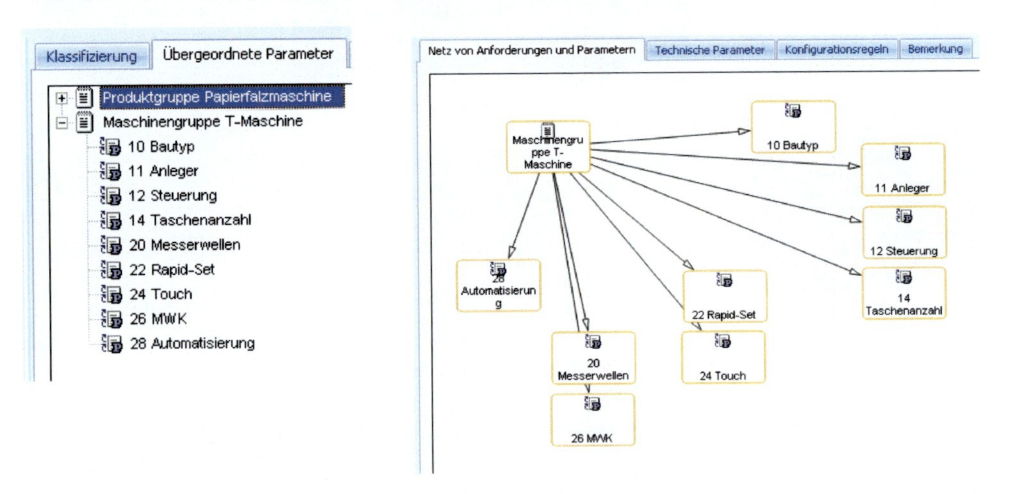

Abbildung 5-11: Darstellungsmöglichkeiten technischer Parameter einer T-Maschine

Weil einerseits die momentan verwendeten technischen Parameter für eine konsistente Auflösung von Vertriebs- und Maschinenblatt nicht ausreichen und andererseits für den Dialog mit dem Kunden ungeeignet sind, soll der Prozess der Angebots- und Auftragskonfiguration in Punkto Geschwindigkeit und Zuverlässigkeit mit Hilfe eines Sets initial formulierter Anforderungen und deren methodischer Weiterentwicklung wesentlich verbessert werden. Zusammen mit dem Feedback aus Kundendienst und Service soll bereits während des ersten Kundenkontakts auf Erfahrungen aus der Vergangenheit zurückgegriffen werden.

Umsetzung | Realisierung

Jede Geschäftsanbahnung, sei es zu Neukunden, die zum ersten Mal mit MBO in Kontakt treten, oder zu Bestandskunden, die ihren Maschinenpark modernisieren bzw. erweitern möchten, wird mit Hilfe eines Kontaktmanagers unterstützt. Neukunden kontaktieren MBO i. d. R. über die Unternehmens-Homepage oder die Web-Seiten der Vertretungen. Bestandskunden wenden sich an ihre Vertretung und deren Verkäufer. Neben den Adress- und Ansprechpartnerdaten werden im Kontaktmanager die Anforderungen an die mit MBO Maschinen herzustellenden Produkte und den Produktionsprozess sowie die organisatorischen Rahmenbedingungen aus Sicht des Kunden dokumentiert. Konkret könnten beispielsweise folgende Anforderungen verbal formuliert werden:

- Initiale Anforderungen an die herzustellenden Produkte
  - Es sollen Flyer und Grußkarten hergestellt werden.
  - Als Falzmuster kommen Zick-Zack-, Fenster- und Wickelfalz zum Einsatz.
  - Die Papierformate liegen im Bereich zwischen 24 cm und 76 cm.
  - Viele Produkte sind zu perforieren und zu stanzen.
- Anforderungen an den Produktionsprozess
  - Die Anlage muss schnell umgerüstet werden können.
  - Die Papierbögen sollen ohne größeren Kraftaufwand angelegt werden können.
  - Die Steuerung soll über einen Touch Screen erfolgen.
  - Die Falzmaschine soll möglichst leise sein.
- Anforderungen an die Umgebung und organisatorische Rahmenbedingungen
  - Die Maschine soll im südamerikanischen Peru eingesetzt werden.
  - Die Lieferzeit darf maximal 12 Wochen betragen.
  - Das Budget liegt bei maximal 185.000 €.
  - Die Dokumentation der Maschinenbedienung muss in spanischer Sprache erhältlich sein.
  - Maschineneinrichtung und Service müssen durch spanisch sprechende Techniker erfolgen.

Diese mehr oder weniger verbal formulierten initialen Anforderungen des Interessenten führen zur Vorauswahl der Grundkonfiguration einer MBO Taschen-Falzmaschine T 1420 Perfection. Für diese wird im Angebotsmodul ein Angebot mit entsprechender Position angelegt.

Abbildung 5-12 zeigt die *Angebotsposition* mit der Bezeichnung „MBO Taschen-Falzmaschine T 1420 Perfection“. Dieser sind die mit *Ursprung* „extern“ und *Typ* als „qualitativ“ oder „quantitativ“ gekennzeichneten Anforderungen des Kunden zugeordnet. Die Anforderungen sind als „MUSS (Festanforderung)“, „SOLL (Zielanforderung)“ oder „KANN (Wunschanforderung)“ gewichtet (vgl. Feld *Gewichtung*). Auch die Einträge in den Feldern

Wert und *Einheit* wurden aus den entsprechenden Angaben des Kontaktmanagers übernommen.

Im nächsten Schritt werden die verbal formulierten initialen Anforderungen des Kunden zunächst in interne MBO-Anforderungen zerlegt. So führt die 7. Anforderung „Maschinensteuerung mit Hilfe eines Touch-Bildschirms“ durch Zerlegung zu den beiden internen Anforderungen „Steuerung“ und „Touch“.

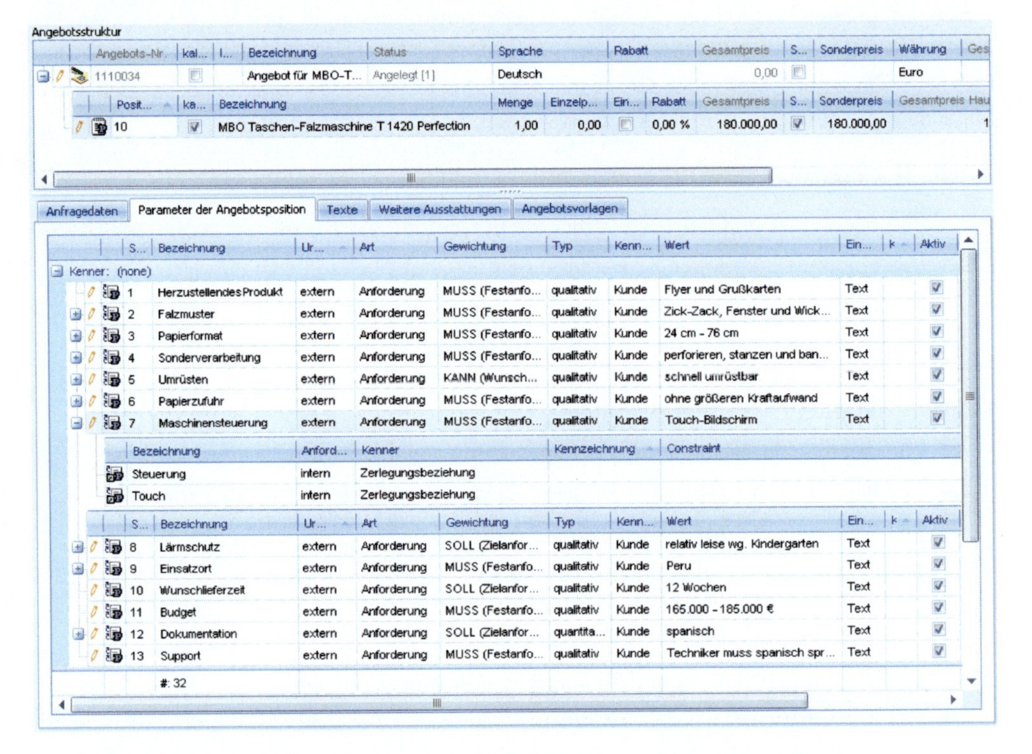

Abbildung 5-12: Initiale Anforderungen an eine MBO Taschen-Falzmaschine

Nach diesem ersten manuellen Schritt der Ableitung interner Anforderungen erfolgt als nächstes eine automatisierte Auflösung der Anforderungen nach zuvor festgelegten Regeln. Die so durch Ableitung erzeugten Anforderungen dienen schließlich der automatisierten Auflösung der Vertriebsstückliste und Übernahme der passenden Stücklistenpositionen in Angebotspositionen. Anschließend werden u. U. weitere technische Parameter hinzugefügt, Positionstexte modifiziert sowie Angebotspositionen preislich konditioniert und kalkuliert.

Zu jedem Zeitpunkt kann der Mitarbeiter des Vertriebsinnendienstes das Angebot auf Konsistenz der Konfiguration hin überprüfen. Hierbei werden die initialen Anforderungen des Kunden mit sämtlichen technischen Parametern (Eigenschaften) der Angebotspositionen verglichen. Inkonsistenzen und Widersprüche oder nicht berücksichtigte Anforderungen werden angezeigt, damit steuernd eingegriffen werden kann. Nur konsistente und kalkulierte Angebote können weiter verarbeitet werden.

Vor der Freigabe und eigentlichen Erstellung des Angebotsdokuments (vgl. Abbildung 5-13) werden die juristischen Konditionen, Standardtexte und das individuelle Anschreiben eingegeben. Dem Angebot werden gegebenenfalls mitgeltende technische und/oder kaufmännische Unterlagen wie z. B. Layout-Pläne der Maschinenaufstellung oder allgemeine Geschäftsbedingungen beigefügt.

Komplexität und Preis der Maschinen und Anlagen führen dazu, dass der Außendienst im Dialog mit dem Kunden die Angebotskonfiguration mehrfach überarbeiten muss. Das Angebotsmodul unterstützt diesen Prozess durch Methoden für die einfache Versionierung, damit die vorgenommenen Änderungen jederzeit revisionssicher nachvollzogen werden können.

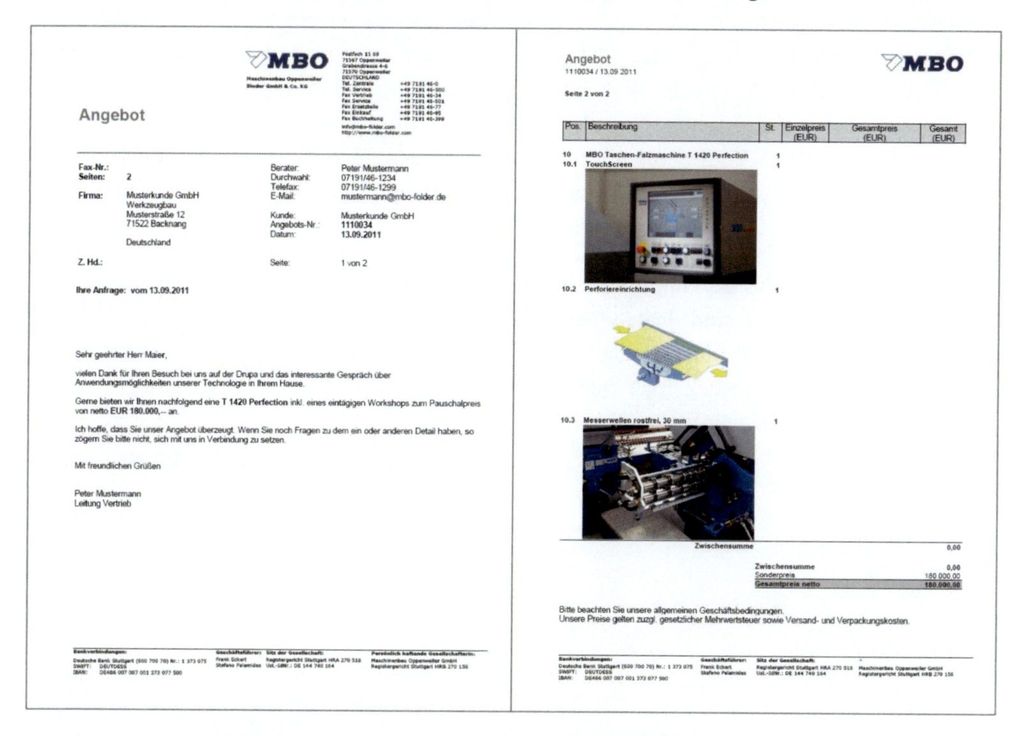
MBO
Maschinenbau Oppenweiler Binder GmbH & Co. KG

Postfach 11 69
71567 Oppenweiler
Grabenstrasse 4-6
71570 Oppenweiler
DEUTSCHLAND
Tel. Zentrale +49 7191 46-0
Tel. Service +49 7191 46-500
Fax Vertrieb +49 7191 46-34
Fax Service +49 7191 46-501
Fax Ersatzteile +49 7191 46-77
Fax Einkauf +49 7191 46-95
Fax Buchhaltung +49 7191 46-399
info@mbo-folder.com
http://www.mbo-folder.com

Angebot

Fax-Nr.:
Seiten: 2
Firma: Musterkunde GmbH
Werkzeugbau
Musterstraße 12
71522 Backnang

Deutschland

Z. Hd.:

Berater: Peter Mustermann
Durchwahl: 07191/46-1234
Telefax: 07191/46-1299
E-Mail: mustermann@mbo-folder.de

Kunde: Musterkunde GmbH
Angebots-Nr.: **1110034**
Datum: **13.09.2011**

Seite: 1 von 2

Ihre Anfrage: vom 13.09.2011

Sehr geehrter Herr Maier,

vielen Dank für Ihren Besuch bei uns auf der Drupa und das interessante Gespräch über Anwendungsmöglichkeiten unserer Technologie in Ihrem Hause.

Gerne bieten wir Ihnen nachfolgend eine **T 1420 Perfection** inkl. eines eintägigen Workshops zum Pauschalpreis von netto **EUR 180.000,--** an.

Ich hoffe, dass Sie unser Angebot überzeugt. Wenn Sie noch Fragen zu dem ein oder anderen Detail haben, so zögern Sie bitte nicht, sich mit uns in Verbindung zu setzen.

Mit freundlichen Grüßen

Peter Mustermann
Leitung Vertrieb

Angebot
1110034 / 13.09.2011

Seite 2 von 2

MBO

Pos.	Beschreibung	St.	Einzelpreis (EUR)	Gesamtpreis (EUR)	Gesamt (EUR)
10	**MBO Taschen-Falzmaschine T 1420 Perfection**	1			
10.1	**TouchScreen**	1			
10.2	**Perforiereinrichtung**	1			
10.3	**Messerwellen rostfrei, 30 mm**	1			
	Zwischensumme				0,00

Zwischensumme	0,00
Sonderpreis	180.000,00
Gesamtpreis netto	**180.000,00**

Bitte beachten Sie unsere allgemeinen Geschäftsbedingungen.
Unsere Preise gelten zuzgl. gesetzlicher Mehrwertsteuer sowie Versand- und Verpackungskosten.

Bankverbindungen: Deutsche Bank Stuttgart (600 700 70) Nr.: 1 373 075, SWIFT: DEUTDESS, IBAN: DE466 007 007 001 373 077 500
Geschäftsführer: Frank Eckert, Stefano Palamides
Sitz der Gesellschaft: Registergericht Stuttgart HRA 270 518, Ust.-IdNr.: DE 144 740 164
Maschinenbau Oppenweiler GmbH, Registergericht Stuttgart HRB 270 156

Abbildung 5-13: MBO-Angebots-Layout mit graphischen Elementen

Ergebnisse | Erfahrungen

Die MBO Maschinenbau Oppenweiler Binder GmbH & Co. KG hat ihre mit der Mitwirkung am Forschungsprojekt DIALOG verbundenen Ziele einer besseren Integration der standort- und unternehmensübergreifenden Prozessketten – insbesondere an den Schnittstellen zu Kunden und Vertretungen – sowie die Entwicklung und Erprobung einer neuen Methode zur Konfiguration von Falzmaschinen im Vertriebsinnendienst erreicht.

Neben der verbesserten Kommunikation nach außen wird heute auch die interne Kommunikation zwischen Mitarbeitern des Vertriebs und der Konstruktion sowie der Regelkreis zur kontinuierlichen Produktverbesserung optimal unterstützt. Denn gerade die Zusammenarbeit zwischen Vertrieb und Entwicklung/Konstruktion ist vermutlich nicht nur bei MBO problematisch und führt unter Umständen zum Verkauf fehlerhaft konfigurierter Produkte. Diese binden dann nicht nur in der Konstruktion, sondern auch in der Fertigung und vor allem im After-Sales-Bereich viele Ressourcen und verursachen hohe Kosten aus Gewährleistungsansprüchen. Die Durchlaufzeiten für derartige Aufträge sind stark erhöht und bereits zugesagte Lieferzeiten können nicht eingehalten werden.

Ein großes Problem in der Praxis stellen unterschiedliche Blickwinkel dar, aus denen zukünftige Produkte betrachtet werden. Potenzielle Kunden äußern unklar formulierte Anforderungen, die dem tatsächlichen Bedarf oder den Rahmenbedingungen vor Ort nicht entsprechen. Hersteller dagegen sind in der Regel eher von bereits realisierten Projekten oder produktionstechnischen Gegebenheiten geprägt. Mit Hilfe der systematischen Anforderungsverarbeitung können bei MBO heute „beide Welten" aufeinander abgebildet werden. Die seitens des Kunden bzw. Interessenten meist verbal formulierten Anforderungen werden so weit verfeinert, bis sie auf „MBO-Anforderungen" abgebildet werden können. Diese sind innerhalb der MBO-Gruppe für Waren- und Produktgruppen standardisiert und mit technischen Parametern der Produkte und Ausstattungen verknüpft.

Durch die systematische Verknüpfung von strukturiertem Feedback aus Produktentwicklung, Betrieb sowie Wartung und Instandhaltung der Maschinen mit den unterschiedlichsten Anforderungen entsteht zukünftig eine Wissensbasis, die die Mitarbeiter des Vertriebs mittel- und langfristig für ein noch kompetenteres Auftreten im Dialog mit dem Kunden einsetzen können.

5.3 Integrierte Konfiguration und Fabrikplanung von Direktansohlmaschinen

Christian Decker

Dieser Beitrag schildert die Bedeutung der im Rahmen des Projektes KOMSOLV bearbeiteten Themen der Abwicklung von Aufträgen bei komplexen Sondermaschinen. Das Unternehmen DESMA stellt dabei ein praktisches Beispiel dar, welches sich auf viele andere Unternehmen in Deutschland übertragen lässt.

Ausgangssituation | Problemstellung | Rahmenbedingungen

Heutige Sondermaschinenbauer begegnen vielfältigen Herausforderungen. Insbesondere der Vertrieb von Investitionsgütern aus Europa und speziell aus Deutschland verlangt nach einer qualitativ hochwertigen Auftragsbearbeitung. Dies beginnt beim ersten Kundenkontakt. Diese erste Phase eines Projektes ist dabei besonders sensibel. So handelt es sich bei Produkten aus Deutschland generell nie um die günstigsten sondern vielmehr um die qualitativ in der höchsten Liga spielenden und zumeist auch technologisch fortschrittlichsten Produkte weltweit. Umso mehr ist es eine Herausforderung einen Kunden von diesen Produkten zu begeistern, wobei dieser annähernd ausschließlich auf den Erstehungspreis schaut und erst im zweiten Schritt die Total Cost of Ownership TCO oder die Product Lifecycle Cost PLC betrachtet. Unternehmen aus Deutschland heben sich vielmehr hervor mit den günstigeren langfristigen Betreiberkosten sowie einem sehr guten Service und einer intensiven Kundenpartnerschaft. Viele weltweite Kundenmärkte wissen dies zu schätzen und bauen auf diese "wirtschaftlichen Tugenden".

Beim Unternehmen DESMA sind dies die Grundvoraussetzungen für die erfolgreiche Entwicklung des Unternehmens und diese Charakterzüge werden künftig an Bedeutung gewinnen.

Bei DESMA ist der erste Kundenbesuch einer der entscheidendsten Momente für den künftigen Erfolg der Geschäftsbeziehung. Aufgrund dieser Tatsache möchte man bei DESMA so viel wie möglich in diesen Zeitpunkt hineinlegen und die Kundenerwartungen in höchstem Masse erfüllen. Hierzu gehörte in der Vergangenheit das intensive Kundengespräch zu Beginn der neuen Beziehung. Technik und die Spezifikationen von Anlagenteilen waren nur in zweiter Linie wichtig. Es wurde weitgehend mit konventionellen Methoden und Techniken der Verkauf angegangen und traditionelle Werkzeuge dienten als Unterstützung.

Pilotprodukt im Rahmen des Projektes

Das Produktspektrum eines Sondermaschinenbauers wächst sozusagen kontinuierlich mit jedem Auftrag. Es ist daher gerade wichtig, die Produkte als Piloten oder Demonstratoren für das Projekt auszuwählen, die auf einen möglichst breiten Bereich der Gesamtproduktpalette übertragbare Ergebnisse erzeugen.

Die Hauptzielstellung des Projektes KOMSOLV bei DESMA zielt auf die Prozessoptimierung sowie die Absatzerfolgssteigerung. Die Erwartungen an das Projekt KOMSOLV aus der Sicht DESMA tragen dabei erheblich zur Selektion des korrekten Produktes aus dem vielfältigen Portfolio bei. Die Ziele und Erwartungen an das Projekt lassen sich generell auf die Prozessoptimierung von der Projektierung bis zur internen Abwicklung des Auftrages zusammenfassen. Im Speziellen geht es um die Punkte Anforderungssystematisierung, Qualitätserhöhung der Informationen, Beschleunigung der internen Abläufe, Verringerung der Prozessaufwände und -kosten sowie die gezielte Erfüllung der Kundenerwartungen und der Anforderungen des Marktes. Letzten Endes führt das konsequent umgesetzte Projekt durch die geschlossene Informationsrückführung zu einem „Closed Loop"-Prozess, bei dem die Informationen jeden Kundenprojektes systematisiert verarbeitet werden und damit erheblich zur langfristigen und strategischen Produktstrukturplanung beitragen. Die Genauigkeit in der Zukunft wird dabei Beeinflusst von der Anzahl der dokumentierten und abgeschlossenen Kundenprojekte, deren Inhalte und Erfahrungen zielgerichtet analysiert und in das Erfahrungswissen zurückgeführt werden. Insofern kann auch vom Wissensmanagement der Kundenprojekte gesprochen werden. Dieses Know-how stellt bei DESMA die Basis für den generellen Unternehmenserfolg im Vertrieb dar.

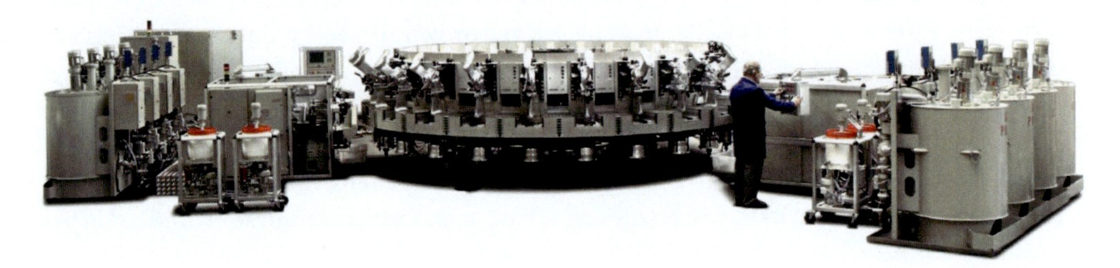

Abbildung 5-14: Als Pilotprodukt ausgewählte Produktlinie einer Direktansohlmaschine

Bei DESMA liegt die Produktstruktur nach einer Baukastensystematik vor. Der Baukasten lebt dabei und erweitert sich stetig in den Kundenprojekten. Es kann generell von einer klassischen Pareto-Verteilung der Aufträge ausgegangen werden: bei 80% der Aufträge kann von einem Anpassungsanteil von 20% ausgegangen werden. Die Anpassungen beziehen sich auf Modifikationen der Konfiguration in einer bisher noch nicht vorgekommenen Variante oder aber auf eine notwendige Anpassungskonstruktion des existierenden Produktspektrums der Vergangenheit.

Zur Auswahl als konkretes Pilotprodukt kommt eine in Relation häufig vorkommende Produktlinie als Maschinengrundanlage, die in vielfältiger Weise konfigurierbar ist, um sie damit den Kundenbedürfnissen anpassen zu können. Damit entspricht die Auswahl einer auf andere Produktlinien übertragbare Lösung. Eine Beispielkonfiguration ist in Abbildung 5-14 dargestellt.

Umsetzung | Realisierung

Im Projekt KOMSOLV sollte speziell die Phase der Angebotserstellung bis zum Start der internen Abwicklungsprozesse konzentriert angegangen werden. Diese erste Kundenprojektphase sollte wesentlich erweitert und intensiv durch moderne Werkzeuge unterstützt werden.

Im Vergleich zu den zwei anderen Anwendern im Verbundprojekt stellt bei DESMA nicht der Anteil der Konstruktions- oder CAD-bezogenen geometrischen Konfiguration im Vordergrund sondern die möglichst vollständige Zusammenstellung der notwendigen Einheiten einer Komplettanlage.

Insofern stellen die angestrebten Ergebnisse eine Ergänzung des Innovationsprozesses bei DESMA dar, der hierzu vorgelagert ist.

Die Idealvorstellung des Prozesses

Die Idealvorstellung des Prozesses der Angebots- und Verkaufsphase beruht auf dem Einsatz von Werkzeugen, wie sie heute bei Konsumgütern Anwendung finden. Grundsätzlich startet der Prozess bei einem Schritt, der bereits eine systematische Produktstrukturierung sowie eine hervorragende Organisation voraussetzt. Basierend auf diesen Informationen durchläuft der Prozess viele sich anschließende Stufen, bis der interne Logistikprozess der Beschaffung einsetzt.

Der klassische Prozess der Konstruktion dient als Grundlage der Basisdatenerzeugung. Bei vielen Unternehmen ist dieser oder ein ähnlicher Prozess abgebildet und stellt die Grundlage für die interne Handhabung der Artikeldaten dar. Folgende Liste stellt die grobe Gliederung dieser Prozessschritte dar:

1 Konstruktionsantrag

2 Freigabe des Auftrages nach Prüfung der Strategiekonformität

3 Konstruktionsauftrag

4 Konstruktion

5 Vollständige Erstellung aller notwendigen Dokumente und technischen Informationen

6 Technische Freigabe der Konstruktion

7 Vervollständigung der Informationen mit weiteren Daten (Kosten, Lieferzeiten, Marketinginfos)

8 Marktplanung des Produktes (Regionen, Kundensegmente,...)

9 Kaufmännische Freigabe des Produktes

10 Aufnahme in den Verkaufskatalog

Der Konstruktionsprozess

Voraussetzung für das Erstellen des Produktkataloges ist der eigentliche Konstruktionsschritt sowie die Erstellung der technischen Beschreibungen. Dies ist in diesem Projekt nicht der konkrete Fokus, allerdings liegt hier die Quelle der hauptsächlichen Informationen. So wird hier der wesentlichste Anteil der späteren Produktkosten festgelegt. Ebenfalls entsteht in dieser Phase der erheblichste Anteil der Produkt-Entstehungskosten. Insofern bestimmen allein schon diese Tatsachen die notwendige Einbindung in das Gesamtprojekt.

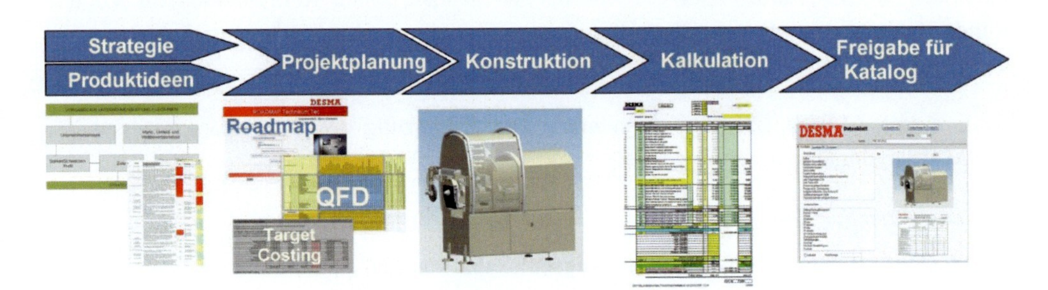

Abbildung 5-15: Prozess von der Strategie bis zum Produktkatalog

Es soll hier nur kurz auf die generellen Dinge eingegangen werden, die bei DESMA diesen Prozess begleiten. Die Grundlage stellen die beiden ersten Schritte wie in Abbildung 5-15 dar. Die Strategie sowie die grundsätzlich aus verschiedenen Quellen stammenden Ideen werden systematisiert betrachtet. Als Werkzeug hierfür wurde eine interne Softwarelösung erarbeitet, welche parallel zum vorhandenen Entwicklungs-Roadmapping betrieben wird. Die sogenannte Ideendatenbank ist ebenfalls ein Teil des gesamtheitlichen Wissensmanagements, welches wiederum Teil des DESMA Innovationsmanagements darstellt.

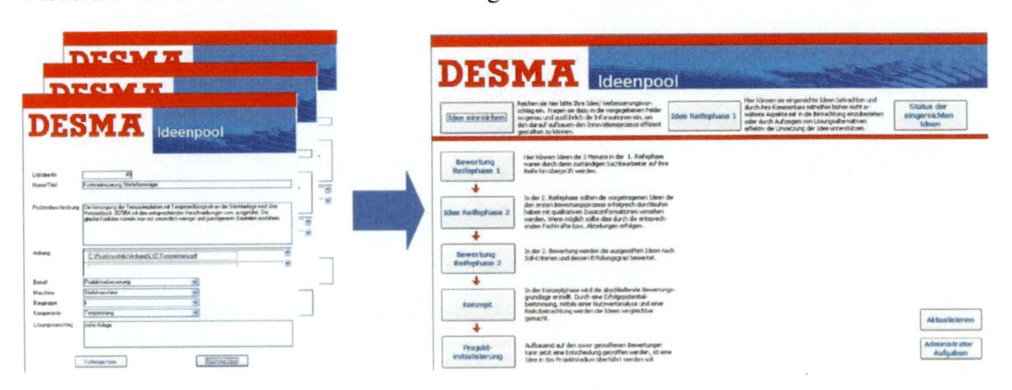

Abbildung 5-16: Ideendatenbank als Baustein des Wissensmanagements bie DESMA

In der Ideendatenbank werden, wie in Abbildung 5-16 gezeigt, viele Ideen aufgenommen und durch einen mehrphasigen Prozess mit entsprechenden Gates geführt. Die Ideen werden regelmäßig durch einen Ausschuss bestehend aus Mitgliedern verschiedener Abteilungen und

Disziplinen anhand spezifischer Merkmale bewertet und final in einem Portfolio dargestellt. Bereits in diesem Schritt werden wirtschaftliche Gesichtspunkte sowie die Konformität mit der Strategie und der Marktentwicklung betrachtet. In Abbildung 5-17 ist das Portfolio der Ideendatenbank aufgeführt. Die Ideen werden im Portfolio als das Innovationserfolgspotenzial über dem Realisierungsrisiko abgebildet. Hinzu kommt noch die finanzielle Betrachtung des wirtschaftlichen Nutzwertes, welche durch die Größe des entsprechenden Ballons dargestellt ist. Die Faktoren sind aus mehreren Kennzahlen zusammengesetzt, wodurch sich eine sehr objektive Betrachtung ergibt. Geplant ist zukünftig die Rückführung der Ressourceninformationen aus dem Projektmanagement, sodass bei eingeschränkter Verfügbarkeit der notwendigen Teammitglieder für die Projektumsetzung frühzeitig eine eventuell verzögerte Realisierung erkannt werden kann.

Vom strategischen Entscheidungsteam kann auf der Grundlage des Portfolios schnell entscheiden werden, welche Projekte gestartet werden und welche eventuell zeitlich noch zurückgestellt werden. Die höchste Attraktivität besitzen Projektideen im oberen und rechten Quadranten.

Projektideen, die vorerst abgewiesen werden, landen im Ideenpool und können jederzeit wieder in den Vergleich mit anderen Ideen herangezogen und eventuell zu einem späteren Zeitpunkt in ein Projekt überführt werden.

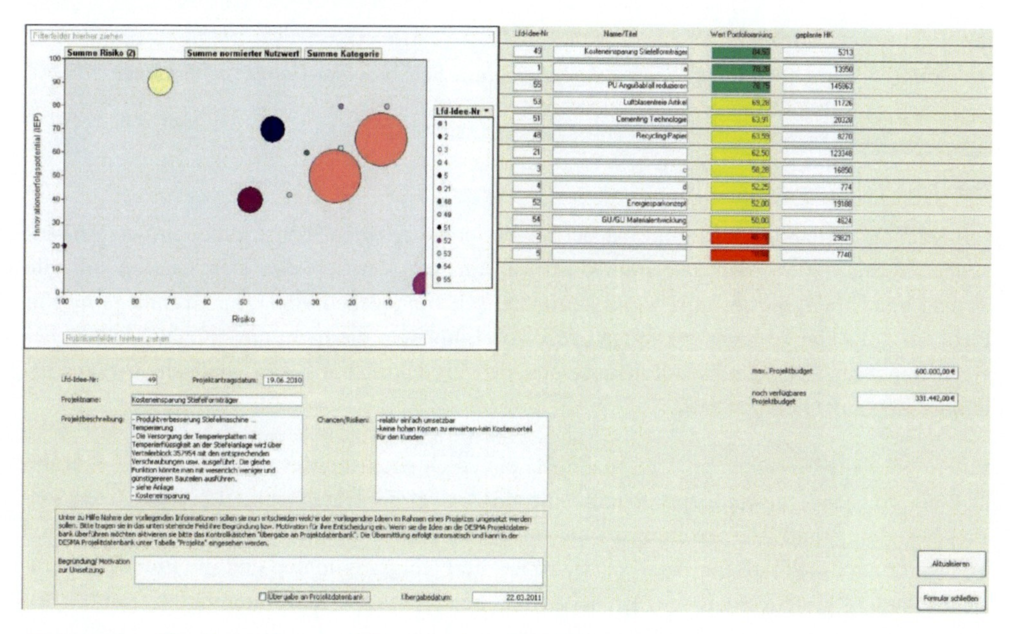

Abbildung 5-17: Das Ideenportfolio der Ideendatenbank

In der Ideendatenbank werden bereits grundlegende Informationen für das sich anschließende Projektmanagement erfasst. Diese Daten werden für die freigegebenen Projekte an dieses separate System übergeben.

Projektdatenbank

Die Projektdatenbank dient zur Erfassung aller relevanten Daten und wird gezielt in der Startphase der Projekte verwendet. Es werden die wichtigen Dokumente wie Target Costing und QFD Analysen, Produktvorgaben und Spezifikationen mit den Datensätzen verbunden. Das System stellt derzeit noch eine Insellösung dar und soll in einer neuen Datenbankstruktur neu erstellt werden, in die auch die anderen Module wie Ideendatenbank und Artikelkatalog überführt werden. Die Kosten- und Stundenverschreibungen auf die Projekte erfolgen derzeit noch getrennt, sollen allerdings künftig in einer einheitlichen Datenbank mit allen weiteren Entwicklungswerkzeugen zusammengebracht werden. Das finale Projektcontrolling erfolgt in SAP, welches künftig die Daten automatisch erhalten wird.

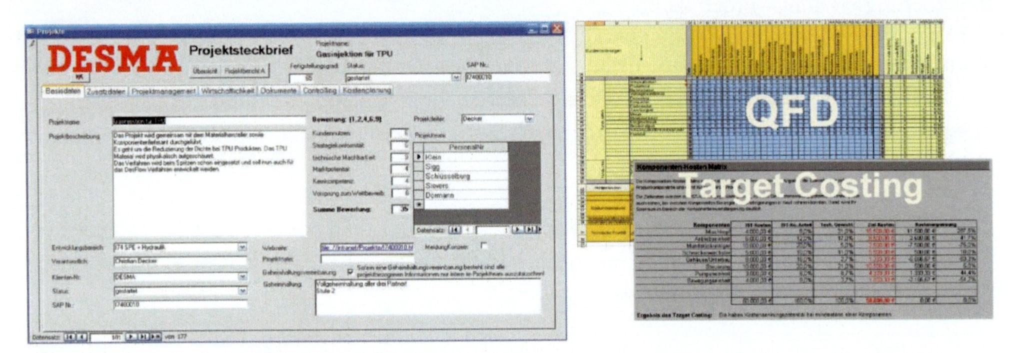

Abbildung 5-18: Die aktuelle Projektdatenbank und Beispiele der damit verbundenen Werkzeuge

Der Artikelkatalog

Ein Katalog vorhandener Module ist bereits basierend auf den Konstruktionen der Vergangenheit formuliert worden und stellt die Basis für den Vertrieb dar. Der Katalog soll alle Artikel beinhalten, die technisch und kaufmännisch freigegeben sind. Als Grundlage hierfür dient der vollständige Konstruktionsprozess von Einheiten, die nicht nur einmalig kundenbezogen umgesetzt werden, sondern aufgrund der Produktplanung systematisch in den Produktkatalog aufzunehmen sind.

Sofern über alle Produkte des Unternehmens ein solch strukturiertes Vorgehen erfolgt, ergibt sich ein vollständiger Katalog der vorhandenen Artikel als Datenbank. Hierüber lassen sich Preisgestaltung und Vermarktungsstrategien planen. In Verbindung mit den Absatzdaten können durch systematische Analysen hierüber die Erfolgsaussichten und die Produktgenerationenplanung gesteuert werden. Branchen wie beispielsweise der Automobilbereich stellen die Produkte in Vermarktungs-Roadmaps dar, in denen jedes Facelift und jede Generation nach zeitlichen sowie technischen Gesichtspunkten geplant werden.

Die Momentaufnahme aller Artikel dieser Datenbank ist dabei die aktuelle Preisliste mit den technischen Spezifikationen der Einheiten.

Ein Beispiel aus dem DESMA Portfolio ist in Abbildung 5-19 dargestellt. Es werden eine Beschreibung, technische Daten, Bilder sowie der Preis und weitere Informationen in einer einfachen Datenbank abgespeichert. Diese Daten werden entsprechend mit Metainformationen ergänzt, durchlaufen die genannten Arbeitsschritte (Workflow) und werden final freigegeben.

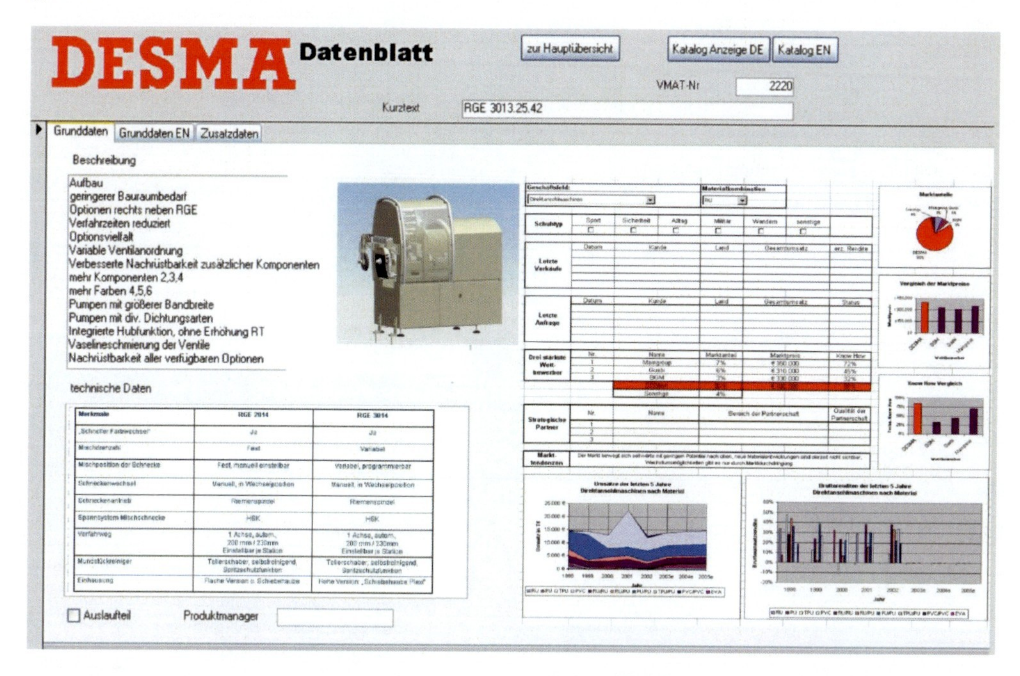

Abbildung 5-19: Beispieldatenblatt zur Veranschaulichung des Inhaltes des Produktkataloges

Als detaillierte Grundlage des Kataloges dient die Sammlung aller Informationen der bereits definierten technischen Einheiten. Dabei ergibt sich allerdings bereits eine Herausforderung, da die dazugehörigen Informationen nicht als gesammelte CLUSTER oder elektronische Mappen vorliegen, sondern gestreut in den Fachabteilungen verteilt sind, je nachdem wo diese entstehen und für welchen Verwendungszweck sie intern weiterverarbeitet werden.

Um diesen Punkt erheblich zu optimieren, ist eine Struktur erarbeitet worden, die vorerst in verschiedenen Insellösungen prototypisch umgesetzt wurde. In einer späteren Phase wird eine Vollintegration in einer zentralen Datenbank erfolgen, welche sowohl sämtliche Engineering als auch die wesentlichsten kaufmännischen Informationen strukturiert verwalten und kanalisieren wird. Somit wird ein vollständiger Produktkatalog aller definierten technischen Einheiten entstehen, mit dem nach verschiedensten Gesichtspunkten gearbeitet werden kann. Er beinhaltet sämtliche aktuelle Produktstrukturen und lässt auch einen Blick in die Vergangenheit zu, indem die Informationen historisch abgegrenzt gefiltert werden können. Die generellen Informationen werden mit den zugehörigen Metadaten verwaltet und durchlaufen spezifische Freigabeschritte/Workflows. Den strukturierten Inhalten sind dabei annähernd keine

Grenzen gesetzt und das System lässt sich jederzeit dynamisch erweitern (Beispiele für die Inhalte der technischen Einheiten s. Abbildung 5-20).

Nr.	Beschreibung	Details
1	Metadaten	
		Artikelnummer-SAP VMAT-Nummer
		Produktmanager
		Version, Status
		angelegt am, angelegt von, geändert am,
		Änderungshistorie
		Gültigkeitsdaten (gültig ab/bis, Nachfolger von,...)
2	Beschreibung	
3	Kopplung zum Projektmanagement	
		Projektdaten zur technischen Einheit
		Entwicklungsprojektplan
		Target Costing
		Quality Function Deployment
		Projektcontrollingdaten
		Aufwandinformationen
		Entwicklungskosten
		...
4	Technische Daten	
5	Bilder	
6	2D und 3D Daten-Modelle für die Weiterverarbeitung	
7	Beziehungsinformationen zu anderen technischen Einheiten	Für Konfiguration
8	Vorkalkulationen, Verkaufspreisgestaltung	
9	Marketinginformationen	
		Präsentationen
		Werbematerial
		Messeplanung
		Strategische Marktplanung
		Kunden- und Regionenzuordnung
		Wettbewerbsinformationen
10	Nachkalkulationen nach Auftragsabschlüssen	
11	Kopplung zum CRM-System für Analysefunktionen	
		Absatzzahlen
		Deckungsbeitragsrechnung
		Kunden-/Regionenanalysen
		Kampagnenplanung
12	Strategische Planung	
		Roadmapzuordnung
		Produktgenerationenplanung

Abbildung 5-20: Die grundlegenden Informationen des Produktkataloges

Analyse der Produktstrukturen und Aufbau des Beziehungswissens

Als Grundlage für die spätere Umsetzung der angestrebten Konfigurationslösung wurden die Produktstrukturen der ausgewählten Produktlinie analysiert. Dabei wurde eine Grundkonfiguration als Basis verwendet. Parallel wurden ausgewählte und bereits abgewickelte Aufträge detailliert betrachtet und die Abhängigkeiten der einzelnen technischen Einheiten definiert.

Es war erforderlich, mit den zuständigen Produktverantwortlichen das Beziehungswissen festzuhalten. Das Wissen über die Beziehungen und Ausschlusskriterien, sozusagen als Netzwerk der Einheiten, ist bisher nicht formuliert gewesen und lag nur in den Köpfen der Teammitglieder beziehungsweise der Ingenieure vor.

Dieser Prozess verlief nach einer Einarbeitung in die Systematik der Datenformulierung relativ zügig, erforderte aber eine intensive Zusammenarbeit verschiedener Projektverbundpartner.

Die Herausforderung lag in der Formulierungssprache. Es scheint bisher keinen Standard als Sprache für die logische Beziehungsdefinition zu geben weshalb vor allem die Nachhaltigkeit der einmal erarbeiteten Strukturen anfänglich nicht klar war. Der Verbundprojektpartner SBS hat hierfür eine wesentliche softwaretechnische Unterstützung erarbeitet, wodurch die Wissensformulierung sowie langfristige Pflege wesentlich erleichtert wird. Dieser Punkt liegt aber weiter im Zentrum der Betrachtungen, da die Wissenspflege nicht täglich erfolgt und dadurch diese spezifische „Sprache" schnell wieder verlernt werden könnte. Bei DESMA geht man den Weg eines Keyuser-Konzeptes, wobei dieser die Betreuung des Systems durchführt und den Ingenieuren und Technikern Unterstützung leistet bei der Formulierung des Beziehungswissens neuer Komponenten.

Die technischen Einheiten werden unterschiedlich charakterisiert. Das Beziehungswissen wird separat über eine definierte Syntax systemtechnisch festgehalten. Es gibt generell die Wahl zwischen erforderlichen Komponenten als Auswahl mehrerer Varianten, wobei eine von mehreren wählbar ist, sowie als zweites die Optionen als zusätzlich wählbare Einheiten, wobei mehrere wählbar sein können.

Ausgangslage des Vertriebsprozesses

Die Analyse der vorhandenen Umgebungsbedingungen und des bisherigen Vorgehens stellt die Ausgangsbasis für die Optimierung des Prozesses dar. Es wurden alle relevanten Prozesse dokumentiert und verifiziert. Aufgrund der autarken Arbeitsweise der einzelnen Vertriebspersonen, der Unabhängigkeit der Vertriebsagenten der verschiedenen globalen Regionen sowie der damit verbundenen heterogenen Arbeitsweise musste eine allgemein gültige Definition des aktuellen Vorgehens gefunden werden. Dieser Prozess ist in Abbildung 5-21 beschrieben. Dabei werden die einzelnen Schritte je nach Kompetenz und Komplexität sowohl durch den Vertriebsaußendienst, den Innendienst sowie den lokalen Vertreter durchgeführt. Bisher liegen keine standardisierten Werkzeuge zur Unterstützung der einzelnen Phasen vor, sondern die Personen haben sich individuelle Hilfsmittel geschaffen, die teilweise sehr gute Ergebnisse liefern und eine gute Ausgangsbasis für die nachhaltige Dokumentation darstellen.

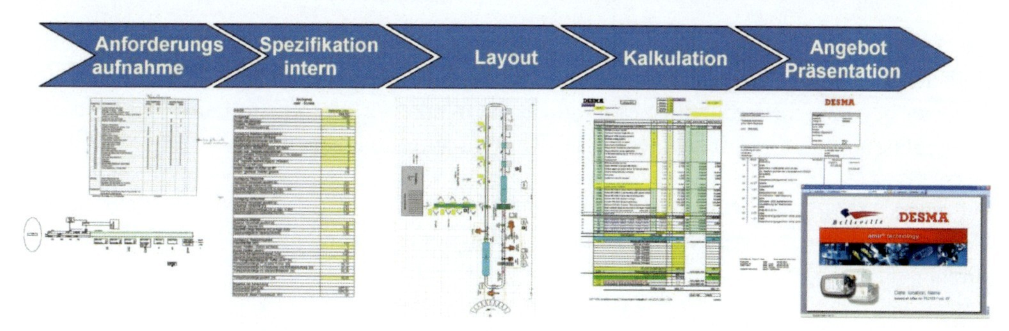

Abbildung 5-21: Darstellung des Vertriebsprozesses als Ausgangssituation

Anforderungsdefinition im Rahmen des Projektes

Die künftige Zielstellung baut auf die jederzeit aktuell verfügbaren Informationen für den Vertrieb auf der Grundlage einer zentralen Datenbank-Applikation.

Bei der direkten Kommunikation mit dem Kunden wird weiterhin das persönliche Gespräch im Vordergrund stehen. Allerdings soll dieses künftig durch wesentliche Werkzeuge unterstützt und dem Kunden sollen Hilfestellungen für eine zügige Entscheidungsfindung gegeben werden.

Der Grundprozess soll dabei aber langsam vom informativen Pull- zum Push-Prozess gewandelt werden. Heute geht man zumeist mit dem symbolischen „weißen Blatt Papier" zum Kunden und fragt, welche Anforderungen er hat und wie seine Vorstellungen aussehen. Dies soll gewandelt werden zur Präsentation der Möglichkeiten mit den vorhandenen Produkten von DESMA. Dabei soll der Kunde in den Prozess eingebunden und der Verkauf in einem Workshop sozusagen zum „Erlebnis" für den Kunden gestaltet werden. Aufgrund der Tatsache, dass auf der Kundenseite verschiedene Disziplinen vertreten sind, muss deren spezifischen Fragen mit wesentlichen Antworten gedient werden. Der Techniker fragt nur nach den technischen Daten und dem Wartungsaufwand, der Produktionsmanager nach dem Ausstoß und der Verfügbarkeit der Anlage, der Einkäufer schaut nach Einkaufspreis und Ersatzteildiscount und der Gesamtentscheider nach dem Return on Investment und dem Energie- und Materialverbrauch. Einige Entscheidungsargumente sind Softfacts oder nicht messbare Faktoren, die nicht zu unterschätzen sind, wie beispielsweise die Markenidentifikation, der Service und weitere Punkte. Aufgrund der unterschiedlichen Interessenlage der beteiligten Personen ist es sinnvoll, verschiedene Szenarien durchzuspielen und diese anschließend zu vergleichen. Ebenfalls müssen dem Kunden Unterlagen oder digitale Informationen ausgehändigt werden, durch die er in der Lage ist die erstellten Daten nochmals im eigenen Kreis nachzuvollziehen. Die eingesetzten Werkzeuge müssen hierfür die entsprechenden Möglichkeiten mitbringen.

Sofern diese Workshops mit einer durchgängigen Transparenz erfolgen, erwartet man bei DESMA eine steigende Verkaufsperformance, wobei der Vertriebsaufwand pro Auftrag sich in vernünftigem Maße reduzieren lässt. Hierdurch gewinnt der Vertrieb die notwendige Zeit für weitere Kunden.

Das Ziel ist die Konfiguration in einem Softwaresystem, welches durch den Partner SBS erarbeitet wird. Dabei gibt es unterschiedliche Modi der Konfiguration, je nachdem was der Bediener bevorzugt. Hierdurch ist es möglich, das Werkzeug auch einem Laien zu geben und eine schlüssige und technisch einwandfreie Konfiguration zu erhalten.

Für den Vertriebsmitarbeiter liegt dabei weiterhin das Angebot als wichtigster Baustein im Mittelpunkt seiner Aktivitäten. Das Angebot stellt aber nur ein mögliches Produkt der Konfiguration dar.

Ziel der Konfiguration ist viel mehr als nur ein Angebot

Angedacht ist die Verwendung des Konfigurators zur Erstellung einer kompletten Angebotsmappe mit vielen technischen Informationen, die die Kaufentscheidung wesentlich unterstützen. So soll neben dem Angebot eine auf der Konfiguration basierende dreidimensionale CAD-Ansicht, eine individuelle Präsentation sowie eine Sammlung der wichtigsten technischen Daten erzeugt werden. Abbildung 5-22 visualisiert den Grobprozess für die Konstruktionsphase sowie die sich anschließende Konfigurationsphase des Vertriebes.

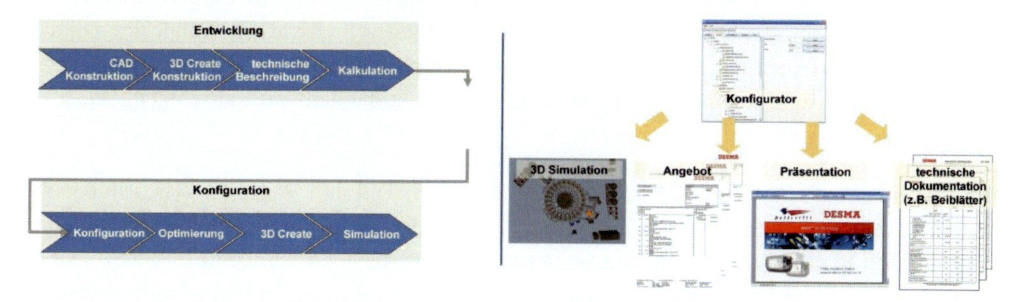

Abbildung 5-22: Produktentwicklungsprozess bei DESMA und Konzeption des künftigen Vertriebsprozesses

Es ist erforderlich, die Informationen und Dateien individuell aus der zentralen Datenbank und dem Fileserver herunterzuladen. Als Steuerinformation dient hierbei ein neutrales Listenformat in *.cls oder *.xml Struktur, welches vom Konfigurator generiert wird. Um der Anforderung der Szenarientechnik mehrerer Konfigurationen gerecht zu werden, können die erzeugten Daten jederzeit wieder in den Konfigurator eingeladen werden. Somit entsteht in einem mehrstufigen Prozess die gewünschte Anzahl verschiedener Konfigurationen. Der Vorteil beim Einsatz der bei DESMA verwendeten 3D-Simulationssoftware ist die Möglichkeit, jede Konfiguration zu simulieren und Produktionsanalysen durchzuführen. Damit erhält man sehr schnell einen objektiven Vergleich der Produktionskennzahlen und kann umgehend eine Wirtschaftlichkeitsberechnung für jedes Szenario und den sich anschließenden Vergleich durchführen.

Einsatz von 3D-Simulationssoftware

Bei DESMA wird seit einigen Jahren eine Simulationssoftware für die Analyse komplexer Anlagenkonfigurationen eingesetzt. Hierbei handelt es sich um ein System, welches auf der Basis von importierten 3D-Modellen aus dem CAD-Bereich sehr schnell Konfigurationen zulässt. Dabei werden die 3D-Modelle aus einer Komponentenliste auf eine 3D-Ebene gezogen. Die vorher mit Zusatzinformationen ausgestatteten Einzelkomponenten „schnappen“ an einer für sie spezifizierten Position an. Beim Starten der finalen Simulation fängt die virtuelle Produktionsanlage an zu produzieren und dokumentiert die Auslastung jedes Moduls. Der erstellte Report liefert Informationen über Engpassmodule in dem Set-Up und gibt somit die Möglichkeit, durch anschließende Modifikation einen weiteren Lauf zu starten und die Zahlen miteinander zu vergleichen. Aus dem Simulationssystem kann eine Stückliste herausgefahren werden, die alle verwendeten Module auflistet. Ebenfalls ist ein Import einer Stückliste möglich, wodurch sich die Kette für die Verwendung der Konfigurationsinformation in einem standardisierten Importformat ergibt. Der Konfigurator speist sozusagen durch die Herstellung der Konfigurationsdatei das Simulationswerkzeug.

Der Prozess des konkreten Kundenprojektes

Das Projekt KOMSOLV war von vornherein auf den ganzheitlichen Prozess ausgerichtet. Es stand insofern nicht ausschließlich die Seite des Vertriebes in Richtung Kunde im Fokus, sondern vor allem auch die Richtung der internen Auftragsabwicklung. Das bedeutet selbstverständlich, dass es eine eindeutige Informationsbrücke in die dem Auftragseingang nachgelagerten Prozesse geben muss.

Die hier erwähnten Informationen stellen dabei nur einen Teil dar. Weiterhin wird ein detaillierter Fragebogen sowie eine Verfahrensbeschreibung benötigt, um Details der Anlage aus konstruktiver Sicht zu erarbeiten und im weiteren logistischen Ablauf einzubringen. Diese Dokumente enthalten wesentliche Details, die künftig ebenfalls über eine systematische Einbindung in den Konfigurationsprozess aufgenommen werden sollen. Abbildung 5-23 zeigt diese Informationen in der bisherigen Art, wobei jedes dieser Dokumente bis zu 6 DIN A4 Seiten beinhalten kann. Erarbeitet werden diese Dokumente zum Teil vor und zum größeren Teil nach Auftragseingang.

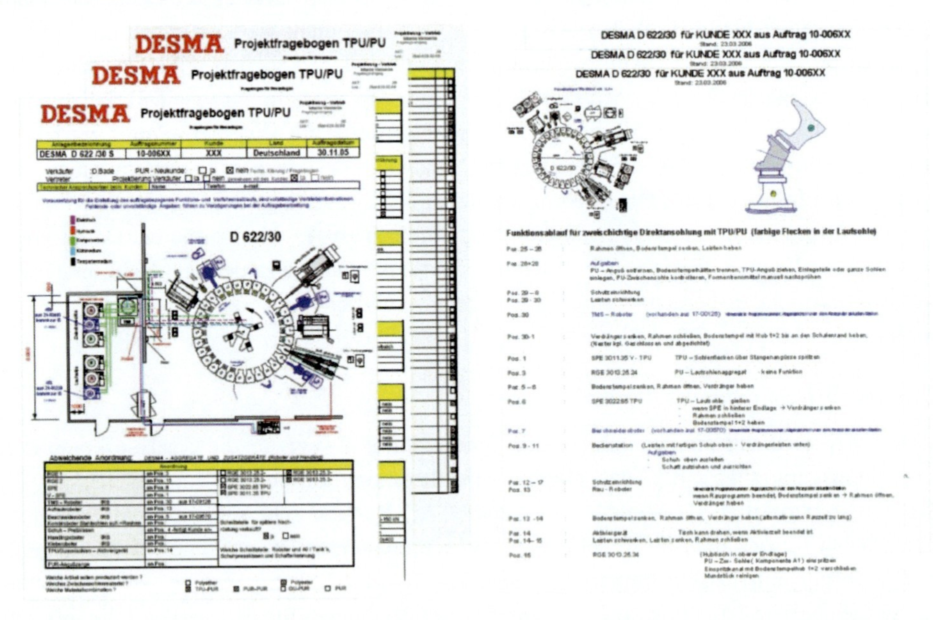

Abbildung 5-23: Bisher eingesetzter Anlagefragebogen zur Erfassung der Kundenwünsche

Ausgehend vom Kundengespräch mit Unterstützung der Konfiguration sowie der sich angeschlossenen Simulation im 3D-Softwarewerkzeug wird eine finale Optimierung bei DESMA erfolgen, um dem Kunden definitiv die Machbarkeit und das letzte Angebot zu bestätigen.

Sofern dann der Auftragseingang erfolgt, wird der interne SAP Prozess angestoßen. Die Konstruktion erstellt die Stücklisten und die Disposition und Beschaffung setzen ein. Die Produktion erfolgt mit detaillierter Verbuchung der Komponenten und der Aufwände. Somit kann später eine exakte Nachkalkulation erfolgen.

Sofern die Konfigurationen vollständig erfolgen, kann künftig bei der Abwicklung eventuell auf den Durchlauf der Aufträge durch die Konstruktion verzichtet werden.

Zusätzlich ermöglicht dieses Vorgehen auch die Kompetenzerweiterung der weltweiten Vertreterstrukturen. Diese könnten die Konfigurationssätze an die Firmenzentrale senden. Dort würde durch den Vertriebsinnendienst eine Daten- und Syntaxprüfung durchgeführt. Anschließend könnte der Vertrieb direkt die technischen Aufträge initiieren, die an der Konstruktion vorbei in die Logistik geleitet werden. Hierzu ist sicherlich noch einige Entwicklungsarbeit erforderlich, aber diese Datendurchgängigkeit ist für die Standardkomponenten als Ziel formuliert.

Ergebnisse | Erfahrungen

Das Projekt KOMSOLV zielte auf die Optimierung der Prozessabwicklungen in einem Bereich, der generell eine Herausforderung darstellt. So sind speziell die Vertriebs- und Konstruktionsabteilung in den Ablauf eingebunden, wobei besonders im Sondermaschinenbau diese Schnittstelle annähernd in jedem Unternehmen einer gewissen Prozess-Friktion unterworfen ist. Dies liegt an der scheinbaren Tatsache, dass der Vertrieb immer das verkauft, was die Konstruktion nicht hat und der Vertrieb stetig bemängelt, dass die Konstruktion nicht das hat, was der Kunde fordert. Es existiert sicherlich kein universelles Konzept, um dieser Problematik zu begegnen. Allerdings stellen schon heute die Ergebnisse des Projektes Werkzeuge zur Verfügung, die einen erheblichen Beitrag dazu leisten, die Diskrepanz zu verringern. In der Kombination mit den noch geplanten Marketingwerkzeugen erreicht DESMA damit in näherer Zukunft einen erheblich verbesserten Status mit nachhaltiger Wirkung (vgl. Abbildung 5-24).

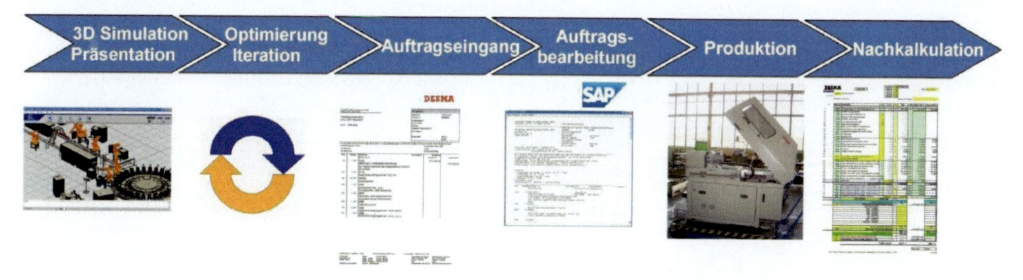

Abbildung 5-24: Vom Kundengespräch mit 3D-Simulation bis zur Nachkalkulation

Dem Vertrieb stehen mit dem Katalog Informationen zur Verfügung, die bisher nicht strukturiert erzeugt und abgelegt wurden. Mit der Konfigurationssoftware wird die technische Anlagenauslegung zum größten Teil vordefiniert und der bisher ungeliebte Fragebogen weitgehend automatisiert ausgefüllt. Die Konstruktionsabteilung wird durch diese exaktere und zeitnahe Informationsbasis erheblich entlastet und kann sich mehr auf die Entwicklung der strategisch geplanten Produkte konzentrieren.

Zusammenfassend kann gesagt werden, dass die Prozesse schneller laufen werden und die Informationsqualität sich erheblich erhöht, wobei die Datendurchgängigkeit zu einer Reduzierung der Aufwände in allen Abteilungen führt.

Die Ergebnisse sind übertragbar auf eine Vielzahl verschiedenster Unternehmen anderer Disziplinen und Produkte und nicht nur im Sondermaschinenbau anwendbar.

DESMA wird nach dem Projektabschluss die Prozesse weiter optimieren und auch weitere Werkzeuge integrieren. Das übergeordnete Thema ist dabei das wirklich integrierte und ganzheitliche Innovationsmanagement.

5.4 Kochtechnik individuell geplant und mittels 3D-CAD-Techniken schneller realisiert

Theobald Huch, Markus Engel

Ausgangssituation | Problemstellung | Rahmenbedingungen

Für die Optimierung des Entwicklungsprozesses komplexer kundenindividueller multifunktionaler Anlagen der thermischen Profikochtechnik werden bei MKN schwerpunktmäßig eine durchgängige 3D-CAD-Modellierung in der Anlagenkonstruktion und die Integration eines Produktkonfigurators als Lösungsansätze für die Problemstellung angesehen.

Der hohe kundenindividuelle Auftragsanteil stellt eine wichtige Rahmenbedingung dar, die bei der Entwicklung neuer Vorgehensweisen berücksichtigt werden muss. Gleichzeitig werden Strategien zur Bewältigung des Aufwandes durch eine Modularisierung des Produktspektrums bei MKN erarbeitet. Eine „Produktmatrix" des gesamten Produktspektrums stellt den Ausgangspunkt für die Entwicklung eines Produktbaukastens dar. Außerdem werden Konstruktionsstandards definiert.

Pilotprodukt im Rahmen des Projektes

Hierbei handelt es sich um die ergonomisch und technisch hochwertigen MKN-KüchenMeister-Anlagen. Sie verbinden in perfektem Maße und frei kombinierbar die Funktionsmodule der Standardlinien zu einem kundenindividuellen MKN-Premium-Kochblock für Edel- und Sterne-Gastronomie, Top-Hotelerie sowie Luxus-Yachten und Kreuzfahrtschiffe. Innovative Energiesysteme in beliebiger Konfiguration, wie die original MKN-Flächen-Hochleistungs-Induktion oder Elektro- und Gaskochfelder, ermöglichen dem Profi das Arbeiten mit neuester Technologie. Als Marktführer thermischer Profikochtechnik in Deutschland und Anbieter qualitativ hochwertiger Großkochtechnik im Hochpreissegment im Ausland soll der Erfolg des Produktsegmentes MKN-Küchenmeister weiter ausgebaut werden.

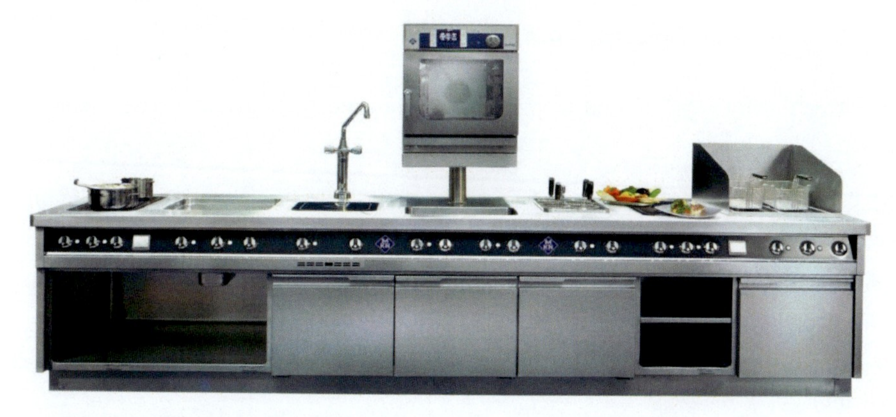

Abbildung 5-25: Kundenindividuell geplanter Küchenblock aus der Serie MKN-KüchenMeister

Ansätze für die Problemlösung

Ziel der Entwicklungen während der Projektlaufzeit von dreieinhalb Jahren war eine Optimierung des Auftragsabwicklungsprozesses, um qualitativ hochwertige kundenspezifische Produktlösungen flexibel und wirtschaftlich zu entwickeln, zu fertigen und zu liefern.

Trotz des Einsatzes eines 3D CAD-Systems in der Konstruktion von Standardprodukten (Seriengeräten) wie auch im Segment der kundenindividuellen MKN-Meisteranlagen (Sonderanlagen), ist durch die Nutzung Constraint-gesteuerter, parametrischer CAD-Modelle ein deutliches Optimierungspotenzial erreichbar. Mit Hilfe einer entsprechenden Konfiguration dieser parametrischen CAD-Modelle wird der auf Kundenwünschen basierende, zeit- und kostenintensive Produktoptimierungsprozess verkürzt. Hierbei kommt dem Konfliktmanagement eine bedeutende Rolle zu. Dieses kann durch die Verwendung geeigneter Methoden und Beziehungssysteme die konfliktären Produktanforderungen frühzeitig erkennen und eine systematische Analyse verbessern.

Voraussetzungen für die Implementierung ist eine geeignete Produktstrukturierung und Klassifizierung unter Berücksichtigung konfliktärer Anforderungen.

Die Teilziele des Projekts lassen sich wie folgt zusammenfassen:

- Qualitativ höherwertigere Angebotserstellung
- Schnelle zielgerichtete Layout- und Funktionsanpassung an Kundenspezifikation
- Verkürzung der Reaktionszeiten bei Anfragen
- Innovative und schnelle Auftragsabwicklung kundenspezifischer Produktwünsche
- Beschleunigung und Verbesserung des konstruktiven Anpassungsprozesses durch Wissensspeicherung in Constraint-gesteuerten, parametrischen CAD-Modellen
- Optimierung der Produktdaten hinsichtlich Definition, Klassifikation und Merkmale
- Erhöhung der Auftragseingänge
- Schaffung von Wettbewerbsvorteilen

Für das Unternehmen MKN sind in diesem Zusammenhang folgende Themenbereiche von besonderer Bedeutung:

- Erfassung und Umsetzung der Kundenanforderungen über Produktkonfiguratoren mit aufgabenangepasstem semantischen Hintergrund
- Angebotssysteme inkl. Visualisierungstool zur frühzeitigen, strukturierten Präzisierung von Kundenanforderungen
- Beseitigung von Zielkonflikten mit Unterstützung des Konfliktmanagements (Beziehungssysteme)
- Einsatz des Wissensmanagements zur konstruktiven Umsetzung der kundenspezifischen Angebote über Constraint gesteuerte, parametrische CAD-Modelle

- Spätere Integration der Methoden und Software in dic Geschäftsprozesse und die unternehmensspezifische ERP/PDM-Systemwelt.

Umsetzung | Realisierung

Im ersten Schritt wurde in der MKN-Projektgruppe eine Grobanalyse der Produktanforderungen durchgeführt. Hierdurch kann eine nachgeschaltete systematische Analyse methodisch erfolgen. Zu diesem Zweck wurden zunächst die KüchenMeister Aufträge der letzten vier Jahre gesammelt und in einer Excel-Tabelle nach ausgewählten Merkmalen gelistet. Diese Produktstrukturierung beginnt zunächst mit der Zählnummer, der eindeutigen Auftragsnummer sowie dem Baujahr, gefolgt von den Werten der Breite, der Länge und der Höhe. Zur besseren Erfassung der in der jeweiligen MeisterAnlage verbauten Funktionsmodule wurde zunächst eine Definition der Anlagenseiten wie folgt vorgenommen: Hauptarbeitsseite (Seite A), gegenüberliegende Arbeitsseite (Seite B), linke Seite (Seite C) und rechte Seite (Seite D). Um die Funktionsmodule auch übersichtlich darstellen zu können, erfolgte vorab eine Kurzzeichenerfassung (Definition) in Form einer Legende. Die Funktionsmodulerfassung erfolgte durch die Kennzeichnung der Funktionsmodulanordnung im entsprechenden Feld in Form der Kurzzeichen in einer sich dadurch ergebenden stilisierten Rasterdarstellung. Nachfolgend wurden ferner die Merkmale Bord, Klappboard, Klemmkasten und Handlauf durch die Angabe der maßgeblichen Anlagenseite erfasst. Den Abschluss der Datenerfassung bildet die Grob-Kennzeichnung des Anlagenlayouts durch einen Formfaktor (L (rechtwinklig), U (U-förmig), V (winklig), AHV (Arbeitsplattenhöhenversatz)). Die anschließende Analyse der Datenbestände erfolgte im Hinblick auf die Modulanzahl, die Anlagenhöhe und -breite sowie die Bord- bzw. Klappbordanordnung, jeweils gesplittet auf das Baujahr. Den Abschluss der Auswertung liefert die Rangliste der bei KüchenMeister-Anlagen verbauten Module, ebenfalls bezogen auf das jeweilige Baujahr. Die durch die Datenaufnahme und Analyse erhaltenen Aussagen ermöglichen einen schnellen Überblick über die konstruktive Auslegung der stark kundenorientierten Sonderanlagen.

Der nächste Schritt war die IST-Aufnahme des Datenbestandes des 3D CAD-Systems Pro/ENGINEER (im Folgenden kurz Pro/E genannt). Der in rein File-basierender Form vorliegende 3D-Datenbestand gliedert sich in komplette KüchenMeister Anlagen, Funktionsmodule, Angebotsmodelle sowie Bord bzw. Klappbord.

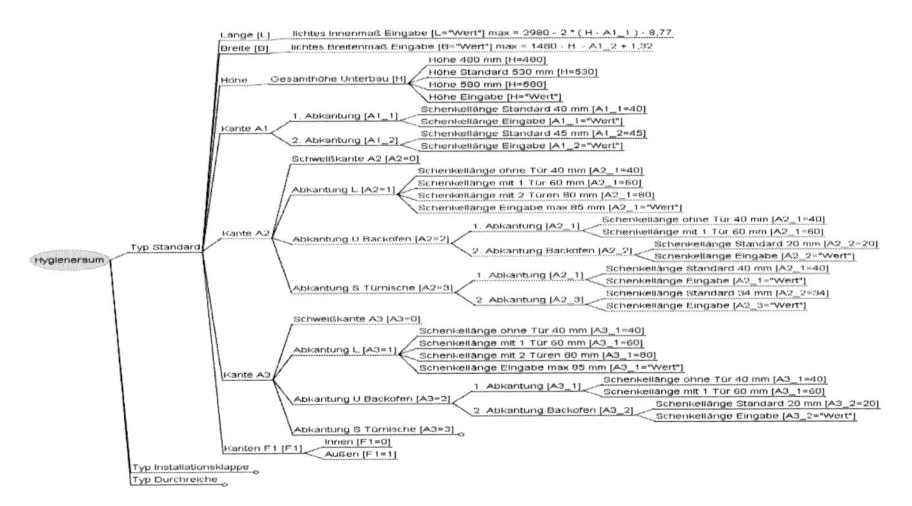

Abbildung 5-26: Strukturierte Darstellung der Merkmale eines Standard-Hygieneraumes

Für die ersten Untersuchungen hinsichtlich Parametrik ist der Hygieneraum vom Typ „Standard", ein Modul des KüchenMeister-Unterbaus ausgewählt worden. Die Definition erfolgte auf Basis der Software FreeMind, mit der auf übersichtliche Weise die Abhängigkeiten darstellbar sind. Diese Strukturbäume dienen dazu, später die Parameter und Zusammenhänge in einem parametrischen Pro/E 3D-Modell abzubilden. Parallel ist ansatzweise ein parametrisches Pro/E 3D-Modell des Standard-Hygieneraumes erstellt worden um die Machbarkeit darzustellen. Da die Durchgängigkeit der Daten noch nicht realisiert ist, erfolgt die Dateneingabe manuell.

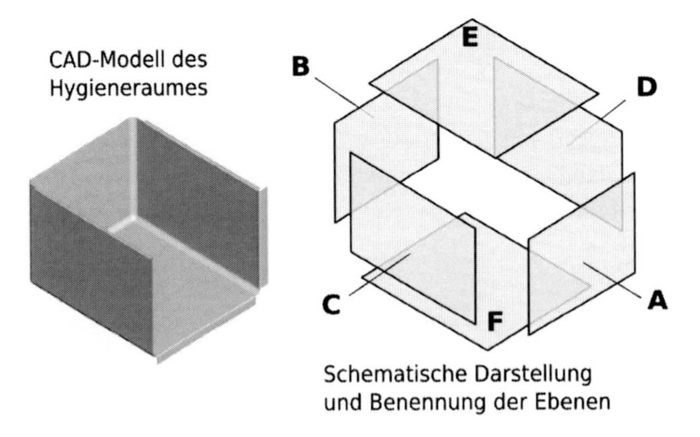

Abbildung 5-27: CAD-Modell eines Standard Hygieneraum-Moduls

Da weder das CAD-, noch das ERP-System über geeignete Konfigurationsfunktionalitäten verfügen, wurde die Umsetzung der Konfiguration und Implementierung des Beziehungswissens außerhalb dieser Systeme realisiert.

Im Zuge der weiter fortschreitenden Einführung eines ERP-Systems wird auch die Möglichkeit, Schnittstellen zum CAD-Systems Pro/E zu schaffen, untersucht. Hierfür sind unterschiedliche Lösungen auf dem Markt verfügbar. Wichtig ist die Festlegung, welchem System – CAD oder ERP – die Führungsrolle zukommt. Für die Sonderkonstruktion soll dies das CAD-System sein.

Wie bereits oben erwähnt, wurde für die ersten Analysen bezüglich parametrisch aufgebauter Pro/E-Modelle bzw. Module im ersten Projekthalbjahr der Standard-Hygieneraum, ein Element des KüchenMeister-Unterbaus, exemplarisch herangezogen. Die Definition der Parameter und Abhängigkeiten wurde anschließend für weitere Module der KüchenMeister-Anlage durchgeführt.

Den Abschluss der KüchenMeister-Unterbau Modulerstellung bilden die Komponenten des unteren Profilsystems und des oberen Rohrrahmens. Alle Module sind zur besseren Positionierung mit klar definierten Komponentenschnittstellen (KO-Systeme) versehen. Diese ermöglichen eine eindeutige, sichere und schnelle Positionierung innerhalb einer komplexen Gesamtbaugruppe (Startbaugruppe).

Im Zuge der Modellerstellung für die Module des KüchenMeister-Unterbaus wurden auch grundlegende Auslegungsmerkmale erarbeitet und Lagerteile definiert, die detailliert in einem Standarddokument den entsprechenden Anwendern zur Verfügung gestellt werden. Die komplette Dokumentation eines Moduls mit 3D-Gesamtansicht, Einzelheiten in 3D-Darstellung, allen Zeichnungen und die vollständige Parameterdefinition wurde nach Freigabe zeitnah und online aktuell jedem Anwender für die tägliche Konstruktionsarbeit bereitgestellt.

Alle erstellten parametrisch aufgebauten Unterbau-Master-Module – Pro/E-Modelle (Baugruppen *.asm, Bauteile *.prt, Zeichnungen *.drw) – sind jeweils separat in einem Unterordner abgelegt.

Um bei dem notwendigen Kopier- und *Rename*-Vorganges eines Mastermoduls alle Assoziativitäten zwischen den 3D-Modellen, den Zeichnungen und den bei Blechkonstruktionen nicht unwichtigen Abwicklungen zu erhalten, wurde das Lastenheft für eine Zusatzsoftware unterhalb des CAD-Systems Pro/E erarbeitet, da die bestehende Funktionalität in Pro/E dies nicht gewährleistet (Abbildung 5-28).

Das Programm „MultiCopy“ übernimmt die in Abbildung 5-29 schematisch dargestellten Funktionen. Dieses Tool ist bereits seit dem ersten Projektjahr im produktiven Konstruktionseinsatz (Abbildung 5-29). Ferner ist es für eine geplante Layout-Steuerung der Gesamtanlagenkonstruktion in Pro/E zwingend notwendig, die Parameter der Einzelmodule an der jeweiligen Einbauposition gezielt anzusteuern. Hierzu ist ein weiteres Tool definiert worden, welches alle Parameter eines Moduls entsprechend seiner Einbauposition automatisch umbenennt. Die Realisierung dieses zweiten Pro/E-Tools wird ggf. zu einem späteren Zeitpunkt in geeigneter Form erfolgen. Voraussetzung hierfür ist ein Pro/E Release-Wechsel auf mindestens Pro/E Wildfire 4.0.

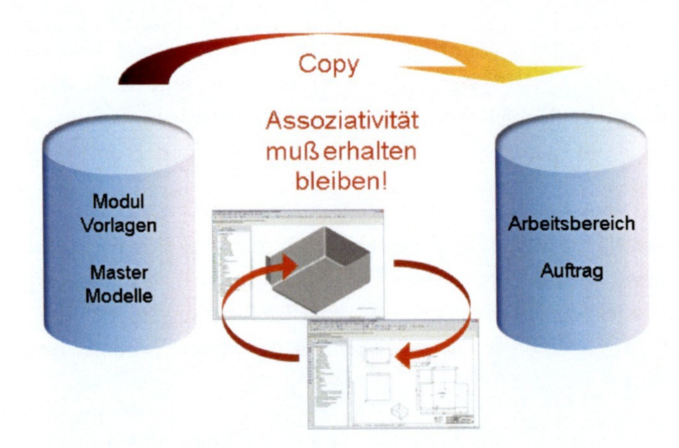

Abbildung 5-28: Schematische Darstellung der Herausforderung beim Kopieren von CAD-Modellen bei Verwendung von Pro/ENGINEER

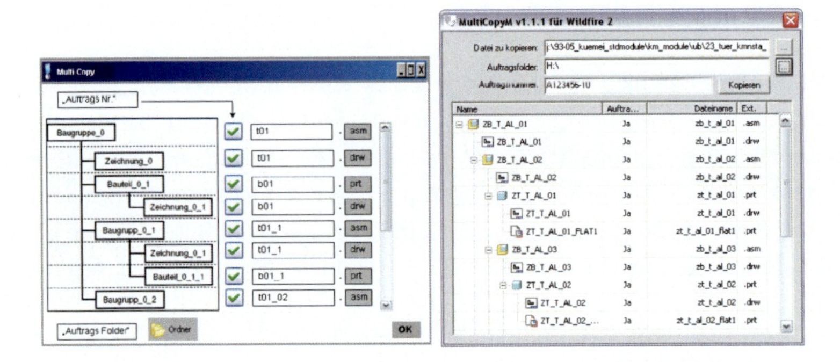

Abbildung 5-29: Entwurf und Umsetzung einer Benutzungsoberfläche für ein Programm zum Kopieren der CAD-Modelle und Erhalt der Assoziativität sowie Auftrags-spezifizierung

All diese Entwicklungsarbeiten ermöglichen es erst, dass eine Konfigurations-Software zum Handling des Beziehungswissens und der konfliktären Anforderungen über eine entsprechende Schnittstelle eine vorliegende Masterbaugruppe mit den darin enthaltenen Einzelmodulen im CAD-System steuern kann. Erst durch die Realisierung einer solchen Prozesskette werden die Möglichkeiten zur Handhabung komplexer, variantenreicher Konstruktionen optimal ausgeschöpft.

Da weder das CAD-System Pro/E, noch das ERP-System SAP über geeignete Konfigurationsfunktionalitäten verfügen, sollte, wie im Projekt geplant, auf Basis eines Lastenheftes die Umsetzung der Konfiguration und Implementierung des Beziehungswissens in Form eines Software-Tools realisiert werden. Hierzu ist bereits ein softwaretechnischer Lösungsansatz erfolgt.

Nach Vollendung der KüchenMeister-Unterbau Modulerstellung unterliegen die erarbeiteten parametrischen Pro/E-Unterbau-Module einem kontinuierlichen Updateprozess und haben somit Pflegestatus. Es konnten bereits teilweise umfangreiche Verbesserungen in einzelne Module bzw. Modulgruppen einfließen. Die Quellen dieser Maßnahmen stammen aus der Fertigung, dem Vertrieb und vom Kunden. Alle Module werden sofort nach Fertigstellung der Sonderkonstruktion, zuständig für die MeisterAnlagen, zur Verfügung gestellt. Diese Abteilung greift mit dem Pro/E-Software-Tool „MultiCopy" auf die Mastermodule zu und stellt so äußerst effektiv die Unterbaugruppen für die kundenindividuellen MeisterAnlagen zusammen. Nach Fertigstellung dieser Baugruppe erfolgt die Abarbeitung der Restkonstruktion, der sogenannten „Delta-Konstruktion".

Abbildung 5-30: CAD-Modell eines Grundmodules zur Beschreibung des Anlagentyps

Der nachfolgende Entwicklungsschwerpunkt bestand in der Erstellung der am meisten verlangten Anlagen-Typ-Module (Abbildung 5-30). Diese sog. I-Typen wurden unterteilt in Anlagen mit Ecksegmenten und in Anlagen mit Seitenholm. Hierbei wurde eine weitere Gliederung nach „normaler" Kantung und der Ausführung mit „Rollkante" vorgenommen. Alle vier Anlagengrundtypen sind in vielfältiger Hinsicht parametrisch steuerbar, wie beispielsweise die Auswahl der Bedienseiten, und beinhalten alle notwendigen assoziativen Zeichnungen wie die Anlagen-Planungszeichnung und diverse Fertigungszeichnungen von Baugruppen und Einzelteilen incl. der Abwicklungen. Diese Basis-Typmodule sind seitdem im Produktiveinsatz und dienen in der MeisterAnlagen-Konstruktion als Start-Module. Andere Anlagenmodule wie z. B. die L-Typen werden zu einem späteren Zeitpunkt diese Datenbasis erweitern. Auch bei der Konstruktion auf Basis der Anlagentypmodule kommt das Pro/E-Tool „MultiCopy" zum Einsatz.

Parallel zur Erstellung der Anlagen-Typ-Module erfolgte bereits die Erarbeitung der ersten Oberbau-Module. Zunächst wurden mit einigen Varianten aus dem Bereich der Flächen-Induktionsmodule Tests durchgeführt, die zum Ziel hatten, die Grundvoraussetzungen für die Erstellung solcher Oberbau-Funktionsmodule zu erhalten. Ein wichtiges Hauptaugenmerk lag immer auf der Anforderung, dass bei der Implementierung eines Funktionsmoduls in das Anlagen-Typ-Startmodul ein Ausschnitt (Materialschnitt) in der Abdeckung bzw. weitere Schnitte z. B. im Zwischenboden des Oberbaus durchgeführt werden. Weiterhin musste gewährleistet sein, dass eine anschließende Positionsänderung des Funktionsmoduls im Oberbau einfach durchführbar ist und die Materialschnitte entsprechend assoziativ dynamisch mitgeführt werden.

Für die Realisierung eines Funktionsmoduls wurde zunächst eine Hauptbaugruppenstruktur erstellt in der sich Änderungen leicht durch geeignete Beziehungsdefinition durchführen lassen. Ferner wurde auf den Einsatz von Pro/E-Familientabellen, außer bei Norm- und Wiederholteilen, verzichtet. Diese eigentliche Funktionsmodulbaugruppe wurde anschließend in eine mit zusätzlichen Bezugselementen bestückte sog. UDF-Baugruppe integriert. Anschließend wurden alle notwendigen Materialschnitte auf Teileebene erzeugt. Diese Baugruppe ist dann die Basis zur Erstellung des UDFs (User Defined Feature), welches in Interaktion mit dem Anwender den teilautomatisierten Einbau der Funktionsmodule in das Startmodul steuert und durchführt. Nach diesem Prozess werden alle erforderlichen Funktionsmodule erstellt und in einer geeigneten Struktur in der Datenbasis abgelegt.

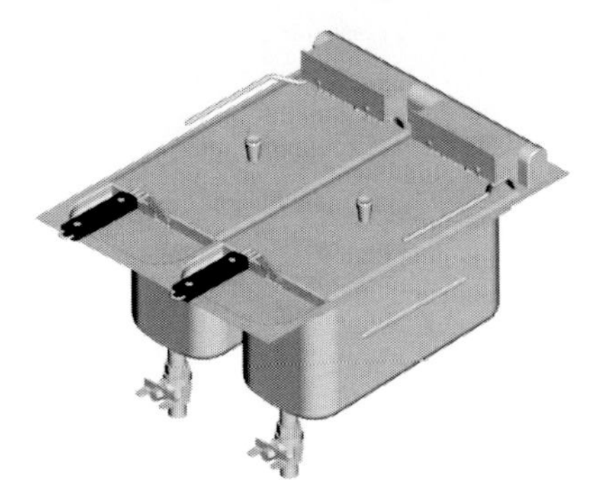

Abbildung 5-31: CAD-Modell der Elektro-Fritteuse „LONDON 2" zum Einbauen in den Oberbau des Küchenblocks

Um die Konstruktion einer KüchenMeister-Anlage zu komplettieren folgen auch noch Module aus den Bereichen Aufsatzbord, Klappbord, CD-Bord und Sockel.

Ergebnisse | Erfahrungen

Die Einführung und Erprobung der entwickelten Softwareprototypen gestaltet sich aufgrund der Schnittstellen-Problematik (vgl. Abschnitt 4.6) schwierig. Hier sind komplexe Entwicklungsarbeiten seitens der Projektpartner notwendig. Dies trifft insbesondere auf die Realisierung der Pro/E-Schnittstelle durch das IK der TU Braunschweig zu. Für das Einlesen und die Umsetzung der Konfigurationsergebnisse im CAD-System werden APIs der CAD-Systemhersteller genutzt. Die Verwendung der spezifischen Funktionen erfordert eine lange Einarbeitungszeit und eine Umsetzung aller geforderten Funktionen für einen produktiven Einsatz kann mit den Prototypen nicht realisiert werden.

Festzuhalten ist das im Projektzeitraum die Erstellung der parametrischen Unterbau-Module abgeschlossen sowie die gängigsten Anlagen-Typ-Module (Start-Module) erstellt worden sind. Ein weiterer Meilenstein in diesem Zeitraum war die Erarbeitung des Lösungswegs zur Konstruktion der Oberbau-Funktionsmodule als Pro/E-UDF. Zum gegenwärtigen Zeitpunkt sind bereits die am meisten nachgefragten Funktionsmodule aus der Produktgruppe der

Fritteusen sowie diverse Module aus dem Bereich der Induktionsherde erstellt. Weitere Funktionsmodule befinden sich in der Entwicklung. Alle neu entwickelten Anlagen- und Funktionsmodule werden nach Fertigstellung sofort dem produktiven Konstruktionsprozess zur Verfügung gestellt und dokumentiert. Hierdurch erfolgt frühzeitig eine Bewertung mit angeschlossenem Optimierungsprozess.

Abbildung 5-32: CAD-Modell eines mithilfe verschiedener Automatisierungs-Features zusammengebauten Küchenblocks der KüchenMeister Serie

Weiterhin im Mittelpunkt der Projektarbeit stand selbstverständlich die Bewertung und Optimierung des im Projekt erarbeiteten softwaretechnischen Lösungsansatzes. Hierzu wurde zunächst die von der Firma SBS umgesetzte Konfigurationslösung betrachtet, die über eine objektorientierte graphische Oberfläche generiert und administriert wird. Über diese Schnittstelle werden auch zukünftige Erweiterungen, wie zusätzliche Parameter, Constraints, Module usw., eingepflegt. Nach einer Aktualisierung stellt der Konfigurationsbaum diese Erweiterungen dem Anwender zur Auswahl zur Verfügung. Zum Ende der Projektlaufzeit wurde mit diesem System ein KüchenMeister-Unterbau mit einer begrenzten Modulanzahl zusammengestellt. Nach erfolgter Konfiguration einer kompletten KüchenMeister-Anlage (Abbildung 5-32) wird eine XML-Datei an das CAD-System Pro/E gesendet, um hier die Anlagenbaugruppe mit den umbenannten und den entsprechend neu dimensionierten Master-Modulen zu generieren. Hierzu muss auch der Funktionsumfang des Pro/E-Tools „MultiCopy“ optimiert und implementiert werden. Diese Schnittstelle wurde vom IK der TU Braunschweig umgesetzt und bleibt weiter ein Schwerpunkt der Prozessentwicklung. Im weiteren Ablauf erfolgt dann in der Sonderkonstruktion jetzt auf Basis der so erzeugten Pro/E-Baugruppe die sog. „Delta-Konstruktion“. Der große Vorteil dieses von uns erarbeiteten Konzeptes ist die Einbeziehung von realer Konstruktionsgeometrie – in Form der vorliegenden Pro/E-Master-Module – in den Gesamtprozess (Abbildung 5-33).

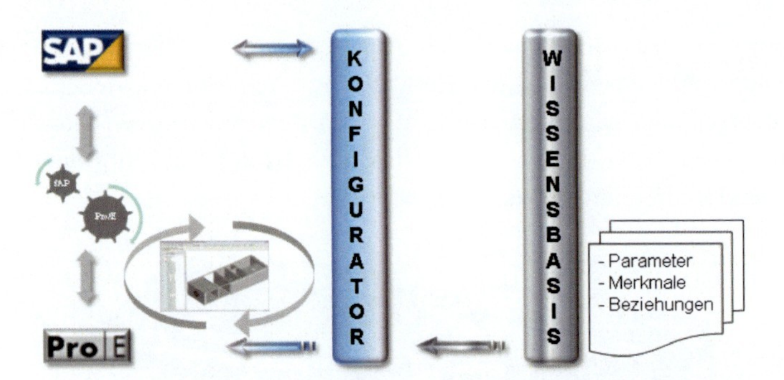

Abbildung 5-33: CAD-Modell eines mithilfe verschiedener Automatisierungs-Features zusammengebauten Küchenblocks der KüchenMeister Serie

Bereits durch den Einsatz des 3D CAD-Systems Pro/E im Segment der kundenindividuellen Sonderanlagen im Hause MKN, den sog. MeisterAnlagen, ist eine Verbesserung im Bereich des Konstruktionsprozesses erkennbar. Ferner ist durch den Einsatz parametrischer CAD-Modelle ein deutliches Optimierungspotential erreicht worden.

Werden diese parametrisch aufgearbeiteten CAD-Modelle mit Hilfe eines entsprechenden Konfigurators zur komplexen MeisterAnlage zusammengestellt, so wird der auf Kundenwünsche basierende, zeit- und kostenintensive Produktoptimierungsprozess, deutlich verkürzt abgewickelt. Hierbei kommt dem Konfliktmanagement eine besondere Bedeutung zu. Dieses wird durch die Verwendung geeigneter Methoden und Beziehungssysteme die konfliktären Produktanforderungen frühzeitig erkennen und eine optimierte Konstruktion ermöglichen.

Durch die Optimierung des Konstruktions- und Entwicklungsprozesses von MKN-KüchenMeister-Anlagen in Folge der im Verbundprojekt entwickelten Software und erarbeiteten Maßnahmen sowie die vorab erfolgte Klassifizierung der Produktstruktur und insbesondere die Erstellung parametrischer Module kann das Unternehmen MKN die vorhandenen Kapazitäten für die Entwicklung innovativer Funktionsmodule für die Profikochtechnik gezielt einsetzen.

Ein weiterer wichtiger Aspekt ist die Erhöhung der Kundenzufriedenheit durch eine Verbesserung des Anforderungsklärungsprozesses in Interaktion mit dem Kunden, die Schaffung eines kontinuierlichen Gesamtprozesses ohne Systembrüche sowie die damit einhergehende Verringerung der Produktdurchlaufzeiten und der weiteren Verbesserung der Produktqualität.

Das Volumen im Segment der MKN-KüchenMeister-Anlagen lässt sich mittelfristig, nach Implementierung der Methoden und Software-Tools deutlich erhöhen. Der erreichte Vorteil durch den Einsatz der erarbeiteten Maßnahmen und Werkzeuge gegenüber den Wettbewerbern festigt die Position des Unternehmens MKN am Markt und baut sie weiter aus.

Die im Verbundprojekt erzielten Projektergebnisse, wie beispielsweise der Einsatz eines Produktkonfigurators in der Konzeptphase, die Implementierung und sichere Handhabung unterschiedlichster konfliktärer Anforderungen innerhalb eines teilautomatisierten Auftragsabwicklungsprozesses über Constraint gesteuerte parametrische CAD-Modelle sowie generell alle erarbeiteten Software-Tools, wurden detailliert getestet und im Unternehmen bewertet. Hierbei ist eine frühzeitige Einbindung der Vertriebsorganisation von Vorteil. Nach Abschluss des Testbetriebes und Beendigung des Verbundprojektes kann ein zieloptimiertes zukunftsorientiertes Gesamtkonzept mit einer risikominimierten Umsetzung für das Unternehmen MKN erstellt werden. Die Durchführung von Weiterbildungsmaßnahmen für den am Prozess beteiligten Personenkreis wird weiter ausgebaut. Wird im Zuge einer späteren Umsetzung weiteres externes Know-how z. B. bei der Integration in die eigene Systemlandschaft erforderlich sein, so ist dies durch die Zusammenarbeit mit Dritten zu erarbeiten.

Die Schaffung und Implementierung insbesondere teilautomatisierter Auftragsklärungs- und Anpassungsprozesse, könnten im Hause MKN auch auf andere Produktlinien z. B. Optima-Meister-Anlagen angewendet werden, was eine zusätzliche Produktivitätssteigerung zur Folge hätte. Auch der im Projekt optimierte Einsatz des vorhandenen 3D CAD-Systems Pro/E wird zu einer weiteren adäquaten Nutzung dieses Konstruktionstools im täglichen Lösungsprozess beitragen. Von Bedeutung in diesem Zusammenhang ist sicherlich auch die Zunahme des Pro/E Know-hows im Bereich der Konstruktion.

Im Zuge der mehrjährigen Projektabwicklung sind Ansatzpunkte deutlich geworden, die nach dem Projektende zeitnah angegangen werden sollten um eine weitergehende zukunftsorientierte Prozessoptimierung zu erzielen. Als Stichpunkte sind hier beispielsweise das Zeichnungs-, Druck- und PDF-Management, die Optimierung der DXF-Erzeugung und sicherlich die zum Projektende sich abzeichnende zunehmende Bedeutung einer möglichen ERP- bzw. PDM-System-Anbindung genannt. Die erzielten Projektergebnisse und all die genannten Punkte sind abschließend zu bewerten um zeitnah nach dem Projektende eine optimierte Prozesskette zu implementieren und produktiv zu schalten.

5.5 Engineered Pumps – Auslegen und Anbieten von Pumpen für höchste Drücke

Christian Apfel, Sabrina Kühbauch und Detlef Prokasky

Ausgangssituation | Problemstellung | Rahmenbedingungen

Die KSB Kesselspeisepumpe vom Typ CHTD, die zur Bauart der Kreiselpumpen zählt, ist ein solches von Komplexität beherrschtes kundenindividuelles Produkt, das bedingt durch die geringe Stückzahl wirtschaftlich nicht in einem Maße standardisiert werden kann wie Standardpumpen (bspw. die ETA Pumpen).

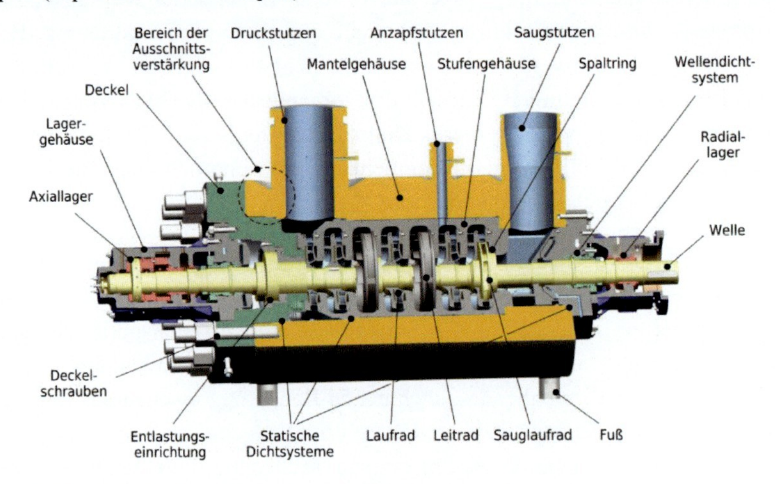

Abbildung 5-34: Schnittdarstellung einer KSB-Kesselspeisepumpe

Eine CHTD ist eine horizontale Hochdruck-Mantelgehäusepumpe mit Radial-Laufrädern. Solche Maschinen sie besitzen mehrere Stufen und kann ein- und zweiströmig ausgeführt werden. Die Aufgabe einer CHTD besteht darin, einem Dampferzeuger wie bspw. einem Kessel oder Kernreaktor die der abgegebenen Dampfmenge entsprechende Speisewassermenge zuzuführen. Sie wird also zur Kesselspeisewasser- und Kondensatförderung in Kraftwerken und Industrieanlagen, sowie zur Druckwassererzeugung in Entzunderungsanlagen eingesetzt. Sie ist wegen ihrer hohen Bedeutung für die Kesselsicherheit aber auch wegen ihres hohen Energieeigenbedarfs (bis zu 6% der KW-Leistung für das Gesamtaggregat) eine der wichtigsten Komponenten in konventionellen Kraftwerken. Die Hauptkomponenten eines Pumpenaggregates sind: Vor- und Hauptpumpe, Antrieb (Turbine oder E-Motor), ggf. zusätzliche Komponenten mit denen die Drehzahl geregelt werden kann (Getriebe, Getrieberegelkupplung, Voith Vorecon®: hydrodynamisch regelbares Planetengetriebe), Kupplungen um die Komponenten des gesamten Antriebsstranges miteinander zu verbinden, Grundplatte auf der die Komponenten angeordnet und montiert werden.

Hierbei sind verschiedene Aufstellungsvarianten möglich. Die üblichen Pumpendrehzahlen bei Kesselspeisepumpen liegen bei speziellen Übersetzungsgetrieben und Turbinenantrieben häufig zwischen 5.000 und 6.000min-1, evtl. auch mehr. Die Drehzahl wird geregelt, um die Pumpe in verschiedenen vom Kessel geforderten Betriebspunkten wirtschaftlich, d. h. mit gutem Wirkungsgrad, betreiben zu können. Hierbei werden bestimmte Verhältnisse von Förderhöhe bzw. Druck zu Fördermenge eingestellt.

Die Ausführung von Kesselspeisepumpen in Bezug auf Leistungsbedarf, Werkstoff, Pumpenbauart und Antrieb ist wesentlich durch die Entwicklung der Kraftwerkstechnik beeinflusst worden. So geht der Trend bei konventionellen Kraftwerken zu immer größeren Blockeinheiten (> 1000MW). Dies führt bei den Kesselspeisepumpen heute zu Antriebsleistungen von 30-50MW.

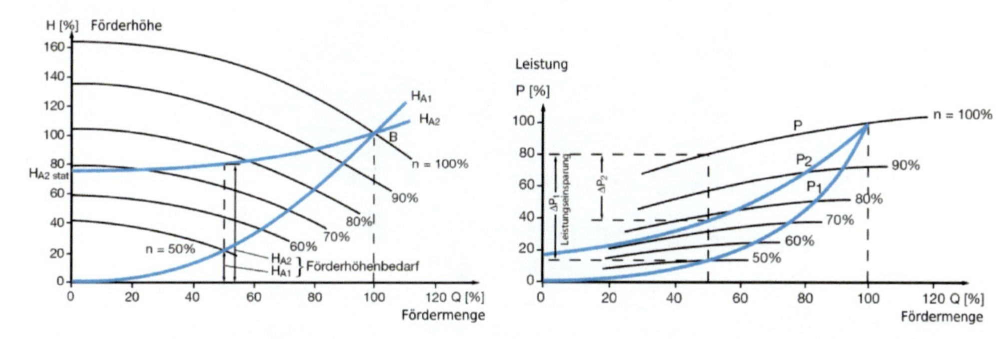

Abbildung 5-35: Typische Kennlinien von Kreiselpumpen mit einer Darstellung der Förderhöhe und des Leistungsbedarfes über dem Förderstrom und spezifischen Drehzahlen (relativ)

Die Masseströme der Kesselspeisepumpen stiegen mit den schnell wachsenden Blockleistungen an, sodass Volllastspeisepumpen für konventionelle 800 bis 1.100-MW-Blöcke heute vier- bis sechsstufig mit Stufendrücken bis ca. 80 bar ausgeführt werden, während die für 1.600-MW-Kernkraftwerke einstufig ausgeführt werden. Die Kesselspeisepumpen arbeiten bei Temperaturen [T] von 160 bis 210 °C und in Ausnahmen bei noch höheren Temperaturen des Fördermediums. Für Kernkraftwerke mit 1.600 MW Leistung werden die Speisepumpen für Masseströme bis zu 4.000 t/h und Speisepumpenenddrücke von 70 bis 450 bar ausgeführt.

Betriebsdaten der Kesselspeisepumpe Baureihe CHTD: Förderstrom Q bis 3.600 m^3/h, Förderhöhe H bis 4.500 m, Druck p bis 450 bar, Temperatur T bis 210 °C, Drehzahl n bis 6.200 min-1, wobei nicht alle Maximalwerte gleichzeitig erreicht werden können.

Die für große Leistungskraftwerke notwendigen Pumpengrößen liegen oberhalb von vorhandenen Baukästen. Aufgrund der gleichzeitig geforderten hohen Wirkungsgrade, hoher Sicherheit und Betriebszuverlässigkeit und konkurrenzbedingtem Preisdruck müssen die hier betrachteten Maschinen auftragsspezifisch konstruiert und optimiert werden.

Der Kraftwerksbauer benötigt kurzfristig nach Auftragsvergabe verbindliche geometrische Daten für die Einplanung der Pumpenaggregate in das Kraftwerk. Gleichzeitig ist derzeit der Beschaffungsmarkt für große Schmiedeteile (Mantelgehäuse) und anspruchsvolle Gussstücke (strömungsführende Bauteile, bspw. Lauf-/Leiträder) eng geworden. Die die Lieferzeit bestimmenden Beschaffungszeiten haben sich gegenüber früher verdoppelt bzw. verdreifacht und die Beschaffungskosten sind gestiegen. Damit ist der nach der Auftragsvergabe zur Verfügung stehende Zeitraum bis zur Bestellung und der dazu notwendigen geometrischen Festlegung stark verkürzt. Da das Mantelgehäuse die kosten- und terminführende Komponente der Kesselspeisepumpe darstellt, und darüber hinaus eine sehr komplexe Baugruppe darstellt, war es naheliegend, die Verbesserung des Optimierungs-und Anpassungsprozesses Verbundprojektes KOMSOLV zu stellen.

Abbildung 5-36: Kesselspeisepumpe in der Bauform mit einem Mantelgehäuse (CHTD)

Die Komplexität des hier betrachteten Prozesses ist durch folgende Merkmale bedingt : Unsicherheiten in der rechtzeitigen und zuverlässigen Beschaffung der Kundenanforderungen besonders in der Angebotsphase, Zielkonflikte zwischen Liefertermin (bzw. Stücklistenterminen) und Beschaffungsterminen von Komponenten, alternative Auslegemöglichkeiten einzelner Parameter (z. B. Abstände oder /und Wandstärken), kapazitäts- und qualifikationsbedingte Probleme, iterative Abläufe zwischen Verkauf, Hydraulikauslegung, Konstruktion, Einkauf und Kalkulation.

Pilotprodukt im Rahmen des Projektes

Um ein effizientes Arbeiten zu ermöglichen und die beteiligten Mitarbeiter umfassend zu informieren, wurde in verschiedenen bi- sowie trilateralen Treffen sowohl das Projekt KOMSOLV vorgestellt, als auch eine detaillierte Vorstellung des Produktes große Speisepumpenaggregate durchgeführt. Da der Gesamtprozess von Angebotserstellung und Auftragsabwicklung großer Speisepumpenaggregate höchst komplex ist, wurde der Prozesse unter Einbindung diverser KSB Bereiche (Entwicklung, Auftragskonstruktion, Verkauf und Hydraulik) analysiert und grafisch in detaillierten Ablaufdiagrammen dargestellt. Dies ermöglichte ein effizientes Erfassen und Optimieren von Informationen, Rückkopplungen und Änderungen.

Abbildung 5-37: Aufstellungsvariante, CAD-Modell und Schema

Zudem wurde der für KOMSOLV relevante Geschäftsprozess analysiert, er wird in die primäre Projektphase und den darauf folgenden Auftragsfall differenziert. Hierbei wurden die Zusammenhänge und Korrelationen der unterschiedlichen Abteilungen und Aufgaben der produktspezifischen Kundenanforderungen bis zu der Angebotsgenerierung in Datenflussdiagrammen dargestellt. Die bis dahin existierenden CAD-Anwendungen wurden auf effiziente Nutzung hin analysiert. Ansätze und Vorschläge zur Optimierung wurden generiert und im nächsten Schritt objektiv bewertet. Im Folgenden wurde die komplexe Produktstruktur der Kesselspeisepumpe vom Typ CHTD ermittelt und detailliert dargestellt. Dies hatte die Option zum Ziel, aus den kundenspezifischen Produktanforderungen Analogien zu ermitteln, die als Referenzdaten für futuristische Aufträge dienen sollen. Um den Lösungsraum nach zu realisierendem Optimierungspotential weiter aufzuspannen wurde die komplexe Produktstruktur des gesamten Pumpenaggregates im Fokus der Kostenreduktion analysiert. Die Situationsanalyse mündete in der Generierung eines Lastenheftes. Dieses resultiert systematisch aus den Beziehungen zwischen den kundenspezifischen Produktanforderungen und Produktmerkmalen. Hier wurden die für KSB spezifischen Zielkriterien definiert, der Softwareeinsatz bzw. -übersicht dargestellt und die Softwarefunktionen in der Projektphase, sowie für den Auftragsfall definiert. Zudem sind Qualitätsanforderungen sowie optionale Ergänzungen an die Software dargestellt worden.

Ansätze für die Problemlösung

Aufgrund der im Vorherigen erläuterten Situation resultiert die Zielsetzung, die zu einer Optimierung des Gesamtprozesses führen soll. Die Anfangs allgemein und abstrakt gehaltene, generelle Zielsetzung wurde in der weiteren Findungsphase bzw. im Verlauf des Projektes immer mehr konkretisiert und somit der Lösungsraum immer weiter eingegrenzt.

Die generelle Zielsetzung:

- Schnelle Prüfung der Machbarkeit von kundenspezifischen Maschinen, und Bereitstellung qualitativ hochwertiger Angebotsunterlagen

- methodische Verbesserung der kundenspezifischen konstruktiven Anpassung und Optimierung
- Frühzeitige detaillierte Kenntnis der Geometrie und Abmessungen
- Effizienzsteigerung der Angebotserstellung und konstruktiven Abwicklung
- Frühzeitiges Erkennen von Zielkonflikten
- Reduktion des hohen spezifischen Aufwandes
- Kapazitätsgewinn

Im Sinne einer integrierten Produktentwicklung wurde die Zielsetzung im Projektverlauf konkretisiert:

- Eine schnelle Definition der Rohteilabmessungen eines CHTD-Mantelgehäuses nach der Hydraulikselektion, um Kalkulationen vor der Detailkonstruktion (Projektphase: Angebotsgenerierung) durchführen zu können.
- Eine schnelle Definition von Außenabmessungen der CHTD im Auftragsfall, um frühzeitig den Aufstellungsplan für die Kraftwerksplaner und Auftraggeber zu definieren.
- Zur schnelleren innerbetrieblichen Abwicklung innerhalb der Projekt- und Auftragsphase, sollen wiederkehrender Tätigkeiten und die zugehörige Durchgängigkeit der Informationen ohne bzw. mit geringem manuellem Schnittstellenaufwand im CAD/CAM-Umfeld vermieden werden. Hieraus resultiert die Parametrik, d. h. quasi-fertige CAD-Modelle relevanter Bauteile werden aus den zuvor entstandenen geometrischen Daten generiert und stehen für die darauf folgende Detailkonstruktion zu Verfügung, bspw. Vordrehzustand (Zustand 1) des Mantelgehäuses.

Umsetzung | Realisierung

Folgendes Schema verdeutlicht den konstruktiven Gesamtprozess und die Struktur der realisierten Systemlandschaft, die relevant für die Erfüllung der Zielsetzungen ist. Hierbei erhält und generiert die Konstruktion diverse Auftragsdaten von der Hydraulikabteilung (Definition der strömungsführenden Kontur), der Auftragsabwicklung, aus spezifischen FEM-Berechnungen, sowie aus Referenzaufträgen. Mit diesen Daten werden diverse Berechnungen u.a. mit Mathcad ausgeführt. Der Konstrukteur steht in optionaler Interaktion mit der in KOMSOLV entstandenen Wissensdatenbank, hier befinden sich bauteilspezifische Konstruktionshinweise/-richtlinien, sowie Fachwissen und Know-how aller Art.

Zur Option steht die Optimierung (Reduktion) der Mantelgehäusemasse mit dem von Dualis entwickeltem Optimierer ISSOP2.0, hierzu müssen Daten aus Mathcad mit einem speziell hierfür entwickeltem Tool exportiert werden um im Folgenden an ISSOP2.0 übergeben zu werden. Das Resultat der Optimierung (einige Parameter) wird manuell in Mathcad eingegeben, da dies notwendig für die in Mathcad integrierte Berechnungsdokumentation für die jeweiligen Aufträge ist. Die Hauptfunktion der Parametrik ist das Generieren von quasi-fertigen CAD-Modellen in NX, die dann für die Detailkonstruktion zu Verfügung stehen.

Hierzu ist die geometrische Definition der vorerst eklatantesten Bauteile: Mantelgehäuse, Druck- und Saugstutzen, Deckel und Füße/Ausrichtstellen von Relevanz.

Nachdem das Ziel der Optimierung der Mantelgehäuseauslegung definiert war, wurden die relevanten Produktparameter für die detailliert technische Auslegung des Mantelgehäuses einer Kesselspeisepumpe vom Typ CHTD ermittelt und detailliert dargestellt. Das zugehörige Formelwerk, das sich in Form eines nicht-linearen Gleichungssystems mit verschachtelten, in Korrelation stehenden Abhängigkeiten repräsentiert, mit allen relevanten Berechnungen und Parametern wurden ebenfalls ermittelt und nachvollziehbar dargestellt. Die generierten Daten bildeten die Basis für die Optimierung der Auslegung und der Programmierung der Optimierungs-Software. Um die Optimierung der detaillierten Auslegung des Mantelgehäuses zu unterstützen, wurden spezifische bilaterale Gespräche, sowie Schnittstellendefinitionen mit den Softwarehäusern Dualis und SBS geführt, wobei sich die branchen- und fachspezifische Qualifikation und Erfahrung von Dualis für den Anwendungsfall bei KSB etablierte. Parallel zu den Arbeiten mit den Softwarehäusern wurde vom IK Braunschweig prototypisch die universelle Software *IKSolve* entwickelt, die eine generelle Analyse komplexer Beziehungssysteme erlaubt. Deren Funktion wurde am Beispiel des gleichen Mantelgehäuses untersucht. *IKSolve* war jedoch nicht für eine regelsystembasierte Auslegung sondern für grundsätzliche ähnlichkeitsbasierte Untersuchungen gedacht und geeignet und diente anfangs zur Untersuchung von Schnittstellen des Berechnungssystems mit parametrischen CAD-Modellen.

Für die exakte kundenspezifische Auslegung des Mantelgehäuses und um die Optimierungssoftware ISSOP2.0 von Dualis zu erproben, wurde eine detaillierte Berechnungsdokumentation erstellt. ISSOP2.0 wurde hierzu in der Systemumgebung von KSB implementiert und wird als optionales Tool, parallel zur Mantelgehäuseauslegung in Mathcad, verwendet. Da im Rahmen der hier durchgeführten Untersuchung die inneren geometrischen Daten der strömungsführenden Kontur auftragsspezifisch feststehen, werden die äußeren geometrischen Daten des Mantelgehäuses und des Druckstutzens, sowie einige andere Parameter, auf das Ziel hin optimiert, die Gesamtmasse zu reduzieren. ISSOP2.0 arbeitet mit sieben verschiedenen Optimierungsstrategien, die nach dem Prinzip des „Neuronalen Lernens“ während eines Optimierungslaufes voneinander lernen und elementare Entscheidungsfunktionen für weitere Iterationen verbessern.

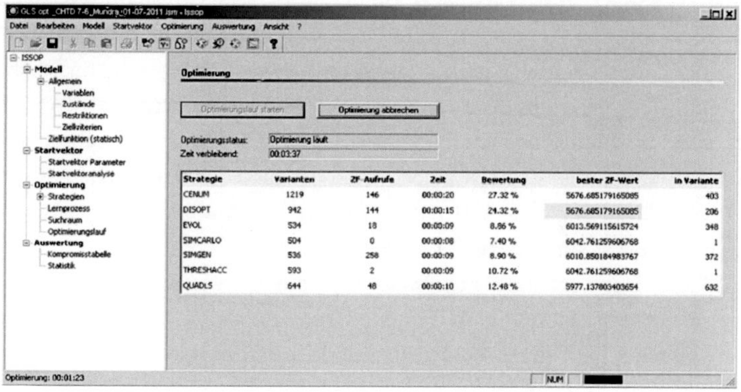

Abbildung 5-38: Benutzungsoberfläche der Optimierungs-Software

Die parametrische Modellierung des Mantelgehäuses, des Deckels und der Füße/Ausrichtstellen war eines der wesentlichen prozessualen Ziele des KSB-Projektes im Rahmen von KOMSOLV. Sie soll für die Detailkonstruktion im Auftragsfall verwendet werden können. Hierzu wurden geometrische Produktparameter für die detaillierte technische Darstellung der Bauteile definiert (Lage, Identifizierung, Bezeichnung, Dimension) und ihre Zusammenhänge mit anderen Parametern (Constraints). Diese bilden die Grundlage der parametrischen constraintbasierten Modellierung.

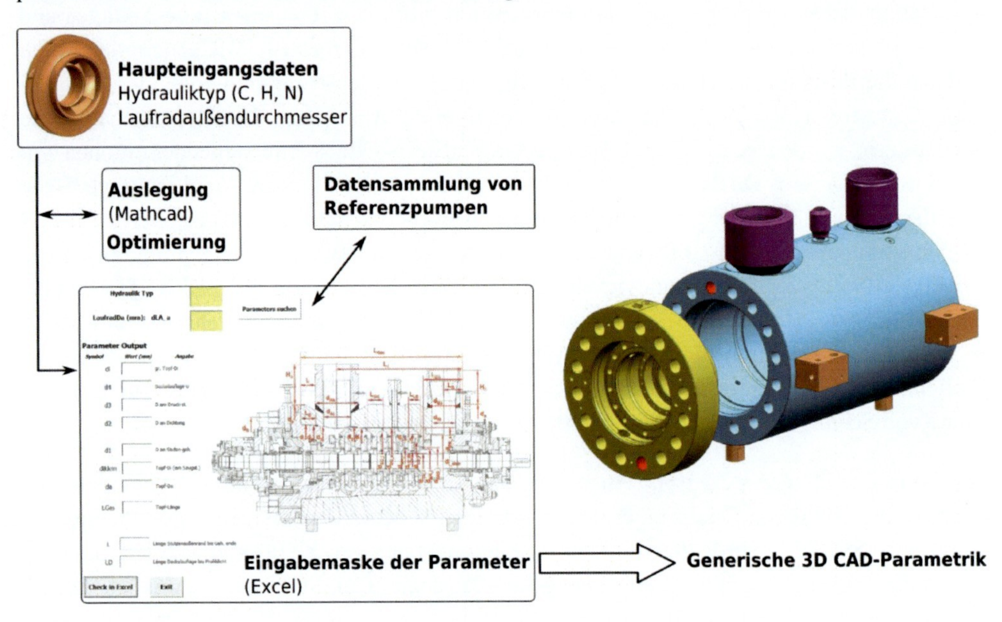

Abbildung 5-39: Parametereingabe und automatischer Abgleich mit einer Sammlung von Referenzpumpen zum schnellen Anpassen der CAD-Modelle

Mittels definierten Zwangsbedingungen wird das Erfassen und Verarbeiten von geometrischen Elementen mit variablen Bezügen zugelassen und ist von der Erzeugerstruktur unabhängig. Hieraus werden aus einem definierten Datenpool, der als Excel-Sheet mittels Eingabemaske realisiert wurde, alle relevanten Bauteile im CAD-System NX als quasi-fertige CAD-Modelle generiert und stehen der weiteren Detailkonstruktion zu Verfügung. Das quasi-fertige CAD-Modell des Mantelgehäuses entspricht dem Vordrehzustand, d. h. dem ersten Fertigungszustand der aus dem Mantelgehäuse-Rohteil (Buchse) hervorgeht, bevor eine entsprechende partielle Plattierung im Inneren des Mantelgehäuses angebracht wird und die Bohrungen für den Saug- und Druckstutzen vollendet sind. In der Eingabemaske des Excel-Sheets werden die Haupteingangsparameter (von der Hydraulikabteilung) Hydrauliktyp und Laufradaußendurchmesser eingegeben. Diese Parameter werden automatisch mit Referenzpumpen verglichen. Existiert eine geeignete Hydraulik, werden die restlichen Parameter dementsprechend ergänzt. Handelt sich um eine neue Hydraulik, werden spezifische Parameter linear interpoliert, einige Eingabefelder bleiben leer und müssen manuell definiert werden.

Zudem werden einige Parameter aus der Mantelgehäuse-Ausschnittsberechnung mit Mathcad in Excel importiert. Optional können jegliche Parameter manuell eingegeben bzw. verändert werden, wie bspw. einen optimierten Mantelgehäuseaußendurchmesser, dessen Reduktion schließlich gewünscht ist. Per Knopfdruck bzw. Mausklick werden so die quasi-fertigen CAD-Modelle des Mantelgehäuses, Deckels und der Füße/Ausrichtstellen in NX generiert. Mit einem modularen Aufbau der Parametrik, besteht die Option, in Zukunft weitere Bauteile der Pumpe zu adaptieren und die Parametrik zu komplettieren.

„Man kann Wissen nicht managen, so wie man Liebe, Patriotismus oder seine Kinder nicht managen kann. Aber man kann ein Umfeld schaffen, in dem Wissen gedeiht.“ (Larry Prusak, IBM Executive Director, 1988)

Zur Ergänzung des Projektes wurde für KSB ein sinnvolles Wissensablage- und verwaltungssystem gesucht. Aus der Situationsanalyse und Lösungssuche dieses Problems, resultierte eine abteilungsinterne Wissensdatenbank, in der jegliches Know-how und Fachwissen, das sich u.a. auch aus der Projektarbeit entwickelt hat, sowie Konstruktionshinweise/-richtlinien, Prozessbeschreibungen, aktuelle Normen und Regelwerke, gesammelt, aufbereitet und für die Zukunft in einer logisch aufgebauten Struktur mittels Klassifizierungsschlüssel abgelegt wird. Hier hat jeder Mitarbeiter Zugriff, wobei neue Informationen, Daten etc. über nur eine Schnittstelle bzw. Person in die Wissensdatenbank eingepflegt werden.

Ergebnisse | Erfahrungen

Durch die in KOMSOLV entwickelten Werkzeuge und Methoden ist ein weitaus effizienteres Arbeiten der konstruktiven Konstruktion in der Projektphase sowie im Auftragsfall möglich. Die Zeitersparnis durch die Verwendung der Tools resultiert in einem Kapazitätsgewinn, der z. B. für Entwicklungsarbeiten genutzt werden kann. Innerhalb des KSB Konzerns werden die entstandenen Tools und Methoden verbreitet und nach weiteren Anwendungsmöglichkeiten gesucht (bspw. im Forschungsbereich). Die grundsätzliche Zusammenarbeit in den bi- und trilateralen Treffen, sowie in den halbjährlichen Projekttreffen hat wesentlich zum Ergebnis des Projektes beigetragen. Der regelmäßige Wissenstransfer mit den Projektpartnern und anderen Stellen (bspw. Partnerprojekt DIALOG, Assoziierter Kreis) hilft, bisherige Denkansätze bzw. festgefahrene Denkrillen zu verlassen und neue Lösungsansätze zu finden und zu beurteilen.

6 Zusammenfassende Sicht der Projektergebnisse

Hans-Joachim Franke, Gunther Grein und Eiko Türck

Die Globalisierung der Märkte wirkt sich für kleine und mittlere Hersteller kundenindividueller Produkte u. a. durch den steigenden Druck aus, Wünsche der Kunden schnell und sicher zu erfüllen, aber dennoch den eignen Aufwand in der Produktentwicklung zu reduzieren. Dass der systematischen Aufgabenklärung und Berücksichtigung der Anforderungen eine besondere Bedeutung zukommt, ist hinlänglich bekannt. Ebenso existieren bereits Methoden und Werkzeuge für die rechnerunterstützte Verarbeitung von Anforderungen, bis hin zur Konstruktion und Betreuung der Produkte während der Nutzungsphase. Das vorliegende Buch strebt an, einen Beitrag dazu zu leisten, dass Methoden den Einzug in die industrielle Praxis finden und das Ziel einer durchgängigen Rechnerunterstützung der Produktentwicklung in greifbare Nähe rückt.

Aufbauend auf dem relevanten Stand der Technik werden zunächst innovative, methodische Lösungsansätze für die erfolgreiche Entwicklung kundenindividueller Produkte konzipiert. Diese werden prototypisch realisiert und in industriellen Anwendungsfällen erprobt. „Anforderungsmanagement für kundenindividuelle Produkte“ beschreibt in drei Hauptkapiteln:

- Methodische Lösungsansätze
  Zunächst werden die Grundlagen aus konstruktionsmethodischer Sicht beschrieben. Mit Methoden zur Beschreibung – sprich Modellierung – komplexer Produkte wird die Basis geschaffen, auf der später eine formale Beschreibung für eine Systemunterstützung gelingen kann. Methoden, die Informationen aus der Phase der Produktnutzung für eine Verbesserung der Produkte und Prozesse verwenden, erweitern das Spektrum für einen ganzheitlichen Ansatz in der Produktentwicklung. Außerdem werden Wege aufgezeigt, wie Entscheidungen zielgerichtet herbeigeführt werden können. Kenntnisse über Optimierungsmethoden zeigen sich hier als hilfreich für die Entscheidungsfindung, gerade auch während der frühen Phasen bei der Projektierung von kundenindividuell entwickelten Maschinen und Anlagen.
- Praxisorientierte Tools
  Vorausschauende, bis ins kleinste durchdachte Konzepte und innovative methodische Lösungsansätze können in unserer heutigen „computerisierten“ Zeit nur dann erfolgreich und nachhaltig in Unternehmen hineingetragen werden, wenn sie sich in praxisorientierten Software-Werkzeugen wiederfinden. Unter dem Motto „Von der Anforderung zum Design-Element“ werden Best Practices beschrieben, wie sich komplexe, kundenindividuelle Produkte und Dienstleistungen formal beschreiben und virtuell verarbeiten lassen. Da eine bequeme Handhabung und ergonomische Benutzungsoberfläche ganz entscheidend für die Akzeptanz von Software-Anwendungen ist, wird für die Integration der einzelnen Lösungsbausteine eine dynamische Benutzungsschnittstelle in einer dienstorientierten Umgebung bereitgestellt.
- Industrielle Anwendungen
  „Forschung für die Produktion von morgen“ kann nur funktionieren, wenn die entwickel-

ten Methoden und Tools den Praxistest bestehen. In beiden Forschungsprojekten wurden von Beginn an Anwendungsfälle – sog. Szenarien – festgelegt, mit deren Hilfe die theoretischen Konzepte und implementierten Software-Prototypen angewendet und getestet werden sollen. Die Bandbreite der Anwendungsfälle reicht vom Anforderungsmanagement im Service-Engineering über die technische Angebotsklärung, Konfiguration und Fabrikplanung im Maschinen- und Anlagenbau bis hin zu Constraint-gesteuerten parametrischen 3D-CAD-Systemen und Werkzeugen für die Auslegung und Optimierung dieser komplexen Produkte im Auftragsfall.

Während die Ausarbeitung der ersten beiden Themenkomplexe hauptsächlich durch die beteiligen Forschungsinstitute und Dienstleistungsunternehmen erfolgte, zeichnen für die Beschreibung der industriellen Anwendungen und somit die Validierung der Konzepte und Software-Prototypen die Anwendungsunternehmen verantwortlich. Diese Aufgabenteilung hat aus heutiger Sicht einen systematischen und nachhaltigen Know-how-Transfer gefördert. Durch die Anwendung und Beschreibung der Lösungsbausteine im jeweiligen Kontext des Unternehmens haben die „Praktiker“ ein besseres Gefühl dafür bekommen, was mit virtuellen Tools möglich ist.

Es kann als Fazit festgehalten werden, dass Know-how-intensive Prozesse gelebt werden müssen. Dies ist insbesondere dann, wenn neue Methoden und Software-Werkzeuge in den gewohnten Prozessablauf zu integrieren sind, von Bedeutung. Es hat sich gezeigt, dass es aufgrund der Individualität der Anforderungen und Rahmenbedingungen sowie der Komplexität der Maschinen und Anlagen an vielen Stellen nicht die vollautomatische Lösung geben kann, die theoretisch möglich und von den Anwendern gewünscht ist Dennoch unterstützen die in DIALOG und KOMSOLV entwickelten Konzeptbausteine und Programme bereits heute die Anwender bei der Erfüllung ihrer Aufgaben. Für einen nachhaltigen Erfolg braucht es in den Firmen vor Ort jedoch zum einen Fachleute (Experten), die mit den neuen Methoden umzugehen wissen und die Prototypen als Muster und Motivation zur Selbsthilfe verstehen. Zum anderen sind strategisch denkende Unternehmer (Entscheider) angesprochen, die Projektergebnisse als Ausgangspunkt für nachhaltige Implementierungen und Erweiterungen des Funktionsumfangs begreifen.

„Voraussetzung für eine wettbewerbsfähige Produktion und die Herstellung bedarfsgerechter Produkte ist die zielgerichtete Verbindung von Menschen und Ideen, Verfahren und Ausrüstungen, produktionsbezogenen Dienstleistungen, Material und Kapital“, schreibt die Bundesministerin für Bildung und Forschung, Frau Prof. Dr. Annette Schavan, in ihrem Grußwort zu den Karlsruher Arbeitsgesprächen 2010 [Scha-2010].

Die kritischen Erfolgsfaktoren sind aus unserer Sicht:

- Die systematische Verwaltung und Erfüllung von Kundenanforderungen ist der Schlüssel für einen nachhaltigen Markterfolg.
- Konfigurationen komplexer Produkte und Zusammenhänge müssen einfach angewendet werden können.

- Erfahrungswissen aus Projekten muss systematisch ausgewertet und angewendet werden.
- Die Komplexität der Software-Werkzeuge und IT-Systemlandschaft ist so gering wie möglich zu halten.

„Wenn wir uns gemeinsam diesen Herausforderungen stellen, hat die Produktion in Deutschland weiterhin eine Zukunft.“ [Scha-2010].

7 Informationen zu den Projektpartnern

Die Entwicklung von Methoden und Tools zur Harmonisierung der Kunden- und Herstellersicht in Vorprojektphasen, der Produkt(weiter)entwicklung und im Service unterschiedlichster Branchen erfordert neben dem notwendigen technologischen Know-how die Berücksichtigung eines breiten Spektrums von Anforderungen aus unterschiedlichen Disziplinen und Wissensdomänen.

Die Konsortien der beiden vom Bundesministerium für Bildung und Forschung (BMBF) geförderten und vom Projektträger Forschungszentrum Karlsruhe (PTKA) betreuten Verbundprojekte DIALOG und KOMSOLV erfüllen genau diese Anforderungen. Nach einer kurzen Erläuterung der Zusammenarbeit in den Projekten werden die beteiligten Unternehmen in alphabetischer Reihenfolge vorgestellt.

DIALOG-Konsortium

Die wissenschaftlichen Grundlagen im DIALOG-Konsortium steuert hauptsächlich das Forschungszentrum Informatik (FZI) aus Karlsruhe bei. Mit dem Projektkoordinator INTENSIO Software und Consulting GmbH aus Karlsruhe und dem im Maschinen- und Anlagenbau ausgewiesenen Software-Haus SGP GmbH aus Geislingen stehen zwei Systemanbieter als Software- und Technologieanbieter für die Umsetzung der konzeptionellen Grundlagen in die industrielle Praxis bereit. Die Sicht der Maschinenhersteller repräsentiert mit MBO Maschinenbau Oppenweiler Binder GmbH & Co. KG ein Marktführer seines Branchensegments. Die Unternehmen iPLON GmbH The Infranet Company aus Schwäbisch-Hall und ModellTechnik Rapid Prototyping GmbH aus Waltershausen repräsentieren als innovative Dienstleister und Endanwender die Kundensicht.

KOMSOLV-Konsortium

Die Themenstellung des Verbundprojektes KOMSOLV ist an der Schnittstelle zweier zentraler Forschungsschwerpunkte des Instituts für Konstruktionstechnik (IK) angesiedelt: der Rechnerunterstützung in der Konstruktion und der Konstruktionsmethodik. In der Zusammenarbeit mit den Industrie- und Softwareunternehmen werden die Forschungs-tätigkeiten praxisnah erweitert. Anwender der entwickelten Methoden und Werkzeuge sind drei Industrieunternehmen, die sich einem starken internationalen Wettbewerb ausgesetzt sehen (KLÖCKNER DESMA Schuhmaschinen GmbH aus Achim, MKN Maschinenfabrik Kurt Neubauer GmbH & Co, KSB AG Frankenthal). Das Angebot von kundenindividuellen Produkten stellt dabei ein wesentliches Qualitätsmerkmal ihrer Produkte dar. Die beiden Softwarehäuser DUALIS GmbH IT Solution Dresden und SBS-Softwaresysteme GmbH Braunschweig entwickeln Tools für die Virtualisierung der Produktentwicklung.

KLÖCKNER DESMA Schuhmaschinen GmbH

Sondermaschinenbau, Spritzgussmaschinen, Roboter und Automatisierungstechnik für die Produktion technischer Bauteile sowie Schuhen

Desmastraße 3-5
28832 Achim
http://www.desma.de

DESMA ist globaler technologischer Marktführer für den Bereich des Sondermaschinenbaus der industriellen Schuhproduktion. Erweitert wurde in den vergangenen Jahren das Produktprogramm um technologisch anspruchsvolle Anlagen für die industrielle Produktion von technischen Polyurethanbauteilen sowie von Maschinen für die Fertigung von Mikrobauteilen aus Kunststoff, Metall und Keramik für die Mikrosystemtechnik. DESMA ist zusätzlich tätig im Bereich der Verfahrenstechnik, des Formenbaus sowie der Automatisierungstechnik. Aufgrund des breiten Angebots entwickelt sich das Unternehmen mehr und mehr zum Generalunternehmer für die komplette Fabrikplanung. Die Anforderungen in diesen Bereichen werden immer komplexer, wobei die Möglichkeiten der bisher eingesetzten Werkzeuge und Methoden bereits überschritten werden und diese vielfach nicht mehr den Ansprüchen an eine schnelle und durchgängige Auftragsabwicklung genügen. Im Unternehmen wurden erste Schritte in die Richtung der universellen Konfiguration der Produkte vorgenommen. Die verwendeten Werkzeuge und Methoden wurden teilweise angepasst, liefern aber keine ganzheitlichen Lösungen, die den Gesamtablauf verbessert hätten. Pilotierte Projekte mit einer erweiterten Präsentation der Standardprodukte haben gezeigt, dass Kunden sich von „virtuellen Anlagen“ sehr schnell überzeugen lassen und die Gesamtherstellkosten reduziert werden können. Es besteht aber die Anforderung nach einer integrierten Methodik der Konfiguration, des Anforderungsmanagements sowie der parametrischen Unterstützung der Konstruktion und technischen Abwicklung.

DUALIS GmbH IT Solution

Anbieter von Simulations- und Optimierungssoftware

Tiergartenstraße 32
01219 Dresden
http://www.dualis-it.de

Die 1990 in Dresden gegründete DUALIS GmbH IT Solution ist auf Simulations- und Planungssoftware spezialisiert. Die eigenentwickelten Produkte wie GANTTPLAN oder das Optimierungstool ISSOP ermöglichen die Feinplanung und Optimierung von Produktionsprozessen und Fertigungsabläufen in der Industrie. Mit den Simulationstools SPEEDSIM und VisualComponents lässt sich die zwei- bzw. dreidimensionale Planung und Optimierung von Fertigungs- und Logistikanlagen effizient gestalten. Das Spektrum an Softwarelösungen umfasst:

- Modellbasierte Simulation zur Planungsunterstützung von Fertigungs- und Produktionslinien sowie Logistiknetzen
- Rechnergestützte Optimierung von dynamischen oder statischen multikriteriellen Optimierungsaufgaben
- Optimierungsbasierte Planungslösungen zur Ressourcen- und Kapazitätsplanung

Dualis bietet neben dem Lizenzverkauf auch komplette Dienstleistungen auf der Basis dieser Softwaretools an. Dies umfasst die Anforderungsanalyse, Konzeption, Implementierung, Installation und den Support von eigenentwickelten IT-Lösungen.

Forschungszentrum Informatik (FZI)
Forschungs- und Technologietransfereinrichtung

Haid-und-Neu-Str. 10-14
76131 Karlsruhe
http://www.fzi.de

Das FZI Forschungszentrum Informatik hilft Unternehmen und öffentlichen Einrichtungen dabei, die neuesten Methoden und Erkenntnisse wissenschaftlicher Forschung aus Informatik, Ingenieurwissenschaften und Betriebswirtschaft in wirtschaftlichen Erfolg umzusetzen. Als unabhängige Forschungseinrichtung arbeitet das FZI Forschungszentrum Informatik seit über 25 Jahren für Unternehmen und öffentliche Institutionen jeder Größe um partnerschaftliche Innovationen für Markt, Betriebsorganisation und Produktion zu entwickeln.

Die Aktivitäten der zum Forschungsbereich „Intelligent Systems and Production Engineering (ISPE)“ angehörigen Abteilung „Process and Data Management in Engineering“ (PDE)“ erfolgen im Interesse einer kontinuierlichen Optimierung der Wertschöpfungsprozesse im Produktlebenszyklus. Hierfür werden neuartige Methoden und Systeme für produktlebenszyklusbezogenes Informations- und Wissensmanagement im Ingenieurwesen erforscht sowie integrierte PLM-Applikationen in digitalen dynamischen Wertschöpfungsnetzen entwickelt. Der Fokus der Arbeit liegt in den Bereichen Feedback- Flexibilitäts- und Energie-Management im Produktlebenszyklus, die kontinuierlich im Rahmen von öffentlichen Verbundforschungsprojekten und Direktbeauftragungen durch verschiedene Unternehmen aus Großindustrie und Mittelstand Verwertung finden. Als unabhängiger PLM-Berater hilft ISPE/PDE Unternehmen bei der Verbesserung ihrer Engineering- und Produktmanagement-Prozesse über die gesamte Produktlebensphasen und Unternehmensgrenzen hinaus.

Institut für Konstruktionstechnik (TU Braunschweig)
Forschungsinstitut

Langer Kamp 8
38106 Braunschweig
http://www.ikt.tu-bs.de

Das Institut für Konstruktionstechnik (IK) beschäftigt sich seit seiner Gründung mit den Grundlagen des methodischen Konstruierens und der Produktentwickelung und verfügt damit über eine jahrzehntelang entwickelte Kompetenz in Konstruktions- und Entwicklungsmethodik.

Ergänzend hierzu soll die Bereitstellung und Anwendung wirkungsvoller Hilfsmittel im Bereich der Anforderungserfassung und -verarbeitung, des recyclinggerechten Konstruierens, des präventiven Qualitätsmanagements, sowie der Beherrschung variantenreicher Produktspektren helfen, Effizienz, Produktivität und Effektivität beim Entwerfen zu steigern. Angepasste und integrierte CAx-Verfahren helfen bei der Konzipierung, Lösungsauswahl und Konfiguration sowie der frühzeitigen Berechnung (z. B. Kopplung FEM und CFD) und Bewertung von Lösungen. Die methodischen und virtuellen Werkzeuge werden genutzt, um neue und verbesserte Maschinenelemente für spezielle Aufgaben zu erforschen, zu entwickeln und experimentell zu erproben.

Das IK forscht und lehrt mit dem Ziel, die Produktentwicklung und Konstruktion für heutige und zukünftige Aufgaben zu verbessern. Fachlich und organisatorisch ist das Institut in diese Bereiche gegliedert:

- Konstruktionsmethodik
- Rechnerunterstütztes Konstruieren
- Neue und verbesserte Maschinenelemente

Die rechnerunterstützten Methoden, insbesondere die Entwicklung geeigneter rechnerunterstützter Entwicklungsumgebungen und das Einbringen von Wissen in die CAD-Modellierung, bilden dabei stets einen wichtigen Schwerpunkt der Forschung. In der Verbindung mit konstruktionsmethodischem Know-how sind daraus in der Vergangenheit viele erfolgreiche Projekte mit Partnern aus der Industrie hervorgegangen (EvaPro, GINA, KOMSOLV). Seit seiner Gründung 2007 ist das IK Mitglied des Niedersächsischen Forschungszentrums für Fahrzeugtechnik (NFF) und arbeitet dort in den Bereichen Karosserie und Fahrzeugkonzepte.

INTENSIO Software und Consulting GmbH
Software-Entwicklung und Beratung

Karlsruher Straße 88
76139 Karlsruhe
http://www.intensio.de

Die INTENSIO Software und Consulting GmbH mit Sitz in Karlsruhe ist Partner des Mittelstandes und spezialisiert auf Software-Lösungen für das integrierte Informationsmanagement. Seit 1999 steht der Name INTENSIO für ein Höchstmaß an Integration, Komfort und Effizienz bei der Entwicklung maßgeschneiderter Lösungen, die den täglichen Umgang mit unternehmensrelevanten Informationen und Dokumenten erleichtern. INTENSIO hilft Unternehmen, ihre operativen Daten in Informationen umzuwandeln, auf deren Basis Entscheidungen getroffen und Prozesse gesteuert werden können. Langjährige Projekterfahrung zeichnet INTENSIO als kompetenten Beratungspartner aus, der praxisorientierte Lösungen entwickelt und erfolgreich umsetzt.

Mit seinem Standardprodukt NOVIPLAN richtet sich INTENSIO an kleine und mittlere Unternehmen unterschiedlichster Branchen. Als zentrale Informationsplattformmacht NOVIPLAN Informationen zum richtigen Zeitpunkt und dort, wo sie benötigt werden, verfügbar.

NOVIPLAN wird auf der Basis modernster Technologien entwickelt und steht für die Verbindung der bisher getrennten Konzepte von leistungsstarker Business Intelligence und modernem Dokumentenmanagement. Das Modul NOVIPLAN-DMS bietet umfassende Dokumentenmanagement-Funktionalitäten für die revisionssichere Archivierung, digitale Akten, komfortable Klassifizierungs- und Recherchemöglichkeiten sowie frei definierbare Workflows und E-Mail-Freigabeverfahren. NOVIPLAN-BI deckt die Themenfelder Datenanalyse, Reporting und Dashboarding ab und präsentiert aktuelle Geschäftsdaten in Form eines kundenindividuellen Management-Informationssystems. Damit ermöglicht NOVIPLAN eine ganzheitliche Sicht auf Informationen und ist Grundlage für eine aktive Unternehmenssteuerung. Denn gerade im Mittelstand werden effiziente Geschäftsprozesse und aktuelle, qualitativ hochwertige Informationen zunehmend zu entscheidenden Wettbewerbsfaktoren.

Die hohe Skalierbarkeit und einfache Anpassbarkeit von NOVIPLAN ermöglichen die kosteneffiziente Entwicklung passgenauer Lösungen. Im Mittelpunkt aller Anwendungen stehen stets die Anforderungen der Kunden hinsichtlich Prozessunterstützung, Effizienz, Komfort und Integration. NOVIPLAN fügt sich nahtlos in vorhandene Systemlandschaften ein und steht in unterschiedlichen Sprachversionen zur Verfügung. Die ständige Weiterentwicklung der Software stellt ihre Positionierung im oberen Qualitätssegment sicher.

Durch konsequente Orientierung an den Anforderungen der Märkte und Kunden steht INTENSIO für praxistaugliche und zukunftsfähige Lösungen und profitiert von einer hohen Kundenzufriedenheit und -bindung.

iPLON GmbH The Infranet Company
Informationstechnologie und Solarparkautomation

Karl-Kurz-Str. 36
74523 Schwäbisch-Hall Hessental
http://www.iplon.de

Die in Schwäbisch Hall ansässige iPLON GmbH ist einer der weltweit führenden Anbieter für Full Service Anbieter im Bereich Montoring & Control für erneuerbaren Energien. iPLON setzt dabei einen Schwerpunkt auf das Total-Lifecycle Management von mittleren und großen Photovoltaikanlagen in Deutschland, Europa und in Indien. Gerade bei großen und zunehmen auch bei mittleren Solaranlagen setzt iPLON gezielt auf eine langfristige Betreuung der Anlagen.

iPLON bietet produktnahe Dienstleistungen in den Bereichen Mess-, Regelungs- und Verfahrenstechnik mit zugehöriger Algorithmenentwicklung an. Darüber hinaus schafft die Firma wegweisende Lösungen auf dem Gebiet der modellbasierten Software-Entwicklung. Sie bietet Produkte für die Automatisierung auf Basis konzipierter Feldbustechnologie Local Operating Network (LON) für komplexe Steuerungsprobleme in der Verfahrens-, Reinraum- oder Photovoltaiktechnik an. Diese umfasst neben der eigentlichen Datenerfassung auch ein permanentes Monitoring der Performance Ratio der jeweiligen Anlagen sowie alle Maßnahmen für die Wartung und Instandhaltung.

Die iPLON GmbH ist Mitglied im Netzwerkverbund „Infranet Partners“, die Standorte in der Schweiz, in England, den Niederlanden oder in Finnland unterhalten.

KSB Aktiengesellschaft
Maschinen- und Anlagenbau, Hersteller von Pumpen und Armaturen

Johann-Klein-Straße 9
67227 Frankenthal
http://www.ksb.de

Der Transport von Flüssigkeiten steht seit über 140 Jahren im Mittelpunkt der Arbeit von KSB. Während dieser Zeit hat sich vieles verändert. Die erste Pumpe des Firmengründers Johannes Klein förderte nur wenige Kubikmeter pro Stunde. Heute schafft eine besonders leistungsstarke Pumpe in der gleichen Zeit mehr als 60.000 Kubikmeter. Errungenschaften wie diese sind das Ergebnis konsequenter Forschungsarbeit in Hydraulik, Werkstoffentwicklung und Automatisierung. Indem wir innovative Technik mit herausragendem Service verbinden, erreichen wir, was unsere Kunden erfolgreich macht: ein deutliches Plus an Leistung, Sicherheit und Effizienz. Oder anders gesagt: intelligente Lösungen mit Zukunft. Überall dort, wo Wasser herangeführt oder entsorgt werden soll, setzt KSB mit modernster Pumpen- und Armaturentechnik alles für den Kunden in Bewegung. Dabei fördern unsere Produkte weit mehr als nur Wasser. Sie transportieren, steuern und regeln nahezu alle Arten von Flüssigkeiten, gleich welcher Temperaturen, Beschaffenheit und Gefährdungspotenziale. Pumpen und Armaturen von KSB arbeiten daher genauso zuverlässig in der Wasser- und Abwasserwirtschaft wie in der Industrie und Gebäudetechnik, in Kraftwerken und im Bergbau. Neben technischen Komponenten entwickeln wir für die Anlagen vieler Kunden Komplett-systeme und individuelle Servicekonzepte. Dazu gehören Einlaufbauwerke oder Pumpstationen ebenso wie Systeme zur Druckerhöhung oder Heizungsregelung und um-fassende Servicepakete. Unsere Lösungen berücksichtigen immer das Gesamtsystem und sorgen mit abgestimmter Steuer- und Regeltechnik sowie ausgefeilter Hydraulik für ein perfektes Zusammenspiel aller beteiligten Komponenten. So erhöhen unsere Kunden die Verfügbarkeit von Anlagen und senken die Energiekosten. Energie ist ein begehrtes Gut. Der stetig wachsende Verbrauch erfordert ein hohes Maß an Wirtschaftlichkeit und Sicherheit bei ihrer Erzeugung. Mit Hilfe unserer zukunftsweisenden Technologien produzieren moderne Leistungskraftwerke immer mehr Strom mit immer weniger Brennstoffen. Um möglichst effizient und umweltfreundlich Energie zu gewinnen, herrschen in den Kesseln sehr hohe Drücke und Temperaturen. Auch unter diesen Extrembedingungen funktionieren unsere Pumpen und Armaturen zuverlässig. Konstruktive Details helfen Kraftwerksbetreibern, den Wirkungsgrad ihrer Anlagen zu steigern. Seit der Gründung 1871 im pfälzischen Frankenthal verbindet KSB diese innovative Technik mit exzellentem Service zu intelligenten Lösungen. Mit diesem hohen Anspruch ist KSB ständig gewachsen, der Konzern ist auf allen Kontinenten mit eigenen Vertriebsgesellschaften, Fertigungsstätten und Servicebetrieben mit seinen mittlerweile über 15.000 Mitarbeitern nahe beim Kunden vertreten.

Ein Unternehmen, das bewegt.

MBO Maschinenbau Oppenweiler Binder GmbH & Co. KG
Maschinen- und Anlagenbau, Hersteller von Papierfalztechnologie und Fadensiegelmaschinen

Grabenstr. 4-6
71570 Oppenweiler
http://www.mbo-folder.com

Die MBO Maschinenbau Oppenweiler Binder GmbH & Co. KG entwickelt und produziert seit über 40 Jahren Spezialmaschinen für die Papierfalztechnik. Technische Innovationen, höchste Qualitätsstandards und die konsequente Weiterentwicklung mechanischer und elektronischer Komponenten haben MBO zum weltweit führenden Hersteller von Falz- und Fadensiegelmaschinen gemacht.

Mit zwei modern ausgerüsteten Produktionsstandorten in der deutschen Unternehmenszentrale in Oppenweiler und im portugiesischen Perafita sowie eigenen Vertriebsgesellschaften in Frankreich, den USA und China ist MBO weltweit aktiv. Die Produktpalette beinhaltet Kombi- und Taschen-Falzmaschinen in den Arbeitsbreiten von 53 bis 162 cm (vgl. hierzu Abbildung 5-7), Siegelfalzmaschinen, komplette Produktionsanlagen als Lösungen für Digitaldruck Finishing sowie etliche Aggregate und Peripheriegeräte. Innerhalb der MBO-Gruppe werden rund 600 Mitarbeiter beschäftigt. Daneben decken mehr als 80 lokale Vertretungen den Vertrieb und Service weltweit ab.

MBO-Produkte finden in grafischen Betrieben, Druckereien, Buchbindereien oder ähnlichen Unternehmen der Druckindustrie Anwendung. Sie werden dort für die Produktion von Broschüren, Zeitschriften, Zeitungen, Kalendern, Flyern, Mailings, Packungsbeilagen oder als komplette Produktionsstraßen zur Herstellung von Taschenbüchern eingesetzt.

Durch den Zusammenschluss mit dem Spezialfalzmaschinen-Hersteller Herzog + Heymann GmbH & Co. KG in Bielefeld ist MBO in der Lage, zusätzlich individuelle Sonderlösungen für die Mailing-Produktion, Kleinstfalzmaschinen für überwiegend pharmazeutische Anwendungen und großformatige Falzmaschinen für Landkarten und Plakate anzubieten. Die Tochtergesellschaft Ehret Control GmbH in Oppenweiler konzentriert sich auf Speziallösungen für die Weiterverarbeitung und Veredelung von bedruckten Papierrollen (Web-Finishing-Module).Als international agierender Anbieter von variablen Querschneidern, rotativen Stanzaggregaten, Abrollungen, Stapelauslagen sowie weiteren Sondermaschinen und Zubehörfür komplexe Aufgabenstellungen beliefert das Unternehmen neben der Druck-, Verpackungs- und Etikettenbranche die pharmazeutische Industrie sowie Mailing-Häuser.

MBO ist somit in der Lage, ein breites Spektrum der Falztechnologie aus einer Hand als komplette Anlage anzubieten.

MKN Maschinenfabrik Kurt Neubauer GmbH & Co
Maschinenbau / Blechverarbeitung, Hersteller von Profi Großkochtechnik

Halberstädter Straße
38300 Wolfenbüttel
http://www.mkn.de

Ob in Top-Hotels und Restaurants, in der Gemeinschaftsverpflegung, in der Sterne- oder Systemgastronomie, im Catering oder auf Luxus-Linern – MKN ist in den besten Küchen der Welt zu Hause. Von Berlin bis Dubai, von Paris bis Saigon. Dabei setzt MKN- unabhängiger Premiumhersteller und deutscher Marktführer traditioneller ProfiKochtechnik – mit innovativen Produkten immer wieder neue Maßstäbe in der Welt der Profiküche – weltweit.

Ob moderne Kombikochtechnik „HansDampf“ oder OptimaExpress Druckgartechnologie, ob maßgeschneiderte Unikate als „KÜCHENMEISTER“ Herdanlagen oder modulare Seriengeräte, alle Produkte begeistern durch besondere Qualität, Langlebigkeit und hohe Wirtschaftlichkeit. Über 60 Jahre Erfahrung und Kompetenz sind die Basis für eine hervorragende Praxistauglichkeit unserer Produkte.

Die Erfolgsstory begann 1946: Vom Ingenieur Kurt Neubauer mit nur 3 Beschäftigten als MKN Maschinenfabrik Kurt Neubauer gegründet, befindet sich das starke, mittelständische Unternehmen MKN auch heute noch in Familienbesitz. Standort ist die niedersächsische Stadt Wolfenbüttel im Norden Deutschlands. Hier entwickeln und produzieren fast 450 Mitarbeiter – davon 40 Auszubildende, mit modernster Technik auf über 50.000m ProfiKochtechnik höchster Qualität.

Bereits mehrfach wurde MKN für innovative Technik, Design und 5x in ununterbrochener Reihenfolge vom GGKA als bestes Unternehmen der Branche mit dem 1. Platz ausgezeichnet. Entscheidend waren hier wichtige Kriterien wie Produktqualität, technische Ausführung, Lieferzuverlässigkeit und Störanfälligkeit. Dies beweist die herausragende Leistung von MKN als thermischer Spezialist für hochwertige ProfiKochtechnik „Made in Germany“.

ModellTechnik Rapid Prototyping GmbH

Modell- und Prototypenbau, Formenbau, Kleinserienfertigung, Lehrenbau

Ziegeleistr. 3b
99880 Waltershausen
http://www.modelltechnik.de

Das Unternehmen ModellTechnik Rapid Prototyping GmbH ist eines der führenden Dienstleistungsunternehmen in den Bereichen Rapid Prototying und Rapid Tooling. Der Kundenkreis reicht von der Automobilindustrie über den Werkzeugbau und die Elektronikindustrie bis hin zur Medizintechnik. Das Ziel ist es, dem Kunden Konzeptmodelle, Funktionsmuster oder Prototypen in hoher Qualität in kürzester Zeit zu liefern.

Dafür werden im Muster- und Prototypenbau zahlreiche Systeme des Rapid Prototyping, wie z. B. Stereolithographie (SLA), Kunststoff-Laser-Sintering (SLS), Fused Deposition Modeling (FDM) und die Duplizierungsverfahren Vakuumgießen (VG) und Spin-Casting eingesetzt. Über die Verfahren Tiefziehen, Laminieren, Bepasten, Niederdruck- oder Hochdruckspritzgießen (RIM) können große Strukturteile als Funktionsmuster produziert werden (z. B. Stoßfänger oder Türverkleidungen). Durch die Anschaffung neuer 5Achs-Fräsmaschinen können Fräs- und Designmodelle bis 5 m hergestellt werden. Der Modellbau verfügt weiterhin über das Know-how, geschäumte Bauteile mit einer Gießhautoberfläche herzustellen. So können Instrumententafeln, Türbrüstungen oder andere Verkleidungsteile mit beliebiger Ledernarbung versehen gefertigt werden, die optisch und haptisch der Serie sehr nahe kommen.

Prototypenteile im Originalwerkstoff möglichst frühzeitig im Produktentwicklungsprozess zur Verfügung zu stellen, ist die Zielsetzung des vollständig ausgestatteten Formenbaus. Vom klassischen Aluminiumprototypenwerkzeug, Prototypenform, Vorserien-/Serien-, und Blaswerkzeuge bis zur Kombination mit gehärteten Formstahleinsätzen steht ein breiter Technologiefundus zur Lösung der Kunden-Aufgaben zur Verfügung. Für Bauteile bis ca. 900 mm Länge können Prototypen-, Vorserien- und Serienwerkzeuge incl. Muster- und Kleinserien hergestellt werden. Im Montagebereich werden Prototypen, Vorserien- und Serienteile zu funktionsfähigen Baugruppen montiert, wie z. B. Armaturtafeln, Mittelkonsolen und Klimaanlagen. Im neu erbauten Technikum für Kunststoffteileherstellung können die Prototypenwerkzeuge abgemustert und Teile hergestellt werden. Prüflehren und Messaufnahmen zur Überprüfung der Bauteile und Montagevorrichtungen runden das Leistungsportfolio ab.

Das stetige Wachstum in den letzten Jahren steht im unmittelbaren Zusammenhang mit der konsequenten Umsetzung der Qualitätsanforderungen der Kunden – als innovativer Partner erfolgreicher Unternehmen. In allen Stufen der Produktentwicklung werden modernste Mess- und Prüfverfahren eingesetzt, um eine hohe Präzision der Fertigungsabläufe zu gewährleisten.

SBS-Softwaresysteme GmbH
Software-Entwicklung

Jasperallee 13
38102 Braunschweig
http://www.sbs-softwaresysteme.de

Die SBS-Softwaresysteme GmbH wurde 1997 durch fünf Gesellschafter gegründet. Inzwischen sind neun Mitarbeiter im Unternehmen tätig. Als Softwareunternehmen hat sich die SBS auf kundenspezifische Softwarelösungen für nationale und internationale Groß- und Mittelstandsunternehmen spezialisiert. Die Softwarelösungen entstehen dabei in enger Zusammenarbeit mit den Auftraggebern. Der Exportanteil der SBS ist in den vergangenen Jahren kontinuierlich gewachsen. SBS Produkte sind von den USA über Europa bis nach Indien und China weltweit im Einsatz. Das Unternehmen konzentriert sich auf drei Entwicklungslinien:

- Der Entwicklung von Programmsystemen zur Konfiguration und Kalkulation erklärungsbedürftiger, komplexer Produkte. Dabei werden sowohl regel- als auch constraintbasierte Systeme angeboten. Als Dienstleister übernimmt SBS auch optional die Pflege des Wissens.
- Der Entwicklung von Visualisierungssoftwarelösungen zur perspektivisch korrekten Darstellung von 2D- und 3D-Produkten in Fotos. In diesem Umfeld ist SBS weltweit Marktführer.
- Dem Angebot umfassender Dienstleistungen für Internetlösungen von der Konzeption über die Programmierung bis zum Serverbetrieb und dem Einsatz von Content-Management-Systemen insbesondere die Realisierung von Webanwendungen.

Seit einigen Jahren hat die SBS neben den kundenspezifischen Softwarelösungen auch für die ZDF-Reihe WISO Consumer-Softwareprodukte entwickelt und sich damit ein weiteres Standbein geschaffen. Die Firma SBS verfügt über einen auf komplexe Softwaresysteme spezialisierten Mitarbeiterstamm und ist in der Lage die gesamte Prozesskette, von der Konzeption über die Realisierung bis zur Markteinführung und Schulungen, abzubilden. In den vergangenen Jahren wurde, aufgrund steigender Nachfrage, ein Schwerpunkt auf webbasierte Lösungen und Apps gelegt.

SGP GmbH
Software-Entwicklung, Geschäftsprozessoptimierung, Beratung

Karl-Benz-Str. 6
73312 Geislingen
http://www.sgp-gmbh.com

Die SGP – Softwareberatung, Geschäftsprozessoptimierung, Projektleitung – GmbH ist mit seinen Produkten und seiner Dienstleistung ein Partner der mittelständischen Fertigungsindustrie. Die SGP verfügt seit über 13 Jahren an hoher Kompetenz in der Softwareentwicklung und der Unternehmensberatung für Geschäftsprozessoptimierung. Die Produkte der SGP sorgen für ein effizientes Arbeiten unterstützen unsere Kunden bzw. deren Anwender bei ihrem Tagesgeschäft. Durch die ganzheitliche Betrachtung der Geschäftsprozesse wird gewährleistet, dass die Software die Prozesse durchgängig und integriert unterstützt und somit unnötige Schnittstellen und Informationsverlust vermeidet. Durch die langjährige Projekterfahrung ist de SGP ein kompetenter Partner, der mit seinen Kunden gemeinsam praxisorientiert und standardisierte Lösungen entwickelt und umsetzt.

Seit 2004 hat die SGP ein eigenes Softwareprodukt mit der eigetragenen Marke „myb .e®“ (my business easy). Die Software umfasst alle im unternehmerischen Prozess benötigten Module mit Ausnahme der Finanz- und Lohnbuchhaltung sowie der Personalzeiterfassung.

Alle kaufmännischen, dispositiven, logistischen und fertigungsrelevante Abläufe wie Auftragsverwaltung, CRM, Projektmanagement, Materialwirtschaft, Fertigungsauftragsverwaltung, Kalkulation, Kapazitätsplanung, Dokumentenmanagement, BI bzw. MIS und Lagerbestandsführung werden mit der eigenentwickelten Standardsoftware abgedeckt. Die Software wird auf Basis modernster Technologien entwickelt und deckt die genannten Prozesse branchenübergreifend ab, wobei die Lebensmittelbranche nicht betrachtet wird.

Das Design der Software ist ergonomisch gestaltet und wird ständig in Zusammenarbeit mit den Anwendern optimiert. Durch die Möglichkeit das System sowohl mit einem Client als auch mit einem Web-Browser zu bedienen, haben die Anwender die Möglichkeit, auch außerhalb des Unternehmens bzw. Arbeitsplatzes auf die Daten zuzugreifen, zu bearbeiten oder neue Aufträge etc. zu erfassen. Alle Module werden mit den Anwendern konzipiert und von den Entwicklern der SGP realisiert. Diese Vorgehensweise garantiert uns, dass die Lösungen marktorientiert sind und den Anforderungen der Kunden entsprechen.

SGP steht seit Jahren für eine hohe Qualität, die unsere Kunden zu schätzen wissen, was sich in einer sehr hohen Empfehlungsrate widerspiegelt. Es ist eines der grundlegenden Ziele der SGP, dieses hohe Leistungsniveau zu halten und auszubauen, um den Kunden auch weiter die Sicherheit und Zuverlässigkeit zu bieten, die sie suchen.

8 Kurzbiographien der Autoren

Irène Alexandrescu, *Software-Architektin*
irenealexandrescu@hotmail.com

Irène Alexandrescu ist Softwarearchitektin in einem mittelständischen Softwareunternehmen und verantwortlich für die Entwicklung neuer Softwareprodukte in den Bereichen CAD und PLM. Nach ihrem Informatikstudium an der „Universitatea Alexandru Ioan Cuza, Facultatea de Informatică“ in Iaşi, Rumänien, arbeitete sie im „Institut für Konstruktionstechnik“ der Technischen Universität Braunschweig unter der Leitung von Herrn Prof. H.-J. Franke. Ihre Dissertation zum Thema „Werkzeuge für die rechnerbasierte Konfiguration kundenspezifischer Produkte“ erschien 2011. Anknüpfend an ihre Aktivitäten in Forschung und Lehre am Institut leitet sie heute interdisziplinäre Industrie- und Forschungsprojekte an der Schnittstelle zwischen Maschinenbau und Informatik.

Kiril Aleksandrov, *Wissenschaftlicher Mitarbeiter, Forschungszentrum Informatik (FZI)*
aleksandrov@fzi.de

Kiril Aleksandrov studierte Informatik am KIT (ehemals Universität Karlsruhe (TH)) und war während dieser Zeit von 2007 bis 2010 als studentische Hilfskraft in der Abteilung ISPE/PDE am FZI Forschungszentrum Informatik tätig. Seit 2011 ist er am FZI als wissenschaftlicher Mitarbeiter beschäftigt.

Christian Apfel, *Entwicklungs-/Konstruktionsingenieur, KSB Aktiengesellschaft*
christian.apfel@ksb.com

Christian Apfel studierte Maschinenbau am Karlsruher Institut für Technologie (KIT) mit den Schwerpunkten Produktentwicklung und Technische Logistik. In seiner Diplomarbeit befasste er sich mit der Effizienten Dokumentation von Produktentwicklungsprozessen auf der Basis des Integrierten Produktentstehungsmodells IPEM, am Beispiel der Bogenvereinzelung von Offset-Druckmaschinen der Firma HEIDELBERG (Heidelberger Druckmaschinen AG). Seit 2009 ist er bei der KSB Aktiengesellschaft in Frankenthal in der Entwicklung von Hochdruckpumpen tätig. Spezifische, technische Problemstellungen und Berechnungen im Bereich Hochdruckglieder- und Mantelgehäusepumpen, sowie die Mitarbeit am Forschungsprojekt KOMSOLV zählen dort zu seinen Aufgaben.

Christian Decker, *Geschäftsführer, KLÖCKNER DESMA Schuhmaschinen GmbH*
c.decker@desma.de

Christian Decker ist Geschäftsführer des mittelständischen Sondermaschinenbauers DESMA. Er hat an der Universität Bremen Produktionstechnik studiert mit Schwerpunkten in den Bereichen Produktentwicklung, Unikatfertigung sowie Unternehmensorganisation. Er war beim Unternehmen DESMA in verschiedenen Positionen tätig, angefangen im Bereich ERP Einführung, Optimierung der Entwicklungsprozesse sowie Einführung moderner Entwicklungswerkzeuge und anschließend als Konstruktions- und Entwicklungsleiter. Christian Decker hat sich durchgängig mit den organisatorischen Prozessen im Bereich der Produktentwicklung, Innovations- und Wissensmanagement beschäftigt und als Teilnehmer vieler nationaler sowie internationaler Forschungsprojekte seine Erfahrungen in diesen Themenbereichen wesentlich ausbauen können.

Evelin Dietrich, *Prokuristin, DUALIS GmbH IT Solution*
edietrich@dualis-it.de

Markus Engel, *Projektleiter, MKN Maschinenfabrik Kurt Neubauer GmbH & Co*
eng@mkn.de

Markus Engel ist seit 2008 bei MKN und zuständig für die modulare Konstruktion und Konfiguration kundenindividueller Meister-Anlagen sowie den prozessoptimierten Einsatz des führenden CAD-Systems. Nach Abschluss des Maschinenbau Studiums an der heutigen Ostfalia Hochschule für angewandte Wissenschaften, war er zunächst mehrere Jahre in einem Konstruktionsbüro für die Fahrzeugindustrie beschäftigt, schwerpunktmäßig im Bereich CAD-Vorrichtungskonstruktion. Anschließend war er fünfzehn Jahre Standort CAD-Systemadministrator und Schulungsleiter eines führenden internationalen Nutzfahrzeugherstellers.

Hans-Joachim Franke, *Institutsleiter a. D., Institut für Konstruktionstechnik (TU Braunschweig)*, h-j.franke@tu-braunschweig.de

Hans-Joachim Franke war von 1988 bis 2009 Leiter des Instituts für Konstruktionstechnik an der Technischen Universität Braunschweig. Er hat ebenfalls an dieser Universität Maschinenbau mit dem Schwerpunkt Verbrennungskraftmaschinen studiert und 1976 am Institut für Konstruktionstechnik, Maschinenelemente und Feinwerktechnik auf dem Gebiet der Konstruktionsmethodik bei Prof. Roth promoviert. In seiner langjährigen Industrietätigkeit war er verantwortlich für die Entwicklung von Strömungsmaschinen und Armaturen und zuletzt Leiter der Forschung und Entwicklung bei der KSB AG in Frankenthal. Professor Hans-Joachim Franke ist Gründungsmitglied des Berliner Kreises und Mitglied der Wissenschaftlichen Gesellschaft für Maschinenelemente, Konstruktionstechnik und Produktentwicklung e.V. (WGMK). Professor Franke und seine Mitarbeiter haben ca. 150 Fachpublikationen veröffentlicht. In den letzten 19 Jahren hat Prof. Franke über 40 Doktorandinnen und Doktoranden erfolgreich zur Promotion geführt.

Gunther Grein, *Geschäftsführer, INTENSIO Software und Consulting GmbH*
grein@intensio.de

Gunther Grein ist geschäftsführender Gesellschafter der INTENSIO Software und Consulting GmbH. Nach seinem Studium des Wirtschaftsingenieurwesens an der Universität Karlsruhe (TH) – dem heutigen KIT – war er wissenschaftlicher Mitarbeiter am Forschungszentrum Informatik (FZI) und Leiter der Gruppe CAD/CAM-Planung und Organisation am Institut für Rechneranwendung in Planung und Konstruktion (RPK) in Karlsruhe. Er promovierte 1997 an der Fakultät für Maschinenbau zum Thema „Wissensbasierte Kapazitäts-/Terminplanung von Konstruktionsprozessen“ und ist Mitherausgeber des Buchs Universal Design Theory. Seit der Gründung der INTENSIO Software und Consulting GmbH im Jahre 1999 beschäftigt er sich intensiv mit Themen des integrierten Informationsmanagements und wirkte in zahlreichen europäischen und nationalen Forschungsprojekten, u. a. auch als Koordinator, mit.

Markus Grein, *Geschäftsführer, INTENSIO Software und Consulting GmbH*
mgrein@intensio.de

Markus Grein ist als geschäftsführender Gesellschafter der INTENSIO Software und Consulting GmbH u. a. für die Produktentwicklung und neue Technologien verantwortlich. Er studierte Wirtschaftsingenieurwesen an der Universität Karlsruhe (TH) und promovierte 2004 auf dem Gebiet selbstlernender Anwendungssysteme. Der Schwerpunkt seiner Tätigkeit liegt auf der Konzeption und Implementierung anspruchsvoller Enterprise-Lösungen. Er beteiligte sich an zahlreichen Forschungsaktivitäten über zukunftsweisende Themenstellungen auf dem Gebiet der Informationstechnologie.

Daniela Heilig-Grein, *Kaufmännische Leiterin, INTENSIO Software und Consulting GmbH*
heilig-grein@intensio.de

Daniela Heilig-Grein verantwortet die kaufmännischen Bereiche und das Marketing der INTENSIO Software und Consulting GmbH. Nach ihrem Studium der Betriebswirtschaftslehre an der Fachhochschule Heilbronn war sie in leitender Position für das Finanzwesen und Controlling eines mittelständischen Automobilzulieferers zuständig. Sie verfügt über langjährige Erfahrung in der Konzeption und Realisierung von kaufmännischen Software-Lösungen und hat sich nach ihrem Wechsel zu INTENSIO auf die Bereiche Business Intelligence und Dokumentenmanagement spezialisiert.

Theobald Huch, *Technischer Leiter Produktion, Maschinenfabrik Kurt Neubauer GmbH & Co.*, hh@mkn.de

Theobald Huch ist seit 1997 bei MKN als technischer Leiter verantwortlich für die Entwicklung und Fertigung hochwertiger Großkochgeräte und Anlagen. Nach dem Abschluss des Maschinenbaustudiums an der Hochschule Ostfalia im Jahre 1991 war er in den Bereichen Konstruktion, Projektierung und Auftragsabwicklung in mehreren namhaften Unternehmen im Anlagen und Sondermaschinenbau tätig. Durch die intensive Zusammenarbeit zwischen MKN und der TU Braunschweig war Herr Huch maßgeblich an dem Projekt Konfiguration kundenindividueller Sonderanlagen beteiligt.

Andreas Klein, *Leitung Automation & Robotik, KLÖCKNER DESMA Schuhmaschinen GmbH*, a.klein@desma.de

Andreas Klein ist dem mittelständischen Sondermaschinenbau DESMA zuständig für den Bereich Automation und Robotik. Er hat an der Hochschule Bremen Elektrotechnik Fachbereich Energietechnik studiert. Mit Schwerpunkt in den Bereichen Antriebstechnik, Automation und Regelungstechnik. In dem Unternehmen DESMA war er zunächst als Projektingenieur im Technikum für den Bereich Robotik tätig, später dann für den Konstruktions- und Entwicklungsbereich Automation verantwortlich. Andreas Klein hat sich durchgängig mit den organisatorischen Prozessen im Bereich der Produktentwicklung, Innovations- und Wissensmanagement beschäftigt. Rudimentäre Softwarewerkzeuge für die Produktkonfiguration aus verschiedenen Sichten wurden unter seiner Leitung erstellt.

Patricia Krakowski, *Software-Entwicklerin, INTENSIO Software und Consulting GmbH*
patricia.krakowski@intensio.de

Patricia Krakowski ist seit 2008 als Software-Entwicklerin bei der INTENSIO Software und Consulting GmbH tätig. Sie studierte Informatik an der Universität Karlsruhe (TH) und arbeitete anschließend am Institut für Programmstrukturen und Datenorganisation (IPD) der Universität Karlsruhe (TH) als wissenschaftliche Mitarbeiterin in interdisziplinären Forschungsprojekten mit.

Frank-Lothar Krause
frank-l.krause@virtualproduct.de

Frank-Lothar Krause studierte Produktionstechnik an der Technischen Universität Berlin und promovierte zum Thema „Methoden zur Gestaltung von CAD-Systemen". Nach seiner Habilitation im Jahre1979 wurde er 1983 Professor. Von 1990 bis Mai 2007 war Professor Krause Inhaber des neu geschaffenen Lehrstuhls für Industrielle Informationstechnik am Institut für Werkzeugmaschinen und Fabrikbetrieb (IWF) der Technischen Universität Berlin. Gleichzeitig war er von 1977 bis 2007 verantwortlich für den Bereich Virtuelle Produktentstehung am Fraunhofer-Institut für Produktionsanlagen und Konstruktionstechnik (IPK), Berlin. Er arbeitete in verschiedenen wissenschaftlichen Gesellschaften und ist Gründungsmitglied des Berliner Kreis, den er in den Jahren 2002 bis 2006 als Vorsitzender leitete. Professor Krause wurde 2007 mit der D. T. Ross-Medaille des Berliner Kreis ausgezeichnet.

Sabrina Kühbauch, *Konstruktionstechnikerin, KSB Aktiengesellschaft*
sabrina.kuehbauch@ksb.com

Sabrina Kühbauch ist gelernte Industriemechanikerin für Geräte und Feinwerktechnik und hat einen Abschluss als Maschinenbau-Technikerin mit dem Schwerpunkt Konstruktion. Vor ihrem Wechsel im Jahre 2005 in die Entwicklungsabteilung der KSB Aktiengesellschaft in Frankenthal, war sie als Konstrukteurin bei der Firma GROHE Water Technology AG & Co. KG tätig. Zu ihren jetzigen Aufgaben gehören Auftragskonstruktionen und Projektierung von Speisewasserpumpen für konventionelle Kraftwerke sowie die Mitarbeit am Forschungsprojekt KOMSOLV. Als Key-Userin für die CAD-Software Siemens NX ist sie zusätzlich zentrale Ansprechpartnerin für Problemstellungen bei Konstruktionsaufgaben.

Uwe Lesta, *Software-Architekt, SBS-Softwaresysteme GmbH*
lesta@sbs-softwaresysteme.de

Dipl.-Ing. Uwe Lesta hat nach seinem Elektrotechnikstudium seit 1992 umfangreiche Erfahrungen mit wissensbasierten Systemen für Industriekunden gesammelt. Er ist als Gründungsmitglied der SBS-Softwaresysteme in Braunschweig verantwortlich für den Bereich Konfigurationssysteme und Internetanwendungen. Er arbeitete in verschiedenen Forschungsprojekten und ist Microsoft Certified Professional (MCP).

Martin Meyer zum Alten Borgloh, *Leitung Softwareentwicklung Visualisierungssysteme, SBS-Softwaresysteme GmbH, meyer@sbs-softwaresysteme.de*

Martin Meyer zum Alten Borgloh studierte bis 1992 an der Technischen Universität Braunschweig mit dem Abschluss Dipl.-Ing Elektrotechnik. Nach dem Studium entwickelte er

Konfigurationssysteme bei Appel Expertensysteme, arbeitete dann für die Firma DiaCAD bei der Entwicklung von Küchenplanungssoftware. Seit 1998 ist er als Gesellschafter bei der SBS-Softwaresysteme GmbH mit dem Schwerpunkt Entwicklung von Benutzeroberflächen und Visualisierungssysteme mit fotorealistischem Anspruch tätig.

Jürgen Mollenkopf, *Geschäftsführer, SGP GmbH*
j.mollenkopf@sgp-gmbh.com

Jürgen Mollenkopf ist geschäftsführender Gesellschafter der SGP – Softwareberatung, Geschäftsprozessoptimierung, Projektleitung - GmbH. Nach einem pädagogischen Studium war Herr Mollenkopf in leitender Position bei Unternehmen der kunststoffverarbeitenden Industrie tätig und dort verantwortlich für die Planung, Steuerung, Produktion, Materialwirtschaft und Logistik. Weiterführende Fortbildungen zum REFA-Techniker und Betriebsinformatiker sowie Betriebswirt bildeten den Grundstein für die Gründung der SGP – Softwareberatung, Geschäftsprozessoptimierung, Projektleitung - GmbH im Jahre 1998. Die Schwerpunkte seiner Tätigkeit bzw. das Aufgabengebiet der SGP umfasst die Prozessoptimierung bei verschiedenen Projekten im KMU-Umfeld.

Jivka Ovtcharova, *Direktorin, Forschungszentrum Informatik (FZI)*
ovtcharova@fzi.de

Seit 2004 ist Jivka Ovtcharova Direktorin des Bereich ISPE am FZI Forschungszentrum Informatik und leitet dort die Abteilung PDE. Daneben führt sie am KIT (ehemals Universität Karlsruhe (TH)) das Institut für Informationsmanagement im Ingenieurwesen IMI (ehemals RPK - Rechneranwendung in Planung und Konstruktion), das von Prof. Dr.-Ing. Dr. h.c. H. Grabowski geleitet wurde. 2008 gründete sie die Forschungseinrichtung LESC am KIT. Die gebürtige Bulgarin kam nach ihrem Studium des Maschinenbaus und der Automatisierungstechnik in Sofia und Moskau als Wissenschaftlerin und Projektleiterin an das Fraunhofer Institut für Grafische Datenverarbeitung in Darmstadt. Sie hat in Maschinenbau und Informatik einen Doktortitel erworben und war vor ihrer Berufung acht Jahre in verschiedenen Industrieunternehmen tätig.

Detlef Prokasky, *Leiter Konstruktion und Entwicklung von Hochdruckpumpen, KSB Aktiengesellschaft, detlef.prokasky@ksb.com*

Detlef Prokasky studierte Maschinenbau an der Technischen Universität Darmstadt. Im Jahre 1979 begann sein Werdegang bei KSB Aktiengesellschaft im konstruktiven Bereich. Er übernahm hierbei diverse Funktionen in der Konstruktion und Entwicklung von Niederdruck- und Hochdruckpumpen. Zurzeit ist er bei KSB der verantwortliche Leiter für die Konstruktion und Entwicklung von Hochdruckglieder- und Mantelgehäusepumpen. Diese Pumpen kommen vor allem als Kesselspeisepumpen in konventionellen Kraftwerken, in verschiedenen Industrieanlagen und in der Meerwasserentsalzung zum Einsatz. Er ist dabei verantwortlich sowohl für die Neuentwicklung der Pumpen, als auch für auftragsbezogene Konstruktionen.

Sven Pullwitt, Technischer Geschäftsführer, DUALIS GmbH IT Solution
spullwitt@dualis-it.de

Sven Pullwitt ist Geschäftsführer der DUALIS GmbH IT Solution. Er hat im Jahre 2000 nach seinem Informatikstudium an der Hochschule Anhalt als Projektmitarbeiter im Bereich Simulation und Optimierung der Firma Dualis angefangen. Seine ersten Projekterfahrungen sammelte er mit Simulationsprojekten in der Automobilindustrie und Planungslösungen in der Konsumgüter- und Erdölverarbeitenden Industrie. Seit 2004 war er als Projektleiter in der Projektbearbeitung und Softwareentwicklung für die technische Umsetzung der Firmenstrategie mitverantwortlich. Seit 2007 verantwortet er als Geschäftsführer für den Bereich Technik die Softwareentwicklung, Projektbearbeitung und den Support bei Dualis.

Sven Rogalski, *Abteilungsleiter, Forschungszentrum Informatik (FZI), rogalski@fzi.de*

Sven Rogalski studierte an der Universität Magdeburg Wirtschaftsinformatik. Im Januar 2006 begann er als wissenschaftlicher Mitarbeiter am FZI Forschungszentrum Informatik in der Abteilung „Process and Data Management in Engineering" (ISPE/PDE). Im März 2009 übernahm er die Leitung der Abteilung und promovierte im gleichen Jahr mit dem Thema „Entwicklung einer Methodik zur Flexibilitätsbewertung von Produktionssystemen".

Viktor Schubert, *Wissenschaftlicher Mitarbeiter, Forschungszentrum Informatik (FZI), schubert@fzi.de*

Viktor Schubert studierte am KIT (ehemals Universität Karlsruhe (TH)) Wirtschaftsingenieurwesen. Seit 2008 arbeitet er als wissenschaftlicher Mitarbeiter am FZI Forschungszentrum Informatik in der Abteilung "Process and Data Management in Engineering" (ISPE/PDE).

Thomas Stoll, *Leiter IT/Organisation und Materialwirtschaft, MBO Maschinenbau Oppenweiler Binder GmbH & Co. KG, thomas.stoll@mbo-folder.com*

Thomas Stoll studierte Produktionstechnik an der FH Heilbronn und schloss das Studium als Dipl. Ing (FH) ab. Seine Diplomarbeit zum Thema „Verfahrenstechnische Untersuchungen an Falzmaschinen" fertigte er bei der Firma MBO in Oppenweiler an, wo er anschließend auch von 1984 bis 1987 im Bereich Steuerungsentwicklung tätig war. Anschließend arbeitete er 10 Jahre bei der Firma Imtec in Backnang in der Soft- und Hardware-Entwicklung von PC basierten Messgeräten. Seit 1998 ist er Leiter der IT/Organisation bei der Firma MBO in Oppenweiler wo er im Jahre 2010 auch die Leitung der Materialwirtschaft übernahm.

Victor Thamburaj, *Geschäftsführer, iPLON GmbH The Infranet Company, victor.thamburaj@iplon.de*

Victor Thamburaj ist geschäftsführender Gesellschafter der iPLON GmbH in Schwäbisch Hall. Seit der Gründung der iPLON GmbH im Jahre 1997 beschäftigt er sich intensiv mit Themen „dezentral real time" – Netzwerken, sowie seit 2007 mit dem "Total Lifecycle Management of Solar Farms". Victor Thamburaj studierte Elektrotechnik am Indian Institute of Technology Madras und war vor der Gründung der iPLON GmbH mehrere Jahre in der Industrie zuletzt als Forschungsleiter tätig.

Eiko Türck, *Wissenschaftlicher Mitarbeiter, Konstruktionsmethodik, Institut für Konstruktionstechnik (TU Braunschweig)*, e.tuerck@tu-braunschweig.de

Eiko Türck hat an der Technischen Universität Braunschweig Maschinenbau studiert und sich in seiner Diplomarbeit mit konstruktionsmethodisch begründeten Modellierungsstrategien für parametrische CAD-Systeme beschäftigt. Seit 2008 ist er wissenschaftlicher Mitarbeiter am Institut für Konstruktionstechnik der TU Braunschweig. Die Betreuung von Vorlesungen und studentischen Arbeiten sowie die Mitarbeit in Industrie- und Forschungsprojekten mit den Schwerpunkten Konstruktionsmethodik und Rechnerunterstützung in der Produktentwicklung zählen dort zu seinen Aufgaben.

Klaus Ullrich, *Geschäftsführer, ModellTechnik Rapid Prototyping GmbH*
klaus.ullrich@modelltechnik.de

Thomas Vietor, *Institutsleiter, Institut für Konstruktionstechnik (TU Braunschweig)*
t.vietor@tu-braunschweig.de

Thomas Vietor ist seit 2009 Leiter des Instituts für Konstruktionstechnik der technischen Universität Braunschweig. Er promovierte 1993 am Institut für Mechanik und Regelungstechnik der Universität Siegen bei Professor Eschenhauer zum Thema „Optimale Auslegung von Strukturen aus spröden Werkstoffen". In seiner fünfzehnjährigen Tätigkeit in der Automobilindustrie leitete er als Projektleiter verschiedene abteilungsübergreifende Entwicklungsprojekte bei der Firma Ford.

Klaus Wagner, *Geschäftsführung, SBS-Softwaresysteme GmbH*
wagner@sbs-softwaresysteme.de

Klaus Wagner studierte bis 1977 Informationstechnik an der TU Dresden. Als wissenschaftlicher Mitarbeiter im Militärtechnischen Institut in Königs-Wusterhausen und danach als Bereichsleiter Sondermaschinenbau im VEB LRM beschäftigte er sich im Bereich der Grundlagen- und angewandter Forschung mit speziellen militärischen Entwicklungsvorhaben. Nach seiner Tätigkeit als Vertriebsleiter bei der Adolf Thies GmbH in Göttingen trat er 1998 in die SBS-Softwaresysteme GmbH ein, in der er 2006 die Geschäftsführung übernahm.

Hendro Wicaksono, *Wissenschaftlicher Mitarbeiter, Forschungszentrum Informatik (FZI)*
wicaksono@fzi.de

Hendro Wicaksono studierte Informatik am Institut Teknologi Bandung, Indonesien und schloss das Studium 2002 als Sarjana Teknik (B. Sc) ab. 2006 absolvierte er das Masterstudium „Information and Communication Engineering" im Rahmen des International M.Sc Programme am KIT (ehemals Universität Karlsruhe (TH)). Daraufhin war er drei Jahre als IT-Consultant für Systemintegration in der Industrie tätig. Seit 2009 ist er in der Abteilung „Process and Data Management in Engineering" (ISPE/PDE) am FZI als wissenschaftlicher Mitarbeiter beschäftigt.

Heike Wilson, *Geschäftsführerin, DUALIS GmbH IT Solution*
hwilson@dualis-it.de

9 Literatur

Abra-2008 Abramovici, M.; Fathi, M.; Holland, A.; Neubach, M.: PLM-basiertes Integrationskonzept für die Rückführung von Produktnutzungsinformationen in die Produktentwicklung, wt Werkstatttechnik, Jahrgang 98, Heft 7/8, 2008

Ahre-2000 Ahrens, G.: Das Erfassen und Handhaben von Produktanforderungen, Dissertation TU-Berlin, 2000

AkMa-2003 Akao, Y.; Mazur, G. H.: The leading edge in QFD: past, present and future, International Journal of Quality & Reliability Management, Vol. 20 (1), 2003, S. 20-35

Alex-2010 Alexandrescu, I.: Werkzeuge für die rechnerbasierte Konfiguration kundenspezifischer Produkte. München, Hut Verlag, 2011, Dissertation TU Braunschweig, 2010

Arno-2005 Arnold, V.; Dettmering, H.; Engel, T.; Karcher, A.: Product Lifecycle Management beherrschen – Ein Anwenderhandbuch für den Mittelstand, Springer-Verlag, 2005

Auri-2008 Aurich, J. C.; Wolf, N.; Mannweiler, C.; Siener, M.; Schweitzer, E.: Lebenszyklusorientiere Konfiguration investiver PSS. wt Wekstattstechnik online 98 (2008) 7/8, S. 593-600

Baad-2003 Baader, F. et al.: The Description Logic Handbook. New York, Cambridge University Press, 2003

Balz-2000 Balzert, H.: Lehrbuch der Software-Technik. Heidelberg, Berlin: Spektrum Akademischer Verlag, 2. Auflage 2000.

Boew-1993 Böwer, G.: Untersuchung der konzeptionellen Erweiterungsmöglichkeiten von CAD-Systemen am Beispiel der rechnerunterstützten Bemaßungsanalyse und Toleranzberechnung. Dissertation TU Braunschweig, 1993

Boll-1996 Bollinger, T. (1996): Assoziationsregeln – Analyse eines Data Mining Verfahrens, in: Informatik Spektrum, Vol. 19, S. 257-261, 1993

Brey-2002 Brey, M.: Konfiguration und Gestaltung mit Constraintsystemen. Dissertation TU Braunschweig, 2002

Brin-2011 Brinkop, A.: Marktführer Produktkonfiguration. http://brinkop-consulting.com/guide/marktfuehrer.pdf (19.09.2011)

Bruh-2009 Bruhn, M.: Kundenintegration und Relationship Marketing, in: Bruhn, M.; Stauss, B. (Hrsg.): Kundenintegration, Gabler-Verlag, 2009

Bull-2002 Bullinger H.-J., Technologiemanagement: Forschen und Arbeiten in einer vernetzten Welt. Berlin, Heidelberg et al.: Springer-Verlag 2002

BuSc-2006 Bullinger, H.-J.; Schreiner, P.: Service Engineering: Ein Rahmenkonzept für die systematische Entwicklung von Dienstleistungen, in: Bullinger, H.-J.; Scheer, A.-W. (Hrsg.): Service Engineering - Entwicklung und Gestaltung innovativer Dienstleistungen, S. 53-84, Springer-Verlag, 2. Auflage, 2006

DEFK-2008 Dunkel J., Eberhart A., Fischer S., Kleiner C., Koschel, A.: Systemarchitekturen für Verteilte Anwendungen. München, Carl Hanser Verlag 2008

Deim-2007 Deimel, M.: Ähnlichkeitskennzahlen zur systematischen Synthese, Beurteilung und Optimierung von Konstruktionslösungen. Düsseldorf, Fortschritt-Berichte VDI, VDI-Verlag, Dissertation TU Braunschweig, 2007

Doel-1997 Döllner, G.: Konzipierung und Anwendung von Maßnahmen zur Verkürzung der Produktentwicklungszeit am Beispiel der Aggregatentwicklung. Dissertation TU Braunschweig, 1997

Edle-2001 Edler, A.: Nutzung von Felddaten in der qualitätsgetriebenen Produktentwicklung und im Service, Dissertation Technische Universität Berlin, 2001

Eise-1999 Eisenhut, A.: Service Driven Design - Konzepte und Hilfsmittel zur informationstechnischen Kopplung von Service und Entwicklung auf der Basis moderner Kommunikations-Technologien, Dissertation, Zürich, 1999

EiSt-2001 Eigner, M.; Stelzer, R.: Produktdatenmanagement-Systeme, Springer-Verlag, 2001

EiSt-2009 Eigner, M.; Stelzer, R.: Product Lifecycle Management - Ein Leitfaden für Product Development und Life Cycle Management, Springer-Verlag, 2009

Fisc-1997 Fischer, R.: Product Design based on HyperTrees. Dissertation TU Braunschweig, 1997

Flei-2008 Fleischer, J.; Meier, H.; Kaiser, U.; Krings, R.; Niggeschmidt, S.: Verfügbarkeitsoptima-le Dienstleistungskonfiguration. wt Wekstattstechnik online 98 (2008) 7/8, S. 601-606

Fran-1975 Franke, H.-J. Methodische Schritte beim Klären konstruktiver Aufgabenstellungen. Konstruktion (27), S.395–402, 1975

Fran-2002 Franke, H-J.; Hesselbach, J.; Huch, B.; Firchau, N.: Variantenmanagement in der Einzel- und Kleinserienfertigung, Carl Hanser-Verlag, 2002

FrGr-2010 Franke, H.-J.; Grein, G.: Zielgerichtete und fehlerarme Klärung kundenindividueller Projekte und deren effektive und effiziente Abwicklung in der Angebots- und Auftragsphase. In: Zusammenfassung der Beiträge zum BMBF-Kongress „10. Karlsruher Arbeitsgespräche Produktionsforschung 2010“ vom 09. und 10. März 2010 in Karlsruhe. S. 24-31.

Geba-2001 Gebauer, M.: Kooperative Produktentwicklung auf der Basis verteilter Anforderung. Aachen: Shaker Verlag 2001.

Geiß-2006 Geiß, R.; Batz, G.; Grund, D.; Hack, S.; Szalkowski, A.: GrGen: A Fast SPO-Based Graph Rewriting Tool. In Graph Transformations - ICGT 2006, Springer, 2006(Natal, Brasil), S. 383-397.

Grab-1986 Grabowski, H. et al.: Entwurfsmethoden auf Basis technischer Produktmodelle. In: VDI-Berichte Nr. 610.1, S. 55-78, Düsseldorf: VDI-Verlag 1986.

Grab-1995 Grabowski, H.; Anderl, R.; Polly, A.: Integriertes Produktmodell. , Berlin, Köln: Beuth-Verlag 1995.

Grab-1998 Grabowski, H. et al.: Universal Design Theory: Elements and Applicability to Computers. S. 209-222. In Grabowski, H.; Rude, S.; Grein, G. (Hrsg.): Universal Design Theory. Aachen: Shaker 1998.

Gree-2005 Green, G. et al.: Effects Of Product Usage Context on Consumer Product Preferences, Proceedings of IDETC/CIE 2005, ASME, 2005

Grein-1997 Grein, G.: Wissensbasierte Kapazitäts-, Terminplanung von Konstruktionsprozessen. Aachen: Shaker Verlag 1997.

Grein-2005 Grein, M.: Ein Beitrag für ein selbstlernendes Anwendungssystem zur kontinuierlichen Prozessverbesserung. Aachen: Shaker Verlag 2005.

GrRu-1988 Grabowski, H.; Rude, S.: Methoden der Lösungsfindung in CAD-Systemen. In: Proceedings of International Conference on Engineering Design (ICED) 1988. Budapest: 1988.

Hubk-1984 Hubka, V.: Theorie Technischer Prozesse. Grundlage einer wissenschaftlichen Konstruktionslehre Springer-Verlag, 1984

ISO-9241 DIN EN ISO 9241-110 : Ergonomische Anforderungen der Mensch-System-Interaktion Teil 110: Grundsätze der Dialoggestaltung; Ausgabe 2008-09

JaBK-2010 Jakumeit, E.; Buchwald, S.; Kroll, M.: *GrGen.NET*, International Journal on Software Tools for Technology Transfer (STTT), 12(3), 2010, S. 263-271.

Jiao-2008 Jiao, R.J. et al.: An analytical Kano model for customer need analysis, in: Design Studies 30, S. 87-110, 2009

JiCh-2006 Jiao, R.J.; Chen, C.-H.:Customer Requirement Management in Product Development: A Review of Research Issues Concurrent Engineering Vol. 14 (3), 2006, S. 173-185

John-2002 John, U., Dissertation, TU Berlin: Konfiguration und Rekonfiguration mittels Constraint-basierter Modellierung. Berlin, 2002

Jung-2007 Jungk, H.: Informationsmanagement zur Planung und Verfolgung von Produktlebenszyklen, Dissertation TU Berlin, 2007

KarB-2008 Karstens, U., Brüning, H.: MODELLIERUNG Grundlagen und formale Methoden. München, Hanser Verlag, 2008

Kess-1954 Kesselring, F.: Technische Kompositionslehre. Berlin, Springer Verlag, 1954

Kick-1995 Kickermann, j. H.: Rechnerunterstützte Verarbeitung von Anforderungen im methodischen Konstruktionsprozeß. Dissertation TU Braunschweig, 1995

Kläg-1993 Kläger, R..: Modellierung von Produktanforderungen als Basis für Problemlösungsprozesse in intelligenten Konstruktionssystemen. Aachen: Shaker Verlag 1993.

Kyo-1990 Kyo C. et al.: Technical Report ESD-90-TR-222 November 1990: Feature-Oriented Domain Analysis (FODA) Feasibility Study. http://www.sei.cmu.edu/reports/90tr021.pdf (30.09.2011)

Maye-2001 Mayer, S.: Verarbeitung unscharfer Informationen für die fallbasierte Kostenschätzung im Angebotsengineering. Dissertation, Technische Universität Chemnitz, 2001

Melz-2010 Melzer, I. et al: *Service-orientierte Architekturen mit Web Services.* 4. Auflage, Spektrum Akademischer Verlag, 2010

Neub-2010 Neubach, M.: Wissensbasierte Rückführung von Produktnutzungsinformationen in die Produktentwicklung im Rahmen einer Product Lifecycle Management (PLM)-Lösung, Dissertation Ruhr-Universität Bochum, 2010

Neud-2005 Neudörfer, A.: Konstruieren sicherheitsgerechter Produkte, Springer-Verlag, 3. Auflage, 2005

Niem-2009 Niemann, J.: Life Cycle Management – Das Paradigma der ganzheitlichen Produktlebenslaufbetrachtung, in: Bullinger, H.-J.; Spath, D.; Warnecke, H.-J.; Westkämper, E. (Hrsg.): Handbuch Unternehmensorganisation, Springer-Verlag, 3. Auflage, 2009

PaBe-1993 Pahl, G., Beitz, W.: Konstruktionslehre. 3. Auflage, Berlin, Springer Verlag, 1993 (Prof. Franke wollte eigentlich die 1. Auflage zitiert haben, die habe ich aber bei uns in der Bibliothek nicht gefunden.)

PaBe-1993 Pahl, G.; Beitz, W.: Konstruktionslehre. Methoden und Anwendung. Berlin, Heidelberg et al.: Springer-Verlag, 3. Auflage 1993.

PaBe-2006 Pahl, G.; Beitz, W.; Feldhusen, J.; Grote, K.H.: Konstruktionslehre, Grundlagen erfolgreicher Produktentwicklung- Methoden und Anwendung, Springer-Verlag, 7. Auflage, 2007

Pahl-1972 Pahl, G.: Klären der Aufgabenstellung und Erarbeitung der Anforderungsliste. Springer Verlag, erschienen in Konstruktion Nr.24, S. 195-199, 1975

PaRO-2010 Pana-Schubert, V.; Rogalski, S.; Ovtcharova J.: Harmonisierung von Kunden- und Herstellersicht im Anlagenbau In: Industrie Management, GITO-Verlag, Heft 01, S. 29-32, 2010

Pete-1997 Peters, M.: Kommunikationssystem rechnerunterstützter Konstruktionswerkzeuge. Dissertation TU Braunschweig, 1997

Prod-2000 Verlag Moderne Industrie (Hrsg.): Business Process Integration ebnet den Weg zum eBusiness. In: Produktion: Die Wochenzeitung für das technische Management, Landsberg, 39 (2000) 39, S. 8.

Rein-1996 Reinhart, G.; Lindemann, U.; Heinzl, J.: Qualitätsmanagement, Springer-Verlag 1996

Roth-2000 Roth, K.: Konstruieren mit Konstruktionskatalogen, Band 1, Springer-Verlag, 3. Auflage, 2000

Rzeh-1998 Rzehorz, C.: Wissensbasierte Anforderungsentwicklung auf der Basis eines integrierten Produktmodells, Aachen: Shaker Verlag 1998.

ScGK-2006 Scheer, A.-W.; Grieble, O.; Klein, R.: Modellbasiertes Dienstleistungsmanagement, in: Bullinger, H.-J.; Scheer, A.-W. (Hrsg.): Service Engineering - Entwicklung und Gestaltung innovativer Dienstleistungen, S. 19-52, Springer-Verlag, 2. Auflage, 2006

Scha-2010 Schavan, A.: Grußworte zu den Karlsruher Arbeitsgesprächen 2010. In: Zusammenfassung der Beiträge zum BMBF-Kongress „10. Karlsruher Arbeitsgespräche Produktionsforschung 2010“ vom 09. und 10. März 2010 in Karlsruhe. S. 11.

Sche-1992 Scheer, A. W.: Architektur integrierter Informationssysteme. Berlin, Heidelberg et al.: Springer-Verlag, 2. Auflage 1992.

Sche-2006 Scheer, C.: Kundenorientierter Produktkonfigurator, Dissertation, Johannes-Gutenberg-Universität Mainz, 2006

Schu-2005 Schuh, G.: Produktkomplexität managen (Strategien – Methoden – Tools), Carl Hanser-Verlag, 2005

Schu-2006 Schulte, S.: Integration von Kundenfeedback in die Produktentwicklung zur Optimierung der Kundenzufriedenheit, Dissertation Ruhr-Universität Bochum, 2006

Schz-1996 Schulz, A.: Systeme zur Rechnerunterstützung des funktionsorientierten Grobentwurfs. Dissertation TU Braunschweig, 1996

ScWR-2011 Schubert, V.; Wicaksono, H.; Rogalski, S.: A Product Life-Cycle Oriented Approach for Knowledge-Based Product Configuration Systems, in: Bernard, A. (Hrsg.): Global Product Development, Proceedings of the 20th CIRP Design Conference, Springer-Verlag, 2011

SeGB-2007 Seliger, G.; Gegusch, R.; Bilgen, E.: Wissensgenerierung in hybriden Leistungsbündeln. wt Wekstattstechnik online 97 (2007) 7/8, S. 522-525

Shic-2002 Schichtel, M.: Produktdatenmodellierung in der Praxis, Carl Hanser-Verlag, 2002

SpDe-2006 Spath, D.; Demuß, L.: Entwicklung hybrider Produkte – Gestaltung materieller und immaterieller Leistungsbündel, in: Bullinger, H.-J.; Scheer, A.-W. (Hrsg.): Service Engineering - Entwicklung und Gestaltung innovativer Dienstleistungen, S. 463-502, Springer-Verlag, 2. Auflage, 2006

Stau-2006 Stauss, B.: Plattformstrategie im Dienstleistungsbereich, in: Bullinger, H.-J.; Scheer, A.-W. (Hrsg.): Service Engineering - Entwicklung und Gestaltung innovativer Dienstleistungen, S. 321-340, Springer-Verlag, 2. Auflage, 2006

Stau-2009 Stauss, B.: Kundenlob – Integration durch positives Feedback, in: Bruhn, M.; Stauss, B. (Hrsg.): Kundenintegration, Gabler-Verlag, 2009

Stec-2010 Stechert, C.: Modellierung komplexer Anforderungen. Dissertation TU Braunschweig, 2010

Stol-1999 Stolpmann, M., Wess, S.: Optimierung der Kundenbeziehung mit CBR-Systemen. Bonn, Addison-Wesley-Longman, 1999

SzGM-2005 Szyperski, C.; Gruntz, D.; Murer, S.: Component Software: beyond object-oriented programming, Addison-Wesley, 2. Auflage, 2005

UML-2004 Object Management Group (OMG): Unified Modeling Language Resource Page. http://www.uml.org/, Stand: 22.04.2004.

VDI-1999 VDI-Gesellschaft Entwicklung Konstruktion Vertrieb (Hrsg.): Angebotsbearbeitung – Schnittstelle zwischen Kunden und Lieferanten, kundenorientierte Angebotsbearbeitung für Investitionsgüter und industrielle Dienstleistungen, ISBN 3-540-64281-1, Springer-Verlag, 1999.

VDI-2209 Verein Deutscher Ingenieure (VDI): 3-D-Produktmodellierung. Düsseldorf, VDI-Verlag, VDI Richtlinie 2209, 2006

VDMA-2000 VDMA Verband Deutscher Maschinen- und Anlagenbau e.V.: Supply Chain Management-Modewort oder Quantensprung? In: VDMA Nachrichten, Frankfurt, 79 (2000) 9, S. 72-73.

ViAk-2007 Vietor, T., van den Akker, S.: Optimization of mechanical structures under special consideration of materials. GAMM-Mitteilungen, Volume 30 (pages 300–325), 2007

WeHo-2009 Weiber, R.; Hörstrup, R.: Von der Kundenintegration zur Anbieterintegration: Die Erweiterung anbieterseitiger Wertschöpfungsprozesse auf kundenseitige Nutzungsprozesse, in: Bruhn, M.; Stauss, B. (Hrsg.): Kundenintegration, Gabler-Verlag, 2009

Weig-1991 Weigel, K. D.; Entwicklung einer modularen Systemarchitektur für die rechnerintegrierte Produktgestaltung. Dissertation TU Braunschweig, 1991

Weil-2009 Weilkiens, T.: Systems Engineering mit SysML/UML: Modellierung, Analyse, Design. dpunkt.verlag, Heidelberg, 2009

Wend-2009 Wendt, K.: Der Wirkzusammenhang zwischen Knotengestaltung und Eigenschaften von PKW-Karosserien. Berlin, Logos-Verlag., Dissertation TU Braunschweig, 2009

Wica-2011 Wicaksono, H,; Schubert, V.; Rogalski, S.; Ait Laydi, Y.; Ovtcharova, J.: Ontology-driven Requirements Elicitation in Product Configuration Systems, in: ElMaraghy, H. A. (Hrsg.): Enabling Manufacturing Competitiveness and Economic Sustainability, Proceedings of the 4th International Conference on Changeable, Agile, Reconfigurable and Virtual production (CARV), Springer-Verlag, 2011

Zage-2006 Zagel, M.: Übergreifendes Konzept zur Strukturierung variantenreicher Produkte und Vorgehensweise zur iterativen Produktstruktur-Optimierung. Dissertation TU Kaiserslautern, 2006

Zang-1970 Zangemeister, C.: Nutzwertanalyse in der Systemtechnik – Eine Methodik zur multidimensionalen Bewertung und Auswahl von Projektalternativen. Dissertation, Technische Universität Berlin, 1970